…ÉMENT AUX OEUVRES DE BUFFON.

DESCRIPTION

DE

MAMMIFÈRES ET D'OISEAUX

RÉCEMMENT DÉCOUVERTS,

Précédée d'un Tableau

SUR LES RACES HUMAINES,

PAR M. LESSON,

Membre corresp.t de l'Institut, de l'Académie royale de Médecine, des Sociétés de Londres, de Philadelphie, de Liége, etc., etc.

ON SOUSCRIT A PARIS,

CHEZ

LÉVÊQUE, ÉDITEUR, rue Vieille du Temple, 11 ;

BILLOUT et COMP., r. St-Honoré, 70 ;

MARTINON, r. du Coq St-Honoré, 4 ;

DUTERTRE, pass. Bourg-l'Abbé, 20 ;

P. MASGANA, galerie de l'Odéon, 12.

A Carlsruhe, CHEZ VEITH.

A Saint-Pétersbourg, CHEZ BÉLISARD ET COMP.,

—

1847.

20e et dernière Livraison.

3 pl.

SUPPLÉMENT

AUX OEUVRES DE BUFFON.

DESCRIPTION

DE

MAMMIFÈRES ET D'OISEAUX

RÉCEMMENT DÉCOUVERTS,

Précédée d'un Tableau

SUR LES RACES HUMAINES,

PAR M. LESSON,

Membre corresp[t] de l'Institut, de l'Académie royale de Médecine, des Sociétés
de Londres, de Philadelphie, de Liége, etc., etc.

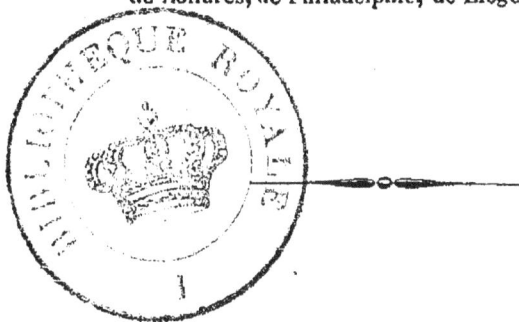

PARIS.

CHEZ LÉVÊQUE, ÉDITEUR, RUE VIEILLE DU TEMPLE, 11.

A Carlsruhe, CHEZ VEITH.

A Saint-Pétersbourg, CHEZ F. BÉLISARD ET COMP.,
Au Pont de Police.

—

1847.

Paris. — Imprimerie de BEAULÉ et MAIGNAND, rue Jacques de Brosse, 8.

PRÉFACE DE L'ÉDITEUR.

—•⊙•—

Nous avons cru devoir renfermer le supplément de notre édition in-18 de Buffon dans un seul volume, et comme le nombre des animaux découverts depuis 1789 est considérable, nous avons préféré réunir les descriptions complètement neuves de mammifères et d'oiseaux, qu'on ne trouve pas dans

la plupart des ouvrages d'histoire naturelle modernes. Ce volume est donc un compendium original de découvertes récentes, et à ce titre, il sera
recherché par les naturalistes et par les gens du
monde, en leur offrant un tableau utile des plus
nouvelles acquisitions de la science.

PROLÉGOMÈNES.

Il serait trop long d'énumérer les éditions des Œuvres de Buffon publiées en France depuis le commencement de ce siècle. La réputation immense du génie rival de Linné, et du plus grand prosateur que l'histoire naturelle ait jamais eu, a fait placer dans toutes les bibliothèques les pages éloquentes de ce grand peintre de la nature. Mais, dans aucune branche des connaissances humaines, les livres ne vieillissent plus vite que ceux qui traitent des animaux, et les volumes de Buffon n'ont pu échapper à cette loi commune. Cet auteur restera comme le modèle le plus complet de l'art d'écrire; et les descriptions qu'il a laissées des êtres animés sont comme ces statues antiques qui acquièrent d'autant plus de prix, qu'elles sont plus anciennes : en vieillissant, ces peintures conservent la richesse et la variété qui les firent estimer à leur début. Mais les faits ont marché depuis; les découvertes se sont accumulées : ce qui était vrai au temps de Buffon a souvent cessé de l'être de nos jours, et ses œuvres ne peuvent plus être lues par les gens du monde qu'avec d'extrêmes précautions, tandis qu'elles sont pour le naturaliste la source la plus féconde d'enseignements réels, au point de vue de la philosophie, de l'art d'écrire et de la hardiesse de la conception.

Buffon restera donc dans nos bibliothèques tant que la langue française conservera cette pureté et cette vérité d'expressions qui la rendent, entre toutes les langues, l'idiome le plus clair et le plus approprié aux formes de la pensée.

Il nous faudrait trop de place pour présenter à nos lecteurs un sommaire sur les idées de Buffon et sur l'influence qu'elles ont eue en France. Cette tâche se trouve parfaitement remplie par le livre intitulé *Histoire des travaux et des idées de Buffon,* par M. Flourens. Par la même raison, nous ne répéterons pas dans ce volume ce que nous avons dit dans nos premiers suppléments, ni dans le livre que nous avons publié en 1842 sous ce titre : *Mœurs, Instincts et Singularités* de la vie des animaux mammifères.

Ce volume ne renferme que des descriptions faites sur nature, soit d'animaux nouveaux, soit d'animaux connus; mais, pour ces derniers, les détails auront pour but de redresser quelques erreurs de leurs descriptions primitives.

En effet, depuis quinze années seulement, des publications nombreuses, et dans toutes les langues, ont singulièrement accru le domaine de l'histoire naturelle descriptive.

Citer tous les travaux, ce serait vouloir assembler une compilation qui exigerait un très-grand nombre de volumes, et qui demanderait plus que la vie d'un homme; en ne citant que les ouvrages les plus modernes écrits sur la zoologie, nous arrivons à une masse considérable de faits.

En France, après les grands ouvrages de F. Cuvier sur les mammifères, et de Temminck sur les oiseaux, nous aurions à citer les publications d'Alcide d'Orbigny sur l'Amérique méridionale et sur Cuba, l'*Iconographie* de Des-Murs, le *Magasin zoologique* de Guérin, les atlas des voyages de *la Vénus*, de *l'Astrolabe* et de *la Bonite*, avec les magnifiques planches coloriées qui les enrichissent. A ces ouvrages, il faut joindre ceux de M. Paul Gaimard sur la Laponie et la Scandinavie; la partie zoologique des voyages en Morée, dans l'Inde et de la commission d'Algérie. Le texte de la zoologie des deux premiers est dû à M. Isidore Geoffroy Saint-Hilaire, qui publie également des monographies sur les animaux du Muséum de Paris, et les travaux de Des-Murs, de Malherbe, de Lafresnaye, de Gerbe, etc., etc.

En Suisse, M. Pictet a publié des monographies intéressantes sur des mammifères nouveaux; et l'on doit un synopsis, terminé en 1845, au professeur de Zurich, Schinz.

En Belgique, M. Selys-Lonchamp a débrouillé l'histoire obscure des petits rongeurs d'Europe.

La Hollande, qui possède les colonies de la Malaisie, contrées riches et fécondes en animaux rares et brillants, publie la faune du Japon, dont le texte est rédigé par MM. Temminck et Sclegel, et la zoologie de Bornéo et îles voisines, par Salomon Müller.

Les Russes ne sont pas restés étrangers au grand mouvement imprimé dans l'Europe centrale. Déjà Eschscholtz avait préludé par de bons travaux exécutés pendant le voyage autour du monde de Kotzébue, venant après celui de Krusenstern et auquel ont succédé ceux que plus tard

Mertens, Jatgk, Brandt, Kitlitz ont publié sur divers points du globe, et notamment sur le Chili.

L'Autriche ne peut revendiquer que les somptueuses monographies de Mikan et les recherches de Natterer.

Francfort-sur-le-Mein a fourni pour contingent les deux grands voyages en Nubie et en Abyssinie de Ruppell et quelques monographies du même auteur.

La Prusse compte de sérieuses et importantes publications. D'abord, le grand ouvrage par fascicules, d'Hemprick et d'Ehremberg; les monographies coloriées de Lichsteinstein, la publication récente des travaux de Forster, les recherches du docteur Tschuddi sur les mammifères et sur les oiseaux du Pérou.

Parmi les publications allemandes les plus importantes sont celles de Wagner sur les animaux du Brésil et de l'Algérie, de Spix, de Wied, de Nordman, de Poeping, de Brehm, de Nathusius, de Boié, de Leisler, de Fisher, de Blasius, de Kuhl, de Cretzmar, de Sieboldt, de Gloger, de Bojanus, de Reichembach, etc., etc., etc.

L'Angleterre a publié à elle seule dans les quinze dernières années une prodigieuse quantité de livres dont le haut prix rend l'acquisition difficile. C'est dans cette contrée qu'Audubon a fait paraître ses planches gigantesques sur les oiseaux de l'Amérique du Nord, que Gould a mis au jour ses magnifiques lithographies des oiseaux d'Europe, de la Nouvelle-Hollande et de l'Himalaya, et sa monographie des Kangourous.

Java et Sumatra ont été étudiés par Raffles et par Horsfield. Ce dernier, en s'unissant à Vigors, a donné un catalogue des oiseaux de la Nouvelle-Hollande. Le capitaine Mitchell a joint à la narration de son voyage des détails précieux de mœurs sur les mammifères et les oiseaux de l'intérieur de cette contrée. Waterhouse publie un travail original sur les animaux de la classe des marsupiaux. Il a donné, avec Darwin, les espèces découvertes ou observées dans le voyage du vaisseau le Beagle. Brinsley Hinds publie la zoologie du capitaine Belcher sur le Sulfur, et les deux Gray mettent au jour les découvertes de l'expédition des navires l'Erèbe et la Terreur. Richardson et Swainson ont enrichi la science de deux gros volumes in-4° relatifs aux animaux des deux classes les plus élevées qui vivent dans l'Amérique du Nord.

Ajoutez à ces faits les observations de Ross, de Franklin, de Waterton, d'Ogilby, de Smith, de Blith, d'Hodgson, de Mac-Clelland, de Bennett, de Brookes, de Tradescant Lay, de Sykes, d'Hamilton Smith, de King, d'Owen, d'Hardwich, de Knox, de Foster, de Fraser, de Martin et d'une foule d'autres, et les mémoires publiés dans vingt recueils et dans toutes sortes de formats, et l'on aura encore une idée fort incomplète de tout ce que les Anglais ont mis au jour depuis 1830 seulement.

Nous ne pouvons oublier toutefois les monographies spéciales sur les oiseaux de Swainson, de Jardine et Selby, de Lee sur les perroquets, etc., etc.

De la Suède on peut citer le travail ornithologique du professeur Stuckland, et du Danemarck les travaux de Lund sur les fossiles du Brésil.

Les mémoires de Turin renferment quelques travaux d'ornithologie; mais nous ne connaissons rien de l'Espagne et du Portugal.

Le prince Bonaparte a donné une faune d'Italie, ouvrage somptueux et remarquable par des découvertes neuves et intéressantes. Savi avait déjà ouvert la voie, en suivant son maître Ranzani. On doit encore au laborieux prince de Musignano des publications nombreuses et très-variées sur presque toutes les branches de la zoologie.

Dans *la Minerve du Brésil,* on trouve quelques descriptions d'oiseaux, par Silva Maia.

Aux États-Unis, les travaux d'Harlan, de Godman, d'Ord, de Say, de Bacchman, de Dekay, sont justement estimés du monde savant.

Nous avons dû nous borner à donner ici un aperçu sommaire des travaux qui nécessitent une refonte complète de nos ouvrages généraux d'histoire naturelle.

Rochefort, ce 16 décembre 1846.

Péruvien.   Femme de la Nouvelle-Calédonie.

Typ. Lacrampe fils et Comp.

Noukaïvien.   Taïtien.

TABLEAU

RACES HUMAINES.

La plupart des gens du monde sont étonnés de voir les naturalistes débuter dans leurs écrits consacrés à l'étude des animaux par l'histoire de l'homme. Par le principe insaisissable qui émane de l'âme et qui constitue la pensée, l'homme, en effet, doit avoir une place à part. Créature privilégiée par la nature, son existence semble résumer en elle toute la puissance de Dieu : sa naissance, sa vie et sa mort, sont sans nul doute des voies pour une autre transformation. Celle-là, la religion nous l'enseigne et la saine philosophie nous apprend à en respecter la consolante croyance. Mais si l'homme est imposant à étudier dans les transformations diverses de son génie civilisateur, si sa pensée se communique de proche en proche, s'il a conquis les êtres qui peuplent avec lui le globe, s'il a assoupli à ses besoins les végétaux, s'il a dominé le règne inorganique et décomposé et recomposé les fluides de son atmosphère et les liquides qui bornaient son essor, si l'homme enfin domine les animaux d'une grande hauteur d'intelligence, il redevient en face de la puissance organisatrice un être pétri des mêmes éléments, soumis aux mêmes lois que les animaux, à la tête desquels il faut se borner à le placer, si l'on veut se rendre un compte exact des phases diverses de son existence précaire et débile.

Nos prétentions sociales voudraient en vain le nier : une unité de composition, une analogie de fonctions, les mêmes besoins physiques, les mêmes transformations matérielles, ne séparent pas l'homme de la brute. Comme elle, il naît faible, s'accroît par les années, dépérit quand il touche aux termes de son existence, meurt et rend à la terre les éléments terrestres dont il est formé. Ce n'est donc que l'homme dans sa *spécivité* qui peut nous occuper ici ; l'homme espèce dans le cadre zoologique et qui nous présente des formes qui sont une pour l'espèce, mais qui se maintiennent avec assez de fixité dans les modifications qu'elles ont éprouvées pour donner naissance à des variétés permanentes. Entre l'homme blanc et l'homme noir, que de nuances nous remarquons parmi les peuples semés sur la surface du globe, déplacés par nos révolutions, croisés par des alliances, nuances qui sont telles que l'esprit, en les comparant, ne peut se refuser à les distinguer par des épithètes. Mais si l'étude de l'homme moral est difficile à acquérir, celle de l'homme physique est non moins hérissée de difficultés ; aussi cette étude presqu'exclusivement moderne et qui occupe aujourd'hui les meilleurs esprits, n'est pas fort avancée parce qu'elle est incomplète par manque de lumière et surchargée d'idées fausses et erronées.

Les naturalistes ont adopté des divisions artificielles qu'ils ont appelées familles, genres, espèces et variétés. Dans ces sortes de casiers, les observations des savants et des gens de pratique sont venues entasser des faits dont la constatation forme le domaine scientifique par excellence. On est loin d'être d'accord cependant pour donner une valeur immuable à ces mots genre et espèce. L'espèce est une. C'est un type primordial, transmettant par la filiation l'ensemble de ses formes organiques que nous appelons *caractères* en zoologie. Lorsque des déviations légères, mais permanentes, sont produites par les climats, les lieux, la nourriture, on a la variété de l'espèce; et lorsque la déviation est accidentelle bien qu'elle puisse parfois se transmettre, on a la monstruosité ou la variété fortuite. Le genre est donc une réunion d'espèces, formant une sorte de groupe par des caractères communs, et les familles sont des agglomérations de genre, que des liens généraux d'organisation semblent réunir en un faisceau commun. Prenons par exemple la chèvre et la brebis; ces deux espèces appartiennent à deux genres, et ces deux genres par leur similitude sont enlacés dans les liens d'une même famille. Pour beaucoup de naturalistes, il n'y a ni familles ni genres; il n'y a que des espèces et des variétés. Cet axiôme est absolu dans la réalité; mais le moyen d'étudier toutes les espèces, sans un échafaudage, factice si l'on veut, mais qui nous rend cette étude plus facile, et nous fait pénétrer au cœur de l'organisation?

De ces quelques faits, on arrive facilement à comprendre les hésitations sans nombre des ethnographes et des zoologistes à l'égard de l'homme. Pour tous, il n'y a qu'une famille et qu'un genre, mais là s'arrête leur conformité d'opinion. Les uns ont vu dans ces particularités qui séparent si profondément certains peuples des espèces bien tranchées : d'autres n'ont trouvé qu'une espèce divisée en races ou variétés, appartenant à de petits groupes qu'ils ont appelés rameaux. Les premiers se sont partagés eux-mêmes sur le nombre de ces espèces. Les uns, à l'exemple de Moïse, ont pris la couleur de la peau pour principal caractère et n'ont établi que trois espèces; d'autres sont allés jusqu'à quinze.

Si l'on réfléchit que l'homme présente dans ses caractères naturels ou physiques des modifications permanentes qu'on peut suivre dans sa charpente osseuse, dans la proportion de ses membres, dans la coloration de sa peau, dans la nature de ses cheveux, dans l'accentuation des traits de la face, que ces caractères physiques se lient presqu'intimement aux caractères sociaux, c'est-à-dire, à la langue parlée, aux mœurs, aux religions, on ne peut méconnaître des caractères réels et profonds de race. Mais si les individus de chaque race présentent eux-mêmes les plus grandes variations de forme extérieure, il en résultera qu'on ne doit admettre pour caractères de race que ces formes permanentes qui les séparent les unes des autres, et qui ne sont logiquement que des variations de l'espèce. L'homme, en effet, ne peut former qu'une espèce indivisible, mais qui a subi des altérations assez grandes pour présenter ces races qui nous paraissent étrangères les unes aux autres. Par le croisement, ces races se modifient et donnent naissance à des produits mixtes, que de nouveaux croisements modifieront de plus en plus. Or, les espèces ne donnent jamais normalement que des produits semblables au type spécifique. Quelques espèces fort voisines et peut-être pas distinctes, quelques animaux domestiques, donnent bien des métis parfois féconds, mais ce n'est qu'une exception qui ne peut infirmer la règle générale.

Qu'on veuille excuser cette phraséologie. Par elle, j'ai cherché à initier le lecteur aux débats qui agitent les opinions des physiologistes ou de ceux chargés d'expliquer le mécanisme des organes et le pourquoi de l'organisation. On en concluera naturellement que l'espèce humaine est une et indivisible, mais qu'elle présente des races nombreuses et fort diversifiées conservant leurs caractères, alors même qu'elles ont été transplantées loin des contrées où elles vivaient depuis leur création.

S'il ne s'agissait que de caractériser les points extrêmes de l'échelle humaine, de peindre les différences qui séparent un nègre du Congo d'un blanc de la Géorgie, la tâche serait facile; mais ce qui la rend épineuse sont ces migrations des peuples qui, dans leurs grands mouvements d'orient en occident, ont changé la face de la terre. Puis ces irruptions de barbares conduits par des conquérants, chassant devant eux les populations ou les soumettant à leur puissance, se sont mêlées aux peuples vaincus : les empreintes des types se sont effacées, et dans ce pêle-mêle des races, il ne reste plus pour guider les investigations que des médailles frustes ou des notions historiques vagues et indécises.

Il est des questions que l'on doit laisser sans solution. L'homme, sortant des mains du créateur, a-t-il été construit sur un type unique, dont l'ensemble a subi une dégénération relative suivant les lieux ou les climats? ou bien, le créateur a-t-il créé à la fois des espèces ou des variétés telles que la race blanche, jaune ou noire? ou celles-ci ne sont-elles que des modifications de pays, produites par la nourriture et les régions climatériques pendant la durée des siècles? On ne pourrait produire que des hypothèses pour résoudre ces questions fort graves, et devant lesquelles nous devons avouer notre ignorance absolue. La variété des races existe, c'est un fait patent et qui ne peut être nié : l'évidence est palpable, nous pouvons la constater; voilà tout ce que l'on doit admettre rationnellement.

Il est permis de penser que les races, d'abord pures, ont fini par se mélanger et opérer des croisements qui se maintiendront tant que les circonstances qui leur ont donné naissance se continueront. Dans les races les plus perfectibles par la civilisation, chez les peuples soumis à des gouvernements stables depuis des siècles, dont la race est historiquement démontrée, et par les caractères naturels et par les documents de l'histoire, on ne peut méconnaître une série de types de deuxième ordre. En prenant, par exemple, la France, l'État où la force unitaire gouvernementale a le plus de puissance de centralisation, tout en admettant les deux types fondamentaux des Gaëls et des Kimris, est-il possible de nier les contrastes qui existent entre un Normand, un Picard, un Berrichon, un Tourangeau, un Saintongeois, un Périgourdin, un Gascon, un Provençal, un Languedocien, un Bourguignon, etc., etc.? L'état social n'a pu faire disparaître ces modifications de détails qui constituent des nationalités de provinces appartenant à des nationalités de royaumes, provenant elles-mêmes de races distinctes et de leur croisement. Si nous étudions l'homme dans les livres d'histoire naturelle, nous le trouverons classé dans le premier ordre, celui des *bimanes*. Cet ordre est établi sur cette particularité fondamentale que les membres supérieurs sont terminés par des mains destinées à la préhension et au tact, tandis que les postérieurs sont plus spécialement affectés à la station ; l'homme est *bimane* et *bipède* avait dit Buffon dès 1766. Mais les meilleurs esprits reculent aujourd'hui devant l'adoption d'un ordre exclusivement créé pour recevoir l'espèce humaine sous le rapport de l'âme. L'homme s'éloigne des animaux par son organisation ; il est impossible de le distinguer par des caractères accentués des deux grandes espèces de singes troglodyte et orang qui semblent être calqués sur lui pour établir un chaînon avec les brutes. Certes, sous le rapport viscéral, les deux singes nommés sont bien plus près de l'homme que des singes américains par exemple. Ils semblent en avoir même, jusqu'à un certain point, le raisonnement et le jugement; ils sont, en un mot, éducables. Aussi Bory de Saint-Vincent avait-il placé avec les bimanes les orangs et les gibbons, et j'avais moi-même admis à côté de l'homme une deuxième famille, celle des anthropomorphées, ne renfermant que les genres troglodyte et orang.

Aristote et Pline chez les anciens, et une foule de savants modernes, tels que Ray, Pennant, Daubenton, Buffon, Vicq-d'Azyr, Tiedemann, Swainson, etc., se sont refusés à classer l'homme dans les méthodes de zoologie. Mais l'exemple de Linné a, au contraire, été suivi par un grand nombre de naturalistes, et Cuvier lui-même adopta le nom de bimanes (*bis* et *manus*), dont s'était servi Blumenbach en 1795. Illiger, en 1811, préféra le mot *Erecta*; Fischer et le prince Bonaparte ont fait revivre le nom linnéen de *primates*, que MM. de Blainville et I. Geoffroy Saint-Hilaire ont nettement adopté, mais en y admettant seulement les animaux appelés *quadrumanes* par Cuvier, et en excluant l'homme. M. Isidore Geoffroy Saint-Hilaire s'est surtout fortement élevé dans divers passages de ses écrits contre cette admission des races humaines dans les cadres de mammalogie. « Si l'on considère, dit ce savant, l'homme tout entier dans sa double nature et dans sa haute suprématie sur toutes les autres créatures terrestres, l'homme ne saurait constituer ni un ordre zoologique, ni même une classe ou un groupe quelconque dans le règne animal. Il faut reconnaître en lui un être à part et au-dessus de tous les autres, séparé même des premiers animaux, malgré toutes les affinités organiques qu'il possède, par une distance immense, par un abîme que rien ne saurait combler. Ce n'est pas sans raison qu'on l'a considéré en Allemagne comme devant constituer à lui seul un règne distinct. Ainsi, d'un côté, l'homme se lie intimement avec les premiers animaux, et c'est en vain qu'on chercherait à trouver entre les bimanes et les quadrumanes des différences de valeur ordinale ; d'un autre côté, l'homme se sépare au contraire non-seulement de tous les mammifères, mais du règne animal tout entier, dont il forme le couronnement et dont il ne fait pas partie intégrante. »

Quoi qu'il en soit de ces deux manières de voir, elles peuvent être combattues ou défendues par des arguments également sérieux. Il nous suffisait de les indiquer, en conseillant de supprimer l'ordre des bimanes, et d'adopter celui des primates.

Mais revenons à l'homme considéré dans son essence spécifique. La distinction des races ou des variétés a subi les plus grandes fluctuations ; les caractères en ont été empruntés, tantôt à la nature des cheveux et à la couleur de la peau, tantôt à la forme du crâne et aux langues parlées d'où sont venues les classifications ethnographiques publiées dans ces dernières années (1).

---

(1) Les principaux écrits relatifs à l'histoire naturelle de l'homme, sont les suivants :

De generis humani varietate nativo, auctore *Blumenbach.* 1 vol. in-12. 1795, avec figures.

Fred. Blumenbackii, craniorium diversarum gentium decades. *Gottingue.* in-4. Planches gravées, 1793 à 1828.

Buffon. Histoire naturelle de l'homme. (Œuvres complètes.)

Virey. Histoire naturelle du genre humain. 1824. 3 vol, in-8. pl. col.

Desmoulins. Histoire naturelle des races humaines, etc. in-8. 1826. Planches.

Bory de Saint-Vincent. L'homme, essai zoologique. 2 vol. in-18. 2ᵉ édit. 1827.

W. Edwards. Caractères physiologiques des races humaines. In-8. 1829.

Linné, l'inventeur du mode de nomenclature généralement adopté; Linné, dans ses phrases brèves et de la plus
grande concision, créa le genre *homo*, et y admit deux espèces, l'homme et le chimpanzé, grand singe de l'Afrique;
mais bientôt il répudia ce dernier, et reconnut dans la race
humaine les variétés qu'il nomma américaine, européenne,
asiatique et africaine. Il les distingua par les épithètes de
brune, blonde, jaune et noire. Je ne dirai rien de la variété
monstrueuse qu'il admettait, pour classer toutes les défec-
tuosités que notre espèce peut présenter. Voilà donc la
première source authentique des vues zoologiques qui vont
maintenant surgir, plus ou moins développées, dans tous
les livres d'histoire naturelle. Buffon ne vit que des races
et des variétés; mais la profondeur de ses recherches et la
pureté de son style donnèrent à son histoire de l'homme
l'attrait d'une œuvre littéraire, et ses idées se répandirent
avec rapidité et germèrent bientôt dans toutes les intelli-
gences de la fin du xviiie siècle. Toutefois, Buffon n'avait
à sa disposition que des matériaux trop incomplets pour ne
pas consacrer de graves erreurs; aussi ne doit-on lire qu'a-
vec de grandes précautions ce qu'il dit, d'après les voyageurs, des peuples qu'il réunit confusément. Ceux dont il
parle le mieux sont les Lapons, les Tartares, les Malais et

Linnæus Martin. Gen. introd., with a particular view of the physical
 history of man, etc. In-8. 1841, planches.
Pritchard. Histoire naturelle de l'homme. 2 vol. in-8., traduction
 française, 1843, pl. col. et noires nombreuses.
Lesson. Species des mammifères bimanes et quadrumanes. 1 vol.
 in-8. 1841.
D'Omalius d'Halloy. Des races humaines. 1 vol. in-8. 1845.
Lesson. Mémoire sur les races humaines répandues sur les îles du
 Grand Océan. Voyage médical, in-8. 1829.
Dumont-d'Urville. Mémoire sur les Océaniens.

les Éthiopiens. Dans un livre qui eut un grand retentissement en 1806, M. Duméril reconnaît dans l'espèce humaine six races : la caucasique, l'hyperboréenne, la mongole, l'américaine, la malaie et l'éthiopienne. A partir de cette époque, nous verrons persister longtemps, dans l'école française, dont la suprématie fut adoptée par l'Europe savante pendant près de quarante années, les distinctions précédentes. G. Cuvier leur donna une grande sanction par son ébauche de 1794, et puis par ses travaux de 1817 et de 1829, dans les éditions successives du *Règne animal.*

« L'homme ne forme qu'un genre, et ce genre est unique dans l'ordre des bimanes, » dit Cuvier. Ce grand naturaliste n'admet aussi qu'une espèce ayant trois variétés bien tranchées : la *blanche* ou caucasique, la *jaune* ou mongolique, la *noire* ou éthiopique. Cuvier avoue qu'il ne sait trop à quelles variétés doivent appartenir les Malais, les Papous et les Américains. Dans la tribu Caucasienne, G. Cuvier admet trois tribus : les Arméniens, les Indiens et les Tatars. Il fait dériver des premiers les Assyriens, les Chaldéens, les Arabes, les Phéniciens, les Hébreux, les Abyssins et les Égyptiens. De la tribu Indienne découleraient les races sanscrites, les anciens Persans et Hindous, et les Pélasges d'où sont sortis les Celtes, les Grecs et les Latins ; la race gothique, d'où dérivent les Allemands, les Hollandais, les Anglais, les Danois et les Suédois, etc. ; et enfin la race esclavonne, mère des Russes, des Polonais, des Bohêmes et des Vendes. La tribu Scythe ou Tatare a donné naissance aux Parthes, Turcs, Finlandais et Hongrois. La variété mongole ou altaïque comprend les Kalmouks, Mantchoux, Japonais, Coréens et Sibériens, et ceux-ci les Samoyèdes, les Lapons et les Esquimaux.

Virey, dans sa volumineuse compilation, divise le genre

humain en deux grandes espèces, d'après l'angle facial de Camper; la première mesurant 85 à 90 degrés, et la seconde de 75 à 82 degrés. Chacune de ces coupes comprend trois races; la première, les races blanche, basanée et cuivreuse; la seconde, les races brun-foncé, noire et noirâtre.

Mais bientôt les naturalistes ne se contentèrent plus de ces divisions peu nombreuses. Desmoulins, en 1826, éleva de onze à seize les espèces qu'il admit dans le genre homme, et signala plus de vingt-deux races. Bory de Saint-Vincent l'imita en décrivant quinze espèces, et proposant plusieurs dénominations nouvelles. Mais, avant eux, le géographe Malte-Brun avait ouvert la voie en signalant seize races; et bientôt dans ce champ nouveau les coupes se multiplièrent à l'infini. Fisher imita ses devanciers; j'en fis autant dans mon *Manuel* et dans mon *Species*; Pritchard suivit notre exemple, et Linnæus Martin, prenant un juste milieu, proposa cinq races, quatorze tribus et vingt familles. Il serait fastidieux de citer les noms de ces nouvelles familles, chacun ayant proposé une nomenclature à peu près différente et dont le moindre inconvénient est la confusion inévitable qui résulte de cette synonymie embrouillée. Les auteurs des mémoires spéciaux ont aussi voulu ajouter des noms aux listes déjà trop longues de noms légèrement proposés; et c'est ainsi que d'Urville, étranger complètement à l'anthropologie, se borna à copier un Mémoire que je lui avais remis, en mettant seulement des noms nouveaux à la place de ceux qui existaient dans le travail qui lui était confié.

J'aurai le soin, dans les divisions que j'admets, d'établir les diverses synonymies qui appartiennent à chaque race. A ces réflexions sommaires je dois borner ce que j'ai à dire sur les travaux les plus modernes. L'analyse, même la plus sèche, m'entraînerait beaucoup trop loin, puisqu'il y a tel de ces auteurs dont les résumés comprennent deux et trois volumes in-8°.

Le genre homme n'a qu'une espèce, pouvant s'acclimater sur tous les points du monde, et donnant des produits féconds, quels que soient les caractères les plus tranchés des races dont les individus s'allient. Mais si l'espèce est une, on ne peut méconnaître, dans l'état actuel, des types généraux se subdivisant en types secondaires d'une évidence incontestable.

Une observation anatomique, due aux recherches de M. Flourens, n'est pas sans importance pour influencer notre jugement. Ce savant s'en est servi avec avantage pour établir des distinctions qui concordent avec les autres faits généraux organiques ou ethnographiques que certains peuples présentent entre eux. Cette découverte est celle d'une matière incolore ou colorante du pigmentum de l'enveloppe du derme. Chez les races blanches ce pigmentum semble manquer, ou ne paraît pas; dans les races à peau teintée, ce pigmentum est très-apparent et leur donne la couleur plus ou moins pure qui les caractérise. A ce caractère organique viennent s'adjoindre les modifications de la boîte crânienne, les traits de la face, les habitudes du corps, la nature du système pileux; puis les mœurs, les religions, les analogies de langues, toutes choses qui se prêtent un mutuel contrôle. Pour quelques écrivains, l'étude de l'espèce humaine est la base d'une nouvelle science sociale; l'ethnographie, qui est définie, la description des peuples subdivisés d'après leurs caractères naturels et leurs caractères sociaux : ces derniers caractères comprennent le langage, la filiation historique, les mœurs et la religion.

Notre première variété est la *race blanche*, celle que Blumenbach, Cuvier et Duméril ont appelée caucasienne ou caucasique, parce qu'ils la supposent originaire de la Chine, du Caucase et des montagnes du Thibet; Saucerotte l'a nommée arabe-indo-européenne; Fisher et L. Martin, race japétique. Cette race comprend les espèces scythique, caucasienne, sémitique, atlantique et indoue, de Desmoulins, et les espèces japétique, arabique, hindoue et scythique, de la section des peuples léiotriques ou à cheveux lisses, de Bory de Saint-Vincent.

La race blanche varie toutefois dans la coloration de sa peau, quoiqu'ayant un derme incolore; l'action des agents extérieurs, dans les climats chauds, a donné un ton bruni à son épiderme. C'est la race la plus parfaite par ses formes. Sa tête est généralement ovalaire, ayant un front élevé, un nez droit et saillant, des yeux ouverts et à fleur de tête, des cheveux lisses et longs, une bouche médiocrement fendue, des dents rangées verticalement sur les maxillaires. La coloration de la peau, des cheveux et des yeux varie suivant les familles; et nous appelons familles, des agglomérations de peuples présentant une grande analogie entre elles, comme nous appelons rameaux les familles qui se ressemblent assez pour ne paraître être que des divisions principales de la race.

La race blanche, la plus belliqueuse de toutes, est aussi la plus entreprenante et la plus civilisable. Elle a fondé les grandes nationalités et a soumis presque toutes les autres races à son joug, soit par la guerre, soit par les arts, soit par ses actes politiques. C'est dans son sein que sont nées les religions les plus répandues : le judaïsme, le christianisme et le mahométisme.

On divise cette race en trois rameaux que l'on appelle : caucasique, sémitique et scythique.

Le rameau caucasique comprend les peuples connus dès

la plus haute antiquité et qui semblent avoir pris naissance entre la mer Caspienne et la mer Noire, dans la chaîne du Caucase. En émigrant de leur berceau, ils se seraient répandus en Europe, en Asie et en Afrique, où ils auraient fondé de nombreux états. Une affiliation primitive avec les races des plateaux de l'Asie est celle des cinq principales langues parlées par les peuples de ce rameau avec l'ancien sanscrit des Indiens. De ces cinq langues radicales, le celte, le grec, le latin, le teuton ou allemand et le slave, sont dérivées une foule de dialectes et d'idiômes particuliers. Mais la filiation de ces peuples est des plus difficiles à suivre; tous les croisements et les migrations ont altéré leur physionomie première, et toutes les conquêtes et les révolutions ont apporté des changements dans leur état social.

Ce rameau se divise en cinq grandes familles que l'on doit nommer caucasienne, pélasgique, latine, celtique et teutonne. Le rameau sémitique ne comprend qu'une famille, l'araméenne; et le dernier rameau, le scythique, renferme les quatre familles slave, finnoise, magyare et turcomane.

La famille caucasienne (1) est caractérisée par une taille généralement moyenne, mais bien prise dans ses diverses proportions. Le visage est légèrement ovalaire, avec des yeux bien ouverts dans le sens transversal et des traits purement dessinés et accentués. La chevelure est d'un noir luisant et les yeux sont aussi noirs, sa peau est d'un blanc satiné et vermeil.

Les membres de cette famille sont encore épars aux alen-

---

(1) M. d'Omalius d'Halloy place la famille circassienne dans le rameau scythique, et dans cette famille il n'admet que les Tscherkess, les Abazes et quelques autres peuplades nommées Kistes, Avares, Andes, etc.

Habitant du Kamtschatka.   Zélandais.

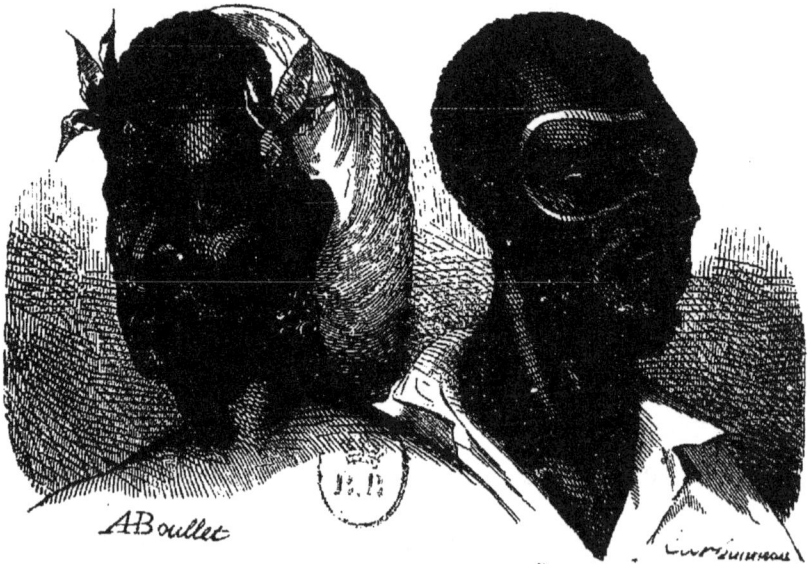

Typ. Lacrampe fils et Comp.

Habitant du Molicolo.   Habitant de l'Australie.

tours du Caucase, dans le vaste empire de Perse et dans l'Asie mineure, sous les divers noms d'Abazes, de Géorgiens, de Mingréliens, de Circassiens, de Tscherkess, d'Arméniens, etc.

Les anciennes peuplades habitaient la Colchide, l'Albanie, et se nommaient *Legæ :* elles étaient répandues sur le pourtour de la mer Noire, comme le sont encore diverses tribus de la même souche.

Les hommes de cette famille ont embrassé la religion chrétienne, tout en adoptant les uns le rit grec, les autres le rit latin. Leur langue la plus répandue est l'arménien.

La civilisation des Perses a devancé celle des Européens, mais des émigrations de Scythes et de Mongols ont postérieurement modifié la masse du peuple connu sous le nom actuel de Persans. Les Persans modernes s'étendent depuis le Turkestan jusque dans l'Indoustan, et dans cet intervalle vivent les vrais Persans ou Tadjiks, les Afghans, les Kurdes, les Arméniens et les Ossètes, regardés comme les descendants des anciens Mèdes, tandis que les Afghans parlent un dialecte dérivé du zend.

Les Géorgiens, renommés par la richesse de leur sang et la beauté de leurs femmes, sont divisés en Géorgiens, en Mingréliens, en Suanes et en Lazes.

Les Afghans, qui habitent l'Inde, ont, ceux de l'ouest, la peau très-blanche, tandis que ceux de l'est l'ont très-basanée. Ces peuples ont le nez aquilin, le tour du visage agréable et le profil voisin du type juif. Les Kurdes sont vigoureux, mais leurs traits sont grossiers. Les Arméniens ont une haute stature, la peau très-blanche, les yeux et les cheveux noirs.

La deuxième famille est celle des Pélasges, ou la race pélagique comme la nomme Bory ou Etrusco-Pélage comme l'appelle Desmoulins. Les individus de cette famille ont une tête qui décrit un ovale régulier ; le nez est droit, les yeux sont grands et couronnés par des sourcils arqués ; leur chevelure est épaisse et fournie ; leur taille est bien prise, et les membres sont souples et dispos. Ils ont longtemps servi de modèles aux Phidias et aux Praxitèle.

Les Pélasges ont été les habitants primitifs de la Grèce, dont la civilisation a été avancée par les lumières venues de l'Égypte, mais dont le génie prit un essor rapide et les plaça longtemps à la tête de la civilisation par leur instinct belliqueux, la sagesse de leurs lois, leur supériorité en poésie, en éloquence, en statuaire, en peinture, en architecture. La Grèce, patrie de l'héroïsme et des mâles vertus, se corrompit par la puissance et par les richesses. Après avoir fondé des colonies sur les bords de la mer Méditerranée, de la mer Noire, avoir conquis une partie de l'Asie et de l'Afrique, elle devint elle-même la proie des Latins, des Slaves et des Scythes.

L'ancienne Grèce avait créé le polythéisme que les Latins adoptèrent ; puis elle reçut de la Judée le christianisme, qu'elle a conservé sous la forme du rit grec enseigné par un patriarche. Reconstituée en nation après un long esclavage, elle s'efforce de reprendre sa place parmi les peuples les plus civilisés. Le grec ancien a fait place au grec moderne, aujourd'hui la langue nationale.

Les Albanais, voués aux armes, appartiennent à la famille hellénique, par leur langue surtout, qui dérive du grec. Ils sont peu nombreux et concentrés dans les montagnes de l'Albanie : les uns ont embrassé le mahométisme, les autres sont restés attachés à l'église grecque. La peau des Pélasges varie en intensité de couleur. Il est des Grecs très-blancs ; il en est de fortement hâlés ; leur che-

velure elle-même affecte les nuances blonde ou rousse, bien
que le plus communément elle soit d'un beau noir. Les
Maïnotes actuels ont conservé encore intact le type des La-
cédémoniens, leurs ancêtres.

Desmoulins regarde les Étrusques d'Italie comme une
colonie grecque. Il en fait sa race étrusco-pélage, qu'il
place dans l'espèce sémitique. « Ils sont, dit-il, plus grands
que les Arabes, moins velus que les Persans, et leurs cheveux sont uniformément noirs ou bruns. Ils ont formé diverses colonies sur les bords de la Méditerranée depuis les
côtes septentrionales jusqu'aux confins de la Gaule.

La famille latine, la troisième du rameau caucasique, n'a
eu qu'une civilisation postérieure à celle des Perses et des
Grecs. Autochthone de l'Italie, elle s'est propagée par les
conquêtes, en débordant sa région natale et se répandant
en Afrique, en Asie et dans presque toute l'Europe, mais
surtout dans l'Ibérie et les Gaules. Les hommes de cette
famille ont la taille moyenne, les cheveux et les yeux noir
profond, et une coloration générale brune, avec variation
d'intensité. La langue latine, aujourd'hui langue morte, a
donné naissance aux langues italienne, française, espagnole,
et à un dialecte appelé langue franque, mélangé d'italien et
de roman.

Les Latins ont disparu comme leur langue. Les Italiens
actuels sont le résultat du croisement des Latins avec les
Celtes, les Gaulois, les Visigoths, les Vandales, les Huns,
les Hérules, les Ostrogoths, les Normands, les Longuebards,
les Francks, qui conquirent successivement quelques parties
de l'Italie. La langue italienne, si remarquable par son eu-
phonie musicale, compte de nombreux dialectes. Les populations italiennes, presqu'exclusivement confinées en Italie, sans colonies lointaines, professent le catholicisme.

Cuvier réunit en une seule famille les Latins et les Grecs.

Mélangés aux Celtes et aux Francks, les Latins ont donné le jour aux Romans, puis aux Français; avec les Araméens, les Celtes, et plus tard les Maures, au peuple espagnol, etc. Les Valaques ou *Roumouni*, répandus dans la Valachie et la Moldavie, sont le résultat du mélange des Latins et des Grecs avec les Slaves qui habitaient primitivement ces provinces. Ils professent le christianisme du rit grec; quelques écrivains regardent même les Valaques comme offrant encore des types purs des anciens Arcadiens dont ils occupent le territoire.

Comme variété, les Latins de l'empire romain sont facilement caractérisés par un diamètre vertical de la tête assez court, ce qui donne au visage une largeur manifeste. Le sommet du crâne étant aplati, et le rebord de la mâchoire étant horizontal, il en résulte une coupe carrée. Les tempes sont bombées, et le nez est fortement aquilin; le sommet du menton est arrondi.

Les bustes d'Auguste, de Sextus-Pompée, de Tibère, de Germanicus, de Claude, de Néron, de Titus, présentent ces caractères dans toute leur netteté, au dire de M. Edwards, l'auteur d'un écrit substantiel très-remarquable sur les caractères physiologiques des races humaines.

Les Italiens ont l'imagination vive, l'intelligence dirigée vers les beaux-arts; mais leur génie guerrier s'est endormi, après avoir brillé d'un grand éclat.

La famille celtique comprenait d'anciennes populations appelées Celtes, autochthones de l'Europe centrale et méridionale, et ayant colonisé une partie de l'Angleterre et de l'Allemagne rhénane. Les anciens Celtes possédaient une taille élevée, des formes herculéennes, un visage alongé et ovalaire, des traits prononcés, mais réguliers; une épaisse chevelure et une barbe touffue, variant du brun foncé au brun clair et au roux; les yeux passaient du brun au gris, ou parfois se trouvaient cerclés de roux; la peau était colorée, et le corps remarquablement velu. Les Celtes sont encore représentés, quant à leur langue, par les habitants de l'Irlande, de l'Ecosse, de l'île de Man, de la province de Galles, et les Bretons des deux Armoriques.

Les Celtes se mélangèrent de manière à former les Gaulois. Les deux types que les ethnographes et les historiens admettent sont ceux des Galls, dans l'est de la Gaule, et des Kimris dans la Belgique de César, et l'Armorique, c'est-à-dire la Gaule septentrionale.

Les Kimris introduisirent, avec la langue celte qui a les plus grandes affinités avec le persan, le druîdisme et la théocratie sacerdotale. Les Galls ou Gaëls, c'est-à-dire les blancs ou les Gaulois proprement dits de Jules César, ont la tête sphérique, le front moyen, étroit et peu bombé, les yeux grands et ouverts, le nez droit à partir de la dépression de son attache et arrondi au bout, la taille moyenne. Les Kimris ou descendants des Cimbres, venus de la chaîne du Caucase, ont la tête longue, le front large et élevé, le nez recourbé la pointe en bas, avec les ailes retroussées, le menton saillant et la taille élevée. On retrouve facilement, même de nos jours, des descendants de ces deux types.

Dans le nord de la France, les Scandinaves, en s'établissant dans la Normandie, se fondirent avec les indigènes. Il en fut de même des Teutons dans le nord-est, et des Burgondes dans l'est, tandis qu'au midi, les Ibériens se mêlèrent aux Gaulois pour former les Aquitains. Les Galls et les Kimris s'établirent en Suisse et produisirent les Helvétiens; dans les Gaules transalpine et cisalpine, on retrouve des traces de leur descendance. Il en est de même en Étrurie, en

Galatie; avec les Ligures, ils ont donné les Génois, etc.

Dans les tumulus, on a reconnu les crânes des Galls à leur forme presque sphérique, et ceux des Kimris à leur forme alongée. On doit à M. Serres un travail curieux sur les résultats des fouilles faites dans un carneilloux sépulcral à Meudon, et duquel il résulte que les débris de crânes de Galls et de Kimris occupaient, les premiers les couches les plus inférieures du sol, et les autres les couches supérieures. Les os de la boîte osseuse chez les Galls avaient une épaisseur bien plus grande que celle des Kimris.

Les Gaulois, suivant Ammien, avaient une haute stature une teinte de peau très-blanche, les cheveux roux, les yeux bleus. Cet auteur les peint comme étant robustes, querelleurs, ivrognes, colériques, mais braves et méprisant la vie. Jules César a donné des Gaulois des portraits fidèles, qui prouvent que, gais, valeureux, inconstants, ils joignaient à la bravoure personnelle l'exaltation du sentiment patriotique; civilisés et intelligents, les Gaulois étaient divisés en nations indépendantes alliées les unes aux autres, que des rivalités et des jalousies ont trop souvent livrées désarmées à l'active ambition de César. Ils avaient reçu des Scythes du Caucase ou Kimris les sacrifices humains et les rits mystérieux du druidisme; une foule de mots de leur langue, celui de *bren* ou général entre autres, furent introduits alors dans la langue parlée des Celtes par les Kimris.

De même que les Galls et les Kimris ont produit les Gaulois, ceux-ci, mélangés aux Teutons, aux Francks, aux Latins, aux Grecs, aux Vandales, aux Scandinaves, ont donné le jour aux Français actuels. On les divise naturellement en Français proprement dits, occupant la France centrale; en Wallons, ou Français du nord, de la Flandre et de l'Alsace, mélangés aux Teutons; et en Romans, répandus dans la

Provence, le Languedoc, etc., et provenant du croisement avec les Ibères et les Latins.

Les Français d'aujourd'hui, belliqueux comme leurs ancêtres, parlent la langue la plus claire et la plus précise de toutes celles usitées en Europe. Leur génie s'est manifesté dans les lettres, dans les arts, et ils marchent à la tête de la civilisation. Cette famille professe le catholicisme et compte dans son sein des membres nombreux de communions judaïque, luthérienne, calviniste, et gouverne des sujets mahométans.

La famille teutone, la quatrième et dernière du rameau caucasien, porte aussi les noms de famille germanique, scandinave, tudesque ou indo-germaine. Autochthone au nord de l'Asie et de l'Europe, elle s'est répandue depuis les rives occidentales de la mer Caspienne, dans l'Europe moyenne, jusqu'en deçà du Rhin.

Les Teutons étaient de toutes les familles précédentes celle qui avait la peau la plus blanche et la plus vermeille. Sa stature était élevée, ses formes étaient robustes, mais massives; sa chevelure fine, soyeuse, d'un blond doré remarquable, et ses yeux étaient bleus.

Les auteurs latins s'accordent tous à donner aux Germains une tête forte, un front large, des yeux bleus et des cheveux roux (*comas rutilantes*). Par suite de croisements, ce type est devenu très-rare en Allemagne, où le brun domine aujourd'hui dans les chevelures : seulement, le type blond paraît s'être mieux maintenu en Angleterre.

Les Germains se sont répandus dans les états limitrophes; dans la France, ils s'établirent sous le nom de Normands; puis ils ont envoyé des colonies en Hongrie, en Pologne, en Russie, et jusque dans l'Amérique septentrionale. Ils avaient primitivement inondé l'Europe sous les noms de Goths, de Vandales, de Cimbres, de Francks, d'Allemands, d'Angles, de Saxons, etc.

Ils se sont divisés en corps de nations distincts, ayant chacune une langue écrite et des dialectes séparés. Les anciens *Scandinaves* ont donné le jour aux Danois, aux Suédois, aux Norwégiens, aux Islandais et aux habitants des îles Feroë; ils pratiquaient la religion d'Odin, avaient des chants héroïques ou sagas, etc. Les *vrais Germains* sont restés fixés dans l'Allemagne actuelle, dans la Prusse orientale et sur la rive droite du Rhin ; ailleurs, ils se sont mélangés avec les populations au milieu desquelles ils se sont établis. Ils ont deux langues écrites et divers dialectes, l'allemand littéraire et le néerlandais. Cette dernière langue a même trois autres dialectes, le hollandais, le flamand et le frison.

Les Saxons, par leurs migrations et par leurs conquêtes sur les Celtes de l'ancienne Armorique, ont fini par dominer les races le plus anciennement établies soit en Angleterre, soit en Écosse ou en Irlande, et ont été légèrement modifiés par l'invasion de Guillaume avec les Français. Il en est résulté une langue écrite, l'anglais; un dialecte particulier, l'écossais; et quant aux Irlandais, ils ont conservé l'idiôme gaëlique, de même que les Gallois ont gardé le kimrique.

Les Teutons ont toujours été remarquables par leur instinct guerrier, leur caractère phlegmatique, tenace et froid : ce sont les peuples qui, se ressentant de leur ancienne origine, émigrent le plus volontiers; aussi ont-ils fondé de riches et puissantes colonies. Cette race fait la base du mélange de peuples constituant aujourd'hui en Amérique la nation puissante des Etats-Unis.

Les Allemands sont portés au mysticisme, aux rêveries. Leur littérature aime le vague. Ils cultivent les beaux-arts avec succès, et surtout la musique. Les Anglais et les Hollandais sont essentiellement navigateurs et commerçants ; ils aiment les arts mécaniques. Les Flamands ont eu de grands peintres ; les Anglais n'ont jamais brillé dans la peinture et la sculpture. En revanche, ils possèdent une littérature avancée.

Les religions dominantes chez les descendants des Teutons sont le christianisme réformé, mais avec une innombrable quantité de sectes : quelques états professent le catholicisme, et gouvernent des populations latines.

Le deuxième rameau de la race blanche a reçu de M. Desmoulins le nom de sémitique, pour rappeler l'idée de Moïse qui supposait sa race jaune ou arabe fille de Sem. Ce rameau renferme trois familles : l'Araméenne, la Libyenne et l'Atlantique ; les deux premières ayant conservé partout où elles se sont introduites leur type presque pur. La famille Araméenne emprunte son nom à la Syrie, nommée primitivement Aram. On l'appelle encore Syro-Arabe ou même Sémitique. Elle comprend les peuples dont l'origine se perd dans la nuit des temps, et dont les langues, soit anciennes, soit modernes, se subdivisent en quatre groupes : le syriaque et le chaldéen, langues des Syriens ou Arabes du nord ; l'hébreu, le cananéen ou le phénicien, langues des Numides ou Carthaginois et des Juifs ; le maugrebin que parlent les Arabes purs et qu'on écrit avec des caractères kouffiques, et l'ekhkili qui est propre aux Axoumiens ou Arabes homérites.

Les Arabes sont généralement de stature moyenne, mais leurs membres sont secs, nerveux, dispos, et leur peau hâlée par le soleil varie du brun noir au brun jaune, et quelques tribus, surtout les femmes, ont la peau jaune foncé. Leur crâne affecte la forme sphérique, bien que la voûte en soit élevée; les orbites sont remarquablement évasés; les dents sont régulières et très-blanches; le reste de la charpente osseuse est construit dans les proportions les plus harmoniques et les plus solides pour l'accomplissement de tous les actes de la vie. Leur visage est long, mince; le nez est aquilin; les yeux sont noirs et brillants, mais enfoncés; la barbe et les cheveux sont noirs.

Les Arabes sont pasteurs ou bédouins, cultivateurs ou fellahs, citadins ou haddri. Leurs tribus chérissent la vie nomade du désert et s'adonnent au pillage : l'hospitalité du sel dans la tente et la vie patriarcale ont été citées par la plupart des voyageurs. Sobres, conteurs, avides, ils sont cependant doués d'une haute intelligence, d'une grande adresse physique. Ils possèdent une langue écrite et une littérature riche et variée. Ils ont adopté l'hyperbole et les rêveries de l'imagination la plus fantastique. Adroits à tous les exercices, ils sont habiles imitateurs et les meilleurs cavaliers du monde. Ils soignent le cheval avec une rare intelligence, et ont appliqué à leurs besoins le chameau et le dromadaire. Les tribus adonnées à l'agriculture n'émigrent point. Leurs connaissances en astronomie, en chimie ou alchimie, en médecine, ont été justement célèbres.

Les anciens Arabes professaient le sabéisme ou adoraient les astres. Ils adoptèrent avec ardeur le mahométisme, et en matière de foi ils sont de la plus grande intolérance.

Les Arabes de la famille Araméenne sont donc aujourd'hui répandus dans les Arabies Heureuse et Pétrée, dans la Syrie, sur les lisières de l'Abyssinie, de l'Égypte et dans le désert. Ils ont eu de puissantes nationalités qui ont figuré dans l'histoire ancienne sous les noms de Chaldéens, d'Assyriens, etc.

Les Hébreux, Israélites ou Juifs forment la seconde divi-

sion de la famille Araméenne. Ils ont le type de l'espèce
adamique de Bory de Saint-Vincent. Ils se distinguent des
Arabes par une peau plus velue et plus blanche, bien que
leur couleur varie beaucoup. C'est ainsi que l'on connaît des
Juifs blancs en Europe, basanés en Espagne, noirs en Asie.
Leur chevelure varie également depuis le noir intense jusqu'au rouge feu. En France et en Allemagne la coloration
rousse est des plus communes; leur physionomie est alongée et le nez est saillant, convexe et d'une forme caractéristique.

Ce peuple, chassé de sa patrie et répandu au milieu de
toutes les autres nations dont il a adopté les mœurs extérieures, est resté immuable dans la croyance qu'il a reçue de
Moïse et dont se compose le judaïsme. Adonné au trafic et
au lucre, sans instinct guerrier, il est resté pendant des siècles
sous le coup de l'anathème de Titus, puis des nations chré-
tiennes qui ont joint à un profond mépris les avanies dont
elles l'ont abreuvé.

Les Hébreux découlent donc des tribus arabes qui s'im-
plantèrent en Syrie, en se mêlant aux populations Chal-
déennes. Les descendants de l'ancien peuple Syrien sont, à
ce que l'on croit, les Yakoubi actuels de la Mésopotamie et
de la Chaldée, les Druses et les Maronites du Liban; les
premiers ayant un culte propre et les seconds professant le
christianisme.

Les Syriens avaient fondé quelques puissantes colonies
dans les temps les plus reculés de l'histoire. Ils sont évidemment les ancêtres des Carthaginois ou Phéniciens qui
ont lutté si longtemps avec l'empire des Latins.

La famille Libyenne est la deuxième division du rameau
Sémitique ou de l'espèce arabique des auteurs. Les documents les plus anciens en font mention, et il est probable

qu'elle avait colonisé les rivages de la mer Méditerranée bien avant les Pélasges et les Égyptiens. Née dans la chaîne de l'Atlas, elle s'est répandue en Europe, dans les provinces de l'Afrique occidentale, le long de l'Océan jusqu'au cap Blanc, et dans les territoires de Tunis et de Maroc. Elle peuple toute la Barbarie, l'Algérie, le Sahara, le Fezzan et le désert de Barca, et, sous le nom de Maures, elle a envoyé des colonies jusqu'au sein des populations nègres de l'Afrique.

Sobres, guerrières, fanatiques, les populations Libyennes sont divisées en tribus indépendantes sous les noms de Kabyles, de Berbères ou de Schellas, qui vivent des produits de leur agriculture, du lait de leurs chamelles et des dattes de leurs oasis. Ces peuplades ont conservé la plupart de leurs antiques coutumes, et sont restées stationnaires dans leurs idées. Il en est qui habitent des grottes ; le plus grand nombre vit dans des tentes. Toutes se creusent des silos pour la conservation de leurs récoltes et tissent les poils de leurs chameaux. Elles ont embrassé le culte mahométan qu'elles pratiquent avec ferveur, et croient aveuglément aux révélations de leurs marabouts. Dans les villes, les Maures semblent plus tenir de la famille arabe pure que de la libyenne.

Soit par le détroit de Gades, soit par le seuillet qui unissait le midi de l'Espagne à la côte d'Afrique, les hommes de la race atlantique se répandirent sur le territoire de l'Ibérie, et y établirent leur domination en se mélangeant aux Celtes autochthones. De cette fusion est né le peuple Basque ou Euskaldunes qui parle une langue spéciale fort ancienne.

Les Basques, en se mélangeant avec les Celtes, les Cantabres et les Latins, ont donné le jour à trois peuples du midi de l'Europe : les Ibères d'Espagne, les Aquitains de la Gaule méridionale et les Ligures de l'Italie. Les Aquitains en s'étendant vers le nord prirent le nom de Vascons. Les Basques se maintinrent dans la chaîne des Pyrénées. Les Ibères se mélangèrent aux Romains, aux Goths, puis aux Sarrasins, et donnèrent le jour aux Espagnols actuels dont se sont séparés les Lusitaniens ou Portugais. Ces deux états ont chacun une langue écrite, une poésie commune, et ont été remarquables par leur génie chevaleresque et conquérant. L'un et l'autre ont embrassé le catholicisme pur avec intolérance, et ont fondé de vastes empires coloniaux qui se sont violemment séparés de la mère-patrie.

Ces divers peuples Basques et Ibériens sont encore, dans leurs descendants, remarquables par la souplesse et l'agilité de leurs membres, leur peau brune, leur barbe épaisse et leur chevelure d'un noir profond. Sobres, braves, passionnés, vindicatifs, ils ont retenu dans leurs mœurs ces instincts sanguinaires des Africains, les combats de taureaux, les exécutions à mort et les vengeances individuelles.

La troisième famille est celle appelée Atlantique par Desmoulins, parce qu'elle renferme les Atlantes, peuple éteint et qui avait colonisé les îles Canaries. Ces Atlantes ou Guanches ne nous révèlent leur existence que par leurs dépouilles conservées par les procédés de l'embaumement. Leurs momies ont présenté un type essentiellement sémitique par la forme du crâne, du nez et des autres traits de la face. Leur coloration devait être un olivâtre assez foncé; mais ce qui les caractérise, c'est une chevelure très-fine, tirant au châtain-clair ou même parfois au blond. Cependant la coloration noire s'y fait remarquer tout aussi fréquemment, et ne permet plus d'invoquer la couleur blonde comme caractère distinctif.

Les Guanches ont une grande analogie avec les Kabyles basanés ou Tuaricks de l'Atlas. Les uns et les autres paraissent être une colonie d'Égyptiens jaunes, voisins des Berbères, et caractérisés par des joues assez rebondies, un menton court, de grands yeux saillants et un embonpoint général. Ces Égyptiens, parfaitement étudiés par Blumenbach, ne paraissent différer en rien d'essentiel des Guanches, dont le même savant a figuré une tête entière à la planche 42 de ses décades.

Cette tête présente la plus complète analogie avec diverses autres têtes provenant de momies égyptiennes. Les Guanches avaient fait dans leur île des petites pyramides ; ils portaient des colliers de corail comme les Égyptiens. Marsden, Hornemens ont trouvé une complète analogie dans quelques mots de leur langue avec l'idiôme des Tuaricks. M. Martin réunit les Guanches à la famille des Mizraïmiques, qui comprend les Égyptiens, les Abyssiniens et les Berbères.

Les Atlantes exterminés par les Espagnols s'appelaient Guanches ou fils de l'homme. C'étaient des peuplades de taille assez forte et réputées braves, mais sur lesquelles nous n'avons aucune donnée bien précise.

Les Copthes nous paraissent appartenir à la famille Atlante. Ils sont les descendants des anciens Égyptiens qui formaient dans les derniers temps de leur histoire un peuple fort mélangé. Les vrais Égyptiens appartiennent à la race brune et au rameau indien ou arya. Ces Égyptiens provenaient sans nul doute du mélange de la race conquérante brune avec les Abyssins et les Foullahs. Leur physionomie, dans les anciennes peintures tirées des monuments de l'Égypte, les représente ayant une taille moyenne, des lèvres épaisses, un nez large et plat, des yeux saillants et une coloration olivâtre ou jaune de miel. Ces Égyptiens croisés formèrent la masse de la nation ; et du temps d'Hérodote, ils étaient moins nombreux que les *Égyptiens noirs à cheveux laineux*, leurs pères.

Les Égyptiens croisés ou jaunes ne se sont alliés que partiellement avec les Romains après la conquête, et ils ne dûrent pas le faire avec les Musulmans par antipathie religieuse. Aussi ces peuples ont-ils conservé intacts leurs caractères physiques. Volney dit en propres termes qu'ils ressemblent beaucoup à des mulâtres. Leur peau est jaune, ai-je dit, et Pugnet et Larrey ajoutent : leur air a de la majesté et de la puissance; leurs traits, bien que rudes, inquiets et soucieux, s'épanouissent facilement; ils ont un visage plein, des yeux alongés et coupés en amandes, des joues saillantes, les narines dilatées, les lèvres épaisses et les cheveux noirs et crépus, mais non laineux. Or, les Copthes actuels ne diffèrent donc en rien des anciens Hybrides égyptiens.

Les Copthes sont chrétiens, et suivent un rit particulier.

Le rameau scythique est la troisième branche-mère détachée du tronc de la race blanche. Originaires des vastes régions situées entre la mer Baltique et la mer Noire, les peuples qui lui appartiennent ont fondé de grands empires dans le nord de l'Europe, en s'étendant jusqu'aux régions sud-est. Ce rameau se divise en quatre familles appellées Slave, Finnoise, Madgyare et Turque.

Robustes et trapus, les hommes de la famille Slave, à figure osseuse, à cheveux roux, aux yeux gris cerclés de vert, forment aujourd'hui des nations très-variées par la coloration de la peau et des cheveux, par suite de croisements répétés avec d'autres peuples.

Toutefois, ils possèdent une physionomie assez caractéristique pour qu'on ne puisse les confondre avec les autres familles de la race blanche : le contour de la tête vue de

face représente assez bien la figure d'un carré, c'est-à-dire
que la hauteur et la largeur sont presque égales, et que le
maxillaire inférieur a son bord horizontal. Le nez est presque droit, sans courbure marquée, mais à pointe légèrement
saillante et arrondie au bout. Les yeux, ouverts sur une ligne
parfaitement droite, sont enfoncés dans l'orbite ; les arcades
orbitaires rapprochées sont peu garnies de sourcils; la
bouche n'a pas de lèvres épaisses, mais la barbe, peu fournie sur le menton, est plus épaisse sur le rebord de la lèvre
supérieure. Ces caractères sont communs aux Polonais, aux
Silésiens, aux Moraves, aux Bohémiens, aux Hongrois-Slaves
et aux Russes.

La plus grande partie des membres de la famille Slave,
aussi nommée Esclavonne, a les cheveux blonds ou cha-
tains, et les yeux bleus. Dans le midi, les cheveux et les
yeux noirs sont fort communs, et l'on suppose qu'ils sont
le résultat d'un mélange avec les Mongols. Les Russes ou
Moscovites ont étendu leurs conquêtes dans le nord de l'Asie
et de l'Amérique, et occupent une immense surface du
globe. Les Rousniaques sont plus particulièrement confinés
dans la Podolie, la Volhynie, une partie de la Gallicie et
dans le nord-est de la Hongrie. Les Cosaques paraissent descendre des Rousniaques, alliés aux Circassiens. Les Bulgares
se sont étendus de la Bulgarie jusque dans la Thrace et la
Macédoine. Ils professent, comme les Russes, le christianisme du rit grec. Les Serbes sont les habitants de la Servie, de la Bosnie, d'une partie de la Dalmatie, de la Croatie,
et de l'Esclavonie, et les Carniens, des provinces de la
Carniole, de l'Istrie, de la Carinthie et de la Styrie. Ces
petits peuples sont aussi nommés Wendes, Vandales et
Croates. Les Moraves parlent la langue bohême ou tchekhe.
Les Polonais parlent une langue mélangée d'allemand, et

les Lithuaniens ou Letton ont un dialecte particulier, slave pur suivant les uns, celte suivant les autres.

Les Croates, les Serviens, les Esclavons, sont des Slaves à peau brune, à cheveux et yeux noirs. Les Polonais présentent une sorte de mélange, variant du blanc au brun, et les Russes sont très-blancs, à cheveux châtains-clairs, blonds ou roux. Les Slovaks, ou anciens habitants de la Hongrie, paraissent être les descendants des Sarmates, qui ont été chassés d'une partie de la Hongrie ou Pannonie par les Madgyars. Ils sont de taille moyenne; leurs traits sont grossiers, à demi voilés, et leur chevelure est d'un blond de lin.

La deuxième famille du rameau scythique est la Finnoise, que plusieurs auteurs ne distinguent pas de la famille Slave. Cependant elle paraît être autochthone des versants de l'Oural, sur les rivages de la mer Blanche et de la mer Baltique. Les hommes de cette famille sont peu robustes, de taille moyenne, aux cheveux d'un blond blanchâtre, et les yeux bleu-clair; leurs membres sont grêles, et la peau brunâtre enfumée. Dominés depuis longtemps par les Slaves, les Turcs et les Mongols, mélangés avec eux, ces hommes ont leurs traits primitifs effacés. Ce sont les petits peuples anciennement connus sous les noms de Zoumi et de Scythes d'Europe; ils sont disséminés aujourd'hui au milieu des Hongrois et des Permiens d'un côté, alliés aux Lapons de l'autre, et se retrouvent dans la Finlande et la Livonie.

La famille Finnoise porte aussi le nom de famille Ouralienne ou Tchoude. Composée de tribus adonnées à la chasse ou à l'agriculture, elle a été protégée plutôt par les vastes solitudes au milieu desquelles elle vit que par son génie belliqueux.

Les Finnois comptent trois tribus principales : la première

comprend les Téléoutes, qui habitent la Sibérie, mais qui ont abandonné le finnois pour la langue turque ; les Ostiaks et les Vogouls habitent l'Oural et les deux rives de l'Oby.

Dans la Russie méridionale sont confinés les Finnois Bashkirs, qui ont adopté la religion musulmane et la langue turque, et les Finnois du Volga, idolâtres et chrétiens du rit grec.

Quant aux Finnois proprement dits ou de la Baltique, ils sont mélangés aux Teutons. Une de leurs tribus, les Quaines, peuplent en grande partie la Laponie norwégienne.

Les Finnois actuels se reconnaissent à leur chevelure blond-roussâtre ou rousse, à la maigreur de leur barbe, à leur teint blanc fade, marqué de rousseurs ; à leurs yeux bleuâtres ou grisâtres, à leurs joues enfoncées, avec des pommettes en saillie ; leur figure est anguleuse, et l'occiput surtout est amplement développé.

La famille Madgyare (1), distincte des deux précé-

---

(1) Les Madgyars apparurent pour la première fois sur les frontières de l'Europe au ixe siècle. Nomades et cavaliers, ils se montrèrent couverts de peaux de panthères et de tigres. Ils se fixèrent d'abord en Pannonie, aux défilés des monts Karpathes et à l'embouchure du Danube. Waïc, leur roi, fut baptisé par Sylvestre II, et reçut la couronne de saint Étienne.

L'armée d'Attila se composait de tribus de la même race, appelées Huns, Abars-Madgyarok, Avares et Hungais.

Les Allemands les regardent comme provenant de la race finnoise, venue d'Obi, et l'ont appelée Ouralo-Finnoise.

Les Sicules sont encore en Transylvanie des descendants des Huns. La langue hongroise tient des langues turque et persane ; elle est très-métaphorique.

Les anciens disaient d'eux : visage beau, peau brune, yeux noirs et grands, taille longue et fine.

Braves, bons cavaliers, chevaleresques.

dentes, originaire de l'Asie ou de la chaîne du Caucase, est venue s'établir dans la Hongrie, où elle a conservé sa langue nationale et ses coutumes, en se mêlant aux populations slave et finnoise. Ces Madgyars, parfaitement caractérisés par M. Edwards, sont de petite taille; leur tête est assez ronde; le front un peu développé, bas et fuyant; les yeux, placés obliquement, ont leur bord externe légèrement relevé; le nez est assez court, épaté; la bouche est saillante, avec des lèvres épaisses; le cou est très-fort, et la barbe est fort rare.

Ces Madgyars sont regardés comme les descendants des Huns, qui, sous la conduite d'Attila, ont ravagé l'Europe. M. Edwards semble mettre ce fait hors de doute par les descriptions qu'il rapporte de Priscus et d'Ammien-Marcellin. Suivant Priscus, Attila avait la taille courte, la poitrine large, les yeux petits, la barbe rare, le nez épaté et le teint noir. Suivant Ammien, les Huns avaient le cou gros et la barbe rare. Jornandès les dit laids, noirs, petits, ayant des yeux de travers et peu grands, le nez écrasé, et le visage sans barbe.

M. Edwards a donc mis hors de doute la filiation des Madgyars avec les Huns leurs ancêtres. Quant à la souche des Huns, on la suppose née sur les plateaux de la Tartarie orientale.

La dernière famille de la race blanche est la Turcomane, dont le type physique s'efface journellement par le croisement de la population turque primitive avec divers peuples noirs, blancs ou jaunes, les Persans, les Abyssins, les Géorgiens, les Mongols.

Originaires du centre de l'Asie et des contrées limitrophes de la Chine, jusqu'aux revers du Caucase, les Turcomans, mélangés à des Scythes Mongols, firent de nombreuses

irruptions en Europe, où ils s'établirent définitivement dans
le XIIIᵉ siècle. Ils étaient divisés en deux branches, celle des
Ouïgours, qui resta dans l'Orient, et celle des Osmanlis,
qui s'étendit à l'Ouest. Les tribus primitives des Turcs
étaient nomades ; et leurs descendants actuels, fixés dans
leurs steppes, le sont encore : ce sont les Kirghis, les Cosaques du Don, les Nogaïs de la Crimée, les Ousbeks, les
Tartares du Caucase, ceux de Kasan et de la Sibérie; peuplades erratiques, peu civilisables, vivant sous la tente, et
dont les habitudes sont guerrières et pillardes.

Les Turcomans propres mènent aussi la vie nomade dans
les steppes du Turkestan, de la Perse, de la Chald Arménie
et de l'Asie-Mineure. La plupart de ces tribus sont indépendantes et professent le plus grand amour de la liberté.
Il en est toutefois qui, placés sur les confins d'États réguliers, ont été forcés de se soumettre, et les Russes, les
Persans, les Ottomans, et les kans de Khiva et de Bouk-
kara en ont soumis un certain nombre.

Les types que l'histoire a esquissés des anciens Turcs,
nous les représentent comme des hommes laids, de moyenne
taille, ayant des cheveux roussâtres et des yeux gris-verdâ-
tre, le corps très-charnu et épais, le teint basané, la figure
à ossature presque carrée. Dans l'histoire ancienne, ils paraissent avoir porté les noms de Parthes, de Scythes, de
Massagètes, de Saces, et avoir habité la Bactriane et l'Hir-
canie.

Mais la grande tribu des Osmanlis, en quittant ses mœurs
nomades pour s'établir en corps de nation en Europe et en
Asie, montra le plus grand empressement à s'allier aux
peuples conquis. La religion musulmane, qu'elle adopta,
en autorisant la polygamie, lui fit choisir des femmes étrangères à sa race. Les croisements avec les Persans, les

Grecs, les Géorgiens, les Arabes, changèrent bientôt le type de la famille.

Aussi la race turque est-elle aujourd'hui très-mélangée, et présente-t-elle des populations blanches, à cheveux et yeux noirs, ou des peuplades à peau très-jaune, résultant chez les Turcs d'Asie de leur association avec les vrais Mongols.

La langue turque s'écrit avec des caractères arabes, et est très-répandue. Les populations musulmanes ont fait de grandes conquêtes qu'elles n'ont pas su conserver. Stationnaires ou même rétrogrades, elles fuient tout mouvement civilisateur. Le dogme du fatalisme et la pluralité des femmes énervent leur courage. Leur ancien fanatisme semble vouloir faire place à des idées de progrès.

La deuxième race est la jaune, celle du moins que les monuments les plus reculés de l'histoire nous montrent réunie en Etats puissants quand l'Europe était encore dans l'enfance de la civilisation. C'est à tort qu'on a donné exclusivement à cette race le nom de mongolique ; les Mongols n'en sont véritablement qu'un rameau distinct.

Tous les peuples de la race jaune sont remarquables par leur défaut de coloration sanguine. Le derme de la face varie chez eux d'intensité, mais il est d'un ton mat et sans coloration apparente sur les pommettes. Sous l'épiderme existe donc un pigmentum qui varie depuis le jaune-serin jusqu'au jaune-citron orangé. La stature est variable, quoique l'ossature soit forte. Les proportions du corps sont robustes et bien prises. La chevelure est épaisse, rude, lisse et généralement noire. Les traits de la face sont assez accentués, caractéristiques. Les modifications les plus profondes apportées à l'organisme sont dues à l'influence de la température, pour les peuplades répandues dans les régions polaires septentrionales.

Les hommes de cette race sont les premiers habitants de l'Asie. Ils ont colonisé les îles de la mer du Sud ; ils se sont croisés avec des peuples noirs et ont donné naissance à plusieurs familles de métis.

La race jaune se divise en deux grandes tribus, la première celle des Mongols, et la seconde celle des Océaniens. La première tribu comprend deux rameaux : le Mongol asiatique et le Mongol pélagien, et la deuxième tribu renferme le rameau océanien et les populations hybrides appelées Malaises.

Le grand rameau Mongol asiatique comprend trois familles qu'on a appelées Hyperboréenne, Mongolique et Sinique.

La famille Hyperboréenne a été admise par tous les auteurs, et sous ce nom on a groupé toutes ces peuplades qui vivent misérablement au milieu des neiges et des glaces qui enveloppent le cercle arctique. Saucerotte a établi pour ces habitants polaires son rameau hyperboréen, et Desmoulins en a fait sa troisième race de l'espèce mongolique et en a séparé l'espèce kourilienne. Les anciens appelaient hyperboréens des hommes qui semblent avoir été des Scandinaves, car ils ne paraissent pas avoir connu les Lapons et les autres tribus répandues, soit en Europe, soit en Asie, soit en Amérique, sur ces terres glacées qu'on appelle Laponie, Sibérie, presqu'île de Kamtschatka et îles Aléoutiennes, puis au nord du nouveau continent, sur les rivages de la baie d'Hudson, à la terre de Labrador, au Groënland et sur le pourtour de la baie de Baffin. Les rivages de la mer de Behring, les îles de Nootka et les lacs de Mackensie ou le pays des grands Esquimaux, sont encore habités par les tribus misérables de ces peuplades erratiques.

Il y a une grande analogie entre les races nomades qui

errent dans les steppes de la Sibérie et sur les bords de la mer Glaciale, se nourrissant de leur pêche et du lait de leurs rennes.

Les Hyperboréens sont superstitieux. Les Chamans ont une grande puissance sur l'esprit des Lapons, et les Ange-koki sur celui des Esquimaux. Tous tiennent à leur sauvage patrie et émigrent suivant les saisons de pêche ou de chasse dans les provinces limitrophes. Ils habitent des yourtes creu-sées sous le sol ou des tentes dressées pendant les étés. Ils ont fait du chien un animal précieux par sa sobriété et sa fidélité, en même temps qu'ils s'en servent comme d'un animal de trait. Ceux qui sont pasteurs possèdent des trou-peaux de rennes qui leur fournissent leur lait et leur ve-naison.

Une même conformation anatomique réunit toutes ces peuplades, dont le front est large et fuyant et le crâne élevé en pyramide. Leur taille est médiocre ou plutôt petite, ne dépassant guère un mètre cinquante centimètres. Leur corps est trapu à extrémités massives ; leur tête est grosse, dif-forme ; leurs yeux sont d'un jaune brun, et leur peau très-basanée est velue.

Ces hommes sont ichthyophages et boivent de l'huile de cétacés. Ils pratiquent la polygamie et sont sans religion, ou du moins livrés à des croyances superstitieuses et aux sortiléges.

Les Lapons ou Sames, que l'on appelle aujourd'hui plus volontiers Lappes, Ogres ou Ougres, sont le type de la race ugorienne ou la première des cinq races nomades de Prit-chard. Les Lappes ne sont qu'une branche de cette race, née, suivant les auteurs, sur les hauts plateaux de la Tar-tarie, d'où elle est descendue en se dirigeant vers le nord de l'Europe, en venant peupler toute l'étendue des terres situées 'entre la Baltique et les monts Ourals jusqu'à l'Oby. Ce sont encore les Jotuns des Sagas que les Scandinaves chassèrent de la Suède et du Danemarck et refoulèrent vers le nord. Ces Lappes envoyèrent dans l'est des branches appelées Vogouls dans l'Oural, et Ostiaks sur les bords de l'Oby. Les Lapons hyperboréens de race pure sont aujourd'hui presqu'éteints.

Les Samoyèdes, répandus sur les bords de la mer Glaciale en tribus errantes qui vivent de chasse et de pêche, appartiennent à cette famille. Assez semblables aux Tongouses par les traits de la face, ils ont le visage plat, rond et large, les lèvres retroussées, le nez large et ouvert, la barbe peu fournie et les cheveux noirs et rudes. Leur taille est au-dessous de la médiocre, mais leurs membres sont bien proportionnés.

Pallas a démontré que les Samoyèdes, qui se nomment Khasovas dans leur langue, étaient originaires des provinces méridionales du Yenisée ; ils parlent un dialecte de la langue ugorienne.

Les îles Kuriles et Yesso, de même que la côte d'Asie limitrophe, sont habitées par des tribus appelées Aïnos (1) ou Kouriliennes ; leur langue diffère peu de celle des Samoyèdes, et semble dériver de la langue-mère caucasienne. Les portraits que les divers navigateurs nous ont faits de ces insulaires diffèrent beaucoup entre eux. La Pérouse dit que les Aïnos sont plus beaux que les Chinois et les Japonais. Krusenstern, au contraire, les dépeint à peu près en ces termes : leur taille est médiocre, leur barbe épaisse et fournie. Leurs cheveux sont noirs et plats, leurs traits ont plus de régularité que ceux des Kamtschatkales, auxquels ils ressemblent davantage. Les femmes sont laides, très-brunes de

_____
(1) *Desmoulins*, Races Humaines. 1826.

Mantchou.   Mozambique.   Sibérien.

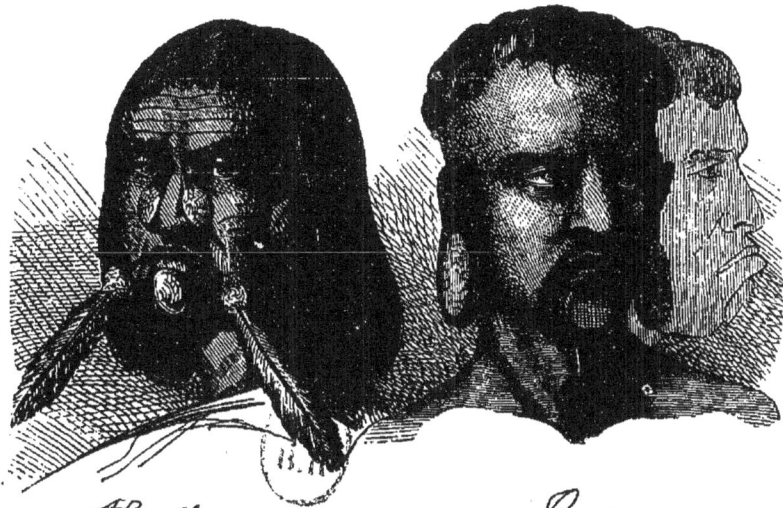

Indien Maxuvana.   Indien Botocudos.

Typ. Lacrampe fils et Comp

peau, et ont l'habitude de se peindre les lèvres en bleu et de se tatouer les mains. Tous les auteurs s'accordent sur un caractère commun qui domine dans cette variété de l'espèce humaine. C'est l'extrême développement du système pileux de la surface du corps. La Pérouse et Brougton s'accordent sous ce rapport ; ce qui est une exception pour la race blanche semble être chez eux la règle générale. Cette particularité de l'organisme a même porté Desmoulins à créer une espèce humaine distincte de toutes les autres, et qu'il appelle Kourilienne. Il lui donne par diagnose une taille moyenne et trapue, des membres forts, une grosse tête carénée, la peau couleur d'écrevisse vivante, et il ajoute : ce sont les plus velus des hommes. M. d'Omalius d'Halloy partage l'opinion de Desmoulins en faisant des Kouriliens l'objet d'un appendice. Les Kouriliens paraissent être évidemment des peuples croisés.

Les Kamtschatkales, confinés sur la partie méridionale de la péninsule du Kamtschatka, dont les Koriaques habitent la région septentrionale, s'éloignent par leur langue des autres tribus mongoles : petits, basanés, ces hommes ont peu de barbe, la chevelure noire, la face large, le nez court et plat, les yeux petits et enfoncés, les sourcils minces et les extrémités grêles. Dans leur langue, ils se nomment *Itelmans*, et parlent quatre dialectes fort distincts. Leur culte est le chamanisme pur ou la pratique des sortiléges.

Les peuplades Yénésiennes, Tschuktschis et Aléoutes Namollos, Ouïguirs et Koriaques, appartiennent encore à cette grande famille.

Les Namollos, que Lutke a fait connaître, sont établis sur la côte nord-ouest de l'Asie, depuis la baie de Koulioutschinskoi jusqu'aux rives de l'Anadyr. Une physionomie assez tranchée les distingue : c'est ainsi que leur face est trèsaplatie, avec des pommettes fort saillantes et un nez très-camus ; leurs yeux sont petits, mais non obliques. Leurs peuplades douces et paisibles se nourrissent principalement des produits de la pêche ou des animaux que la mer jette sur les rivages. Leur idiome paraît être un dialecte de la langue des Esquimaux d'Amérique, et on les croit de même source que les Aléoutes, les Koriaques et les Tschuktschis. Les Koriaques ne paraissent pas différer beaucoup de ces derniers, si ce n'est par leurs mœurs plus nomades. A l'ouest des Koriaques, sur les rivages de la Sibérie orientale, sont les Yukagiris, dont les mœurs sont celles des Samoyèdes et dont le langage diffère véritablement de tous les autres idiomes hyperboréens. Au reste ces Yukagiris ont beaucoup d'analogie avec les Yakouts et se sont mélangés avec les Russes.

Tous ces petits peuples, que Pritchard appelle ichthyophages, ne nous sont connus que par les récits des voyageurs russes. Choris nous en a donné d'excellents portraits accompagnés de renseignements utiles. Les Tschuktschis, comme les habitants des îles Saint-Laurent et du détroit de Behring, naviguent avec des baïdars ou pirogues faites de peaux, et se nourrissent principalement de chair de phoques et de baleines. Leurs tentes estivales sont fabriquées en cuir et leurs demeures d'hiver sont creusées sous terre ; ils taillent leurs vêtements d'été dans les intestins de grands cétacés, ou cousent pour l'hiver, avec des tendons, des peaux d'ondatra, de martre, de loutre ou de rennes, qui forment de chaudes pelisses. Bien que pêcheurs, ils élèvent aussi à quelque distance des côtes des troupeaux de rennes.

Les Aléoutes sont plus particulièrement adonnés à la chasse, et les Russes les emploient à l'effet d'obtenir les peaux de renards et de loutres qui font l'objet de leur commerce dans ces parages.

Convertis à la religion grecque, les Aléoutes sont toutefois excessivement superstitieux, et ils font descendre le genre humain de l'union d'un chien et d'une chienne. Ils sont adonnés aux plaisirs des sens, s'enivrent volontiers avec des liqueurs spiritueuses, et sont adroits à la chasse en tuant le gibier avec des flèches.

Les peuplades les plus nombreuses de la grande famille hyperboréenne sont répandues dans cette partie boréale du continent américain, relié à l'Asie par les chaînes d'îles et par des glaces : ce sont les Esquimaux.

Fabricius le premier avait fait remarquer que les Lapons, les Samoyèdes et les Esquimaux étaient des hommes petits de taille, très-bruns de peau, et à cheveux et barbes très-noirs, près desquels la nature avait placé les grands et lymphatiques Finnois et les blonds Islandais.

Le caractère le plus saillant en effet des Esquimaux, bien que vivant dans les régions boréales, est une teinte de peau très-foncée et passant au brun rougeâtre sale. J'ai publié sur ces peuplades une notice (1) dont les renseignements ont été empruntés à divers voyageurs au pôle ; et depuis, M. Richard King (2) les a étudiés d'une manière spéciale, bien que son travail ne soit pas à l'abri de toute critique. M. King fait des Esquimaux un portrait flatteur. Suivant cet auteur, la généralité des peuplades de cette race pratique les vertus sociales les plus douces, l'honnêteté, l'amour paternel ou filial, le respect pour les parents âgés, l'attachement pour les animaux. L'humeur des Esquimaux est égale, douce et jamais querelleuse. Leur hospitalité est reconnue par tous les voyageurs; mais si leur probité est grande entre

---

(1) Compl. à Buffon. Tom. ɪ, p. 51, 2ᵉ édit.

(2) *Du caractère de l'intelligence des Esquimaux.* Bibl. univ. de Genève. Tom. ʟᴠɪɪɪ, p. 54. 1845.

eux, il n'en est plus de même quand il s'agit d'étrangers :
leur penchant au vol se manifeste irrésistiblement. M. King,
en résumant les observations faites par Cartwright, Parry,
Lyon, Sauer, Beechey, Ross, Graale et Back, se livre avec
un amour d'artiste à relever toutes les bonnes qualités qui
forment le fond du caractère des Esquimaux ; et, en adoptant ses vues, il n'y a pas de peuple plus sensible à la re-
connaissance, plus porté à la gaîté douce et moqueuse,
meilleur observateur des productions de la nature, plus
adroit à manier un crayon, plus intelligent pour le trafic, et
en un mot, plus perfectible ou plus apte à se civiliser. A
l'appui de ces diverses opinions, M. King cite des faits particuliers ; et quant à leur goût pour le commerce, il le trouve
dans ces sortes de foires périodiques dans lesquelles les
Esquimaux de la côte occidentale du Groënland, de l'île
Attuk et de la baie d'Hudson, se rendent pour vendre leurs
fourrures, les cornes de narwal, les fanons de baleine, etc.

Bien que traitant leurs femmes avec douceur, les Esquimaux ne les apprécient que par rapport à leurs qualités de
ménagères. Ils sont polygames et peu jaloux de la vertu de
leurs épouses, quoiqu'on dise celles-ci assez fidèles ; mais
en revanche ils entourent leurs enfants de la plus vive affec-
tion. Ces peuples, sans culte ostensible, croient cependant
aux récompenses et aux châtiments d'une autre vie ; mais
leurs idées religieuses se bornent à des superstitions et les
sorcières jouent le principal rôle dans leur croyance.

Ajoutons à ces détails que les Esquimaux semblent avoir
été façonnés par le créateur pour vivre dans les régions les
plus âpres et les plus stériles du globe. Pendant les longs
hivers du pôle, ils habitent dans des huttes recouvertes de
glaces et de neiges, où ils ont entassé pendant l'été les produits de leur chasse et de leur pêche.

Vêtus de peaux, traînés par des chiens, trouvant dans l'huile qu'ils boivent un moyen de protéger leurs organes de l'action du froid, toute leur industrie consiste à amasser des provisions et à se garantir de la rude climature qui semble frapper de stérilité les glaciales régions qu'ils habitent.

La deuxième grande famille du rameau Mongol asiatique est celle que les ethnographes ont appelée assez généralement Mongolique, parce qu'elle comprend en effet les peuples qui sont les types de la race jaune. Bory de Saint-Vincent lui a donné dans son essai le nom d'espèce scythique.

Nés sur les plateaux de l'Altaï et dans les steppes de l'Asie, les peuples de la famille mongole, nomades par instinct ou par besoin, se sont fondus avec la plupart des populations étrangères sur lesquelles leurs hordes ont été poussées par des hommes d'un puissant génie belliqueux, tels que les Gengiskan et les Tamerlan. Ils ont envahi, sous les noms de Tartares, de Mantschoux et de Mongols, la plupart des états asiatiques. Ils ont fait la conquête de la Chine où règnent des princes de leur famille, et là seulement ils se sont maintenus avec fixité. On les retrouve encore dans les deux Bucharies et dans la Daourie ; et, sous les noms de Huns ou de Scythes de l'Imaüs, ils ont frappé l'Europe d'épouvante.

Les Mongols professent en général le bouddhisme, et le dalaï-lama est leur grand pontife. Il en est qui suivent le chamanisme ; ils parlent deux langues qui sont la mongole et la toungouse.

M. d'Omalius d'Halloy regarde les Iakoutes qui parlent un dialecte turc comme de vrais Mongols répandus sur les confins des Hyperboréens, dont ils ont les habitudes et les mœurs, mais cependant avec plus d'industrie ; car ils élè-

vent, malgré la rigueur du climat, de nombreux troupeaux
de chevaux qui forment leur richesse. Pritchard place les
Mongols parmi ces cinq races nomades et en fait découler
les anciens Turcs, aujourd'hui régénérés par le sang de leurs
mères circassiennes, et dont nous avons déjà parlé. Les
Turcs, en effet, ne sont plus des Mongols purs, mais bien
une population croisée.

Les Kalmoucks ou vrais Mongols ont le mieux conservé
la pureté du type. Pallas les décrit en ces termes : leur
taille est moyenne et les Kalmoucks sont plutôt petits que
grands ; ils sont bien faits, les membres grêles et le corps
svelte. Leur physionomie a des traits caractéristiques, des
yeux obliques, déprimés vers l'angle interne et très-peu ouverts ; les sourcils, peu fournis, décrivent un arc surbaissé ;
le nez est communément court et aplati vers le front ; ils
ont les pommettes saillantes, le visage rond et le crâne approchant de la forme sphérique. Ajoutons à ces traits une pru-
nelle très-noire, des lèvres épaisses et charnues, un menton
court, des dents fort blanches, de grandes oreilles déta-
chées de la tête ; et il sera aussi facile de distinguer un
Mongol d'un homme de race blanche, que de séparer un
nègre de celle-ci.

Tels sont les Kalmoucks décrits par Pallas. Ceux de l'Altaï parlent le turc et ceux du Volga ont adopté une foule
d'usages des Russes, leurs dominateurs. Nommés Éleuths
ou Oïrads, les Kalmoucks, de même que les Soyons de la
Chine, sont aujourd'hui mélangés avec divers peuples sous
le joug desquels ils sont passés. Les Bouriates sont des
Mongols établis en Sibérie, dans le voisinage du lac Baïkal,
et soumis à la domination russe, qui en tire des régiments
pour défendre les frontières.

Les Bhotiyahs, ou vrais Tartares, habitent le Thibet, la

chaîne de l'Himalaya et le Boutan. Ils ont tous les traits des autres Mongols, qu'ils surpassent toutefois en stature et en vigueur corporelle. Le bouddhisme est leur religion, et la langue qu'ils parlent se rapproche du chinois.

Les Mantchoux, ou Toungouses-Tartares, ont conquis la Chine, dont ils ont adopté les coutumes. Ils ont importé leur langue, qui est celle des empereurs et des lettrés. On cite parmi eux des hommes doués de belles formes, d'yeux bleus et d'un teint fleuri. Les vrais Toungouses forment la dernière tribu des Mongols répandus en Sibérie, depuis la mer d'Ochotsh jusqu'au Yénissée et sur les rivages de l'Océan arctique, où ils confinent les Hyperboréens; ils sont nomades, chasseurs ou pêcheurs. On en cite un petit nombre qui ont embrassé le christianisme; mais la plus grande partie est idolâtre, et gouvernée par le chamanisme.

Les Toungouses sont de petite taille, avec des membres assez robustes et des traits déprimés ; leur tête semble enfoncée sur leurs épaules, et leur barbe est très-rare. Ils ressemblent beaucoup aux Samoyèdes, au dire de Pallas. La langue qu'ils parlent est bien distincte de la mongole, quoiqu'ayant des rapports avec elle et avec la langue turque. Les peuplades soumises à la domination russe portent différents noms, suivant qu'elles s'adonnent à l'éducation des chiens de traîneaux, des chevaux ou des rennes.

Je trouve avec les Toungouses la plus grande analogie de formes dans les nombreuses tribus appelées Nootka-Colombiennes, et répandues sur la côte nord-ouest d'Amérique, sur les côtes de l'océan Pacifique, depuis la Nouvelle-Californie jusqu'au territoire des Esquimaux-Tchugazi. Les Haïdas, insulaires de l'île de la Reine-Charlotte, cultivateurs, appartiennent aux tribus du nord, et sont les plus avancés en industrie. Les Nootka-Colombiens sont de petite taille; leur corps est charnu et gras; leur teint est clair, et leurs pommettes sont très-saillantes. Ils ont communément l'habitude de déprimer le crâne de leurs enfants, ce qui leur a valu le nom de têtes plates. La description que Cook a donnée de ces peuplades est très-complète, et prouve surabondamment qu'ils ne ressemblent en rien aux Indiens peaux-rouges du nord de l'Amérique. Cook dit : « Leur nez aplati à la racine et gros au bout; les narines larges; les lèvres grosses et formant bourrelet; le menton peu fourni de barbe; des cheveux gros, durs, très-plats et très-noirs, tombant jusque sur les épaules; leur col est court, et leurs formes sont lourdes. »

La troisième et dernière famille du même rameau est la famille Chinoise autrement appelée Sinique, ou race indo-sinique, par Desmoulins; l'*homo sinicus,* de Bory de Saint-Vincent.

Les divers peuples que l'on doit grouper sous ce nom ont généralement la peau qui varie de nuance, depuis le jaune clair ou transparent jusqu'à la nuance mordorée ; leur taille est communément médiocre, mais leur tissu cellulaire à enveloppe douce a une grande tendance à se charger de graisse. Leur barbe est peu fournie, excepté sur la lèvre supérieure. Ces peuples vivent dans les vastes régions du sud-est de l'Asie, depuis le Gange jusque vers la rivière d'Amour; et comme tous affectent une même physionomie, on a supposé, avec justesse, que nés sur le grand plateau central, ils se sont irradiés de proche en proche, en formant des nations riches et populeuses.

Parmi ces nations il en est une que sa civilisation stationnaire, mais cependant régulièrement établie depuis des siècles, et quand l'Europe était encore barbare, a rendue justement célèbre, c'est la Chine; et bien que conquis au xvie siècle par les Mantchoux, les Chinois, sortis de la même branche, ont à leur tour subjugué leurs vainqueurs par leurs mœurs, leur religion et leur littérature. Les aborigènes de la Chine ou Miao se sont maintenus par une descendance directe dans les chaînes les plus inaccessibles de l'intérieur ; mais tout ce que l'on en sait est fort vague, et il se pourrait que ces hommes fussent des montagnards établis depuis un temps immémorial, et provenant de la même souche que les habitants des plaines.

Les Chinois sont aujourd'hui bien connus et faciles à distinguer partout où ils ont été s'établir ; car, volontairement émigrés de leur patrie, malgré les édits des empereurs, ils se sont établis dans presque toutes les grandes îles de la Malaisie. A part le cachet spécial de leur physionomie, ils se rapprochent des peuples européens par la beauté des formes, et leurs femmes sont parfois aussi blanches que les Européennes, mais sans nuance de coloration sanguine, il est vrai. J'ai vu des Chinoises que des traits fins et délicats, une coupe parfaite des contours de la face et des traits, l'éclat des yeux, rendaient vraiment belles. Le teint des hommes de la classe aisée est généralement très-clair, et les malheureux, seuls, sont hâlés et d'un jaune-brun parfois assez intense.

Les Chinois, serviles et rampants sous le despotisme de leurs souverains, qu'ils regardent comme des dieux, ont l'esprit moins belliqueux que les Mantchoux. Esclaves de la forme, ils sont obséquieux ou pleins de mépris pour tous les autres peuples auxquels ils aiment prodiguer les outrages et les insultes. Leur manière de se vêtir, de se nourrir, de se loger, diffère complètement de celle des peuples occidentaux. Habiles coloristes, industriels intelligents, cultivateurs entendus, les Chinois ont devancé les autres peuples, se sont arrêtés dans leur marche, sans vouloir franchir certaines limites, et sont restés inimitables en quelques parties pour le génie européen. Leur littérature est fort riche en ouvrages scientifiques, en histoire et romans. Ils connaissaient la boussole et la poudre à canon des siècles avant nous. Leur écriture, formée de figures hiéroglyphiques nombreuses, est le plus grand obstacle à la diffusion des lumières. Gourmands, sensuels, leurs mœurs sont très-relâchées. Avides de gain, ce sont des trafiquants extrêmement déliés.

Les Chinois se rasent la tête et ne conservent qu'une longue tresse de cheveux qui part du sinciput. Ils portent au culte des morts une profonde vénération, et professent pour culte un déisme pur, que leur ont enseigné Confucius et Tao-Tsé. Toutefois, on compte parmi eux des sectateurs du bouddhisme ou de la doctrine de Fo ou Foë; des taosses, livrés au culte des esprits, et des chrétiens, mais en très-petit nombre.

Les Coréens ont les plus grandes analogies avec les Chinois : cependant leur langue a plus d'affinités avec celles que parlent les Sibériens. Ils étaient soumis aux Japonais lorsque les Chinois les subjuguèrent.

On réunit sous le nom commun d'*Indo-Chinois* divers peuples d'origine mongole, évidente, établis en corps de nations depuis des siècles dans la péninsule indienne : ce sont les Tchampas, les Anamites ou Cochinchinois, les Péguans, les Birmans, les Thibétains, et diverses autres peuplades peu connues, dont la peau est jaune, souple, douce et brillante, et rendue parfois comme dorée à l'aide de cosmétiques. On doit à M. Finlayson de curieux détails sur les caractères anatomiques généraux que présentent les hommes de cette famille. (Pritchard, I, 323.) Les Anamites ont adopté le bouddhisme, et les lettrés la religion de Confucius. Les Birmans sont les plus belliqueux des Indo-Chinois, et portent le nom de Mianmaï, comme les Péguans se donnent celui de Moans. Les Anamites comprennent les Cochinchinois et les Tonquinois. Les Bhots ou Thibétains adorent le dalaï-lama, le grand pontife, que l'on dit être une incarnation de Bouddha.

Nous avons nommé tous les peuples qui appartiennent au rameau *mongol-asiatique*; maintenant nous arrivons à des peuples qui en dérivent assez notablement, bien qu'ils conservent le cachet de leur première origine, et que nous appelons *Mongols-Pélagiens*. Ce dernier nom a servi à M. d'Urville pour établir ses *Micronésiens*; et, grâce à ce mot, les Micronésiens se sont introduits dans les livres d'ethnographie.

La première famille de ces Mongols-Pélagiens est la famille Japonaise, que tous les auteurs placent à tort parmi les vrais Mongols asiatiques.

Les Japonais ont fondé un vaste empire insulaire, dont l'entrée est soigneusement interdite aux Européens; ils peuplent les îles dépendantes du Japon, telles que Iki, Tsou-Sima, Ièso et les Kouriles méridionales. Le portrait d'un Japonais est parfaitement analogue à la physionomie générale d'un Taïtien ou d'un Sandwichien; on doit supposer que c'est le Japon qui a peuplé dans les temps les plus reculés les îles Océaniennes: nous maintenons cette opinion, bien que nous sachions qu'elle a été combattue par M. Mertens, parce qu'elle nous paraît vraie et n'avoir point été ébranlée par la critique.

Les Japonais ont le nez gros, épaté avec de larges ailes; la bouche a les lèvres bien faites, mais grosses; les yeux sont grands, nullement bridés, horizontaux; le menton est rond et large; les oreilles sont amples et décollées; leurs cheveux tirent au brun ou même au brun rougeâtre. Les habitants des terres sont de nuance plus claire que les peuplades riveraines adonnées à la pêche et à la navigation. Ces derniers sont petits, vigoureux; les agriculteurs sont grands, à large ossature; leurs femmes sont blanches et même une légère teinte incarnat nuance les joues des jeunes filles.

Les Japonais, avouent les auteurs, ont les caractères mongoliques moins prononcés que les Chinois. Toutefois ils ont adopté de ces derniers la civilisation et les croyances : cependant le daïri ou empereur est regardé comme le descendant direct de Sinto, le plus puissant des génies, et un grand nombre d'habitants a conservé ce culte primitif ; les uns ont adopté le bouddhisme, les autres la croyance du Siouto ou doctrine de Confucius. La civilisation des Japonais est stationnaire, mais avancée; ils sont experts dans les arts et en littérature, et leur navigation de cabotage est fort active; ils imprimaient des livres avec des planches en bois, bien longtemps avant l'invention en Europe des presses de Guttenberg. Les Japonais enfin ne repoussent pas les lumières de l'Europe et montrent au contraire une grande avidité pour se les approprier en s'isolant avec persistance ; ils pensent sans doute protéger efficacement pour l'avenir leur nationalité, c'est une preuve de grand sens. Tout peuple asiatique, en relation directe avec les Européens, doit finir par être subjugué par eux.

La famille Tagale ou Carolinoise est donc la deuxième du rameau mongol-pélagien, répandue sur les bandelettes d'ilettes semées au nord du grand Océan, depuis les îles Philippines jusque par le 180° de longitude; elle a reçu de d'Urville le nom de Micronésienne. Desmoulins la confond avec les races océanique et malaise.

Je crois que les Tagales, Igorrotos, Pampanga, Pagasinaus, Ylocos et Bisayos des îles Philippines, de même que les Illanoum de Mindanao qui ont embrassé l'islamisme, appartiennent à cette race, mais cela demeure douteux.

Les Carolins semblent tous sortis d'un même moule, et diffèrent sous tous les rapports des autres Océaniens. Ils sont évidemment le résultat d'un croisement de Japonais avec des Indo-Chinois de la presqu'île. Ces peuplades, que j'ai longuement décrites dans mon *Voyage médical autour du monde* (œuvre souvent copiée textuellement, mais non citée), présentent en effet une taille plus élevée que médiocre, bien prise, avec des membres arrondis, proportionnés avec justesse et très-souples. Le corps est généralement effilé et a peu de tendance à prendre de la graisse. Sa coloration varie en intensité ; les nobles ont la peau jaune-clair ; les hommes du commun, exposés au soleil, la peau jaune-brunâtre. Les femmes sont gracieuses et d'un jaune très-pâle. Leur peau est douce et souple ; leur chevelure est épaisse, abondamment fournie et d'un noir luisant ; la barbe des hommes est peu fournie ; le front est étroit et un peu fuyant, et les yeux petits sont manifestement obliques ou bridés. Le nez, un peu dilaté, est cependant bien fait ; les traits sont en général fins et déliés.

Les Carolins parlent une langue sans analogie avec l'océanien, et dont les dialectes ont été corrompus dans les divers archipels. Ils professent une sorte de déisme. Ils sont habiles navigateurs. Leurs pros joignent la grâce à la perfection de l'architecture nautique, et possèdent une marche rapide. Ils ne craignent pas les voyages lointains en s'orientant à l'aide des étoiles. Ils tissent avec des métiers les fibres du bananier sauvage, et en font des étoffes qu'ils teignent de diverses couleurs. Ils ignorent l'usage de l'arc et des flèches, et leurs armes consistent en javelines en bois ; le kava et le tabou leur sont inconnus (1).

Les habitants des îles Mariannes devaient, avant la conquête des Espagnols, ne différer en rien des Carolins orientaux, et sans nul doute des Tagales ou habitants primitifs des îles Philippines. Le père Le Gobien, qui a longtemps vécu au sein de ces populations insulaires, a émis, à cet effet, des idées qui me paraissent d'autant plus justes qu'elles ne se rattachaient à aucune opinion systématique.

Nous appelons rameau mongolique hybride, celui qui comprend la famille Malaise. Les Malais, sortis soit de Sumatra, soit de la presqu'île de Malacca qu'ils ont conquise, sont évidemment de race croisée, issus des Indiens bruns et des Indochinois jaunes. Ils présentent,d'ailleurs des nuances assez grandes entre leurs diverses populations, suivant que leur séparation en corps de nation est plus ou moins ancienne.

Les Malais ont embarrassé G. Cuvier pour leur placement dans les familles humaines. A les juger par leur physionomie, ils présentent en effet une tête très-développée sur les régions latérales et une peau colorée en jaune, en jaune-brun, puis en jaune-orangé. La forme de la face s'éloigne peu de la coupe ovalaire, mais les pommettes sont légèrement saillantes ; le nez est gros ; les lèvres, notamment la supérieure, sont épaisses ; les yeux, très-bridés aux angles, sont munis de longs cils et recouverts d'épais sourcils noirs. Leur taille est moyenne, mais les membres ont de la souplesse et des proportions gracieuses, surtout les femmes qui sont petites. Leur chevelure est rude, touffue et très-noire.

(1) Consultez mon *Histoire des races humaines*, compl. à Buffon, tom. I, pag. 26 (2e édit.).

Les Malais ont donc conservé des caractères de transition qui ont fort embarrassé les ethnographes. Pour Bory, ils sont le type de l'espèce neptunienne ; pour Pritchard, ils forment la branche indo-malaise de la race malayo-polynésienne.

Les Malais sont les plus jeunes rejetons des familles de la race jaune. Provenant d'un mélange de deux races, ils se sont propagés, dès avant nos temps historiques, dans les grandes îles de la Sonde où ils avaient fondé des empires riches et avancés en civilisation. Plus tard, ils firent des expéditions sur le continent d'où ils étaient sortis, et furent s'établir à Jokor, en dominant toute la presqu'île de Malac, d'où provient leur nom national. Peuples navigateurs, les Malais trafiquèrent de bonne heure avec les Arabes de la mer Rouge ; puis ils colonisèrent toutes les îles des archipels de l'est, mais en ne s'établissant que sur leurs rivages, et en refoulant dans l'intérieur les premiers propriétaires de toutes ces terres. Féroces, cruels, pillards, les Malais, gouvernés par des petits princes indépendants ou rajacks, sont adonnés à la piraterie. Ils ont assez généralement adopté la religion musulmane que leur ont portée les trafiquants arabes, et tous mâchent un masticatoire excitant qui porte le nom de bétel. Les Malais sont sensuels, serviles, et fument l'opium pour s'enivrer afin de se procurer des extases. Ils sont jaloux de leurs femmes comme leurs co-religionnaires les musulmans. La langue malaise, très-simple dans son mécanisme, s'exprime par des caractères arabes et s'écrit de droite à gauche.

Les Malais diffèrent entre eux suivant l'ancienneté des colonies qu'ils ont fondées dans la partie du monde que j'ai appelée de leur nom *Malaisie*.

Les Javanais paraissent être la souche malaise la plus ancienne, à en juger par leur littérature, leurs monuments et par leur religion. Établis en corps de nation dans une vaste et productive terre, ils obéissaient à des sultans et avaient établi parmi eux une hiérarchie sociale complètement despotique suivant les mœurs d'Orient. Les habitants des Célèbes et des autres Moluques diffèrent peu des Javanais.

Les Atchemis, Bottacas, Lampoungs de Sumatra, les Dang-Salat ou Malais forbans, les Madurais de Florès, les Ombayens de Lomboc et surtout les Timoriens, si bien décrits par Peron, appartiennent à la même famille, dont ils ne diffèrent suivant les localités que par des particularités de détails. En s'avançant sur les terres les plus orientales, les Malais se sont croisés avec les nègres indigènes, et ont donné naissance à une variété hybride, les Papous ou Papouas, dont il sera question plus loin.

Le rameau mongolique insulaire comprend trois familles. Tout porte à croire qu'il est antérieur à la race chinoise, mais qu'il est contemporain et sorti de la même souche que la famille japonaise. Des peuples noirs, puis des peuplades asiatiques, les Malais entre autres, l'ont refoulé dans l'intérieur des terres, l'Océanie exceptée, où la race malaise n'a jamais pénétré.

La première famille de ce rameau est encore un peuple croisé de la race jaune océanienne avec la race brune de Zanguébar et l'abyssinienne de la mer Rouge. C'est la famille Ovah, Madécasse ou Malgache, dont les nombreuses tribus peuplent la grande île de Madagascar. L'idiome malgache découle, suivant M. Guillaume de Humboldt, des langues malayo-polynésiennes.

Les Madécasses sont grands, bien faits, de couleur olivâtre, et leurs traits sont réguliers. Leur chevelure est noire, frisée mais non laineuse. Les Antamayes mâchent le bétel comme les Malais, et les Ovahs sont de couleur plus claire que les Antavarts, les Bétanimênes et surtout les Antaximes pillards. Vasco de Gama avait supposé les Madécasses originaires de Mélinde. Ils professent le déisme ou ils ont embrassé le mahométisme. Ils se servent de caractères arabes pour écrire, et sont très-industrieux. Ils savent tisser la soie et le coton, forger le fer et l'or, et sont très-entendus en agriculture. On connaît des Malgaches métis des noirs de Mozambique.

La deuxième famille de ce rameau est celle que j'appelle famille *Dayake*. Les peuplades qui la composent sont fort peu connues, mais elles sont les débris vivants des premières populations des îles de la Sonde et des Moluques. Les Malais les ont refoulées dans l'intérieur ou se sont mélangés à elles, et leur existence n'est bien constatée que dans l'île de Bornéo et aux Célèbes.

Peut-être faut-il placer parmi les Dayaks, les Bugi ou Boughis des Célèbes, de Bali et de Ternate, dont le crâne a offert à Blumenbach la plus grande similitude avec la tête mongole; les Battas ou Biadjous anthropophages de Sumatra; les Orangs-Matawis des îles Pogghi; les Araforas ou Orangs-Benoua à peau jaune et idolâtres de la presqu'île de Malacca; les Samangs des plateaux intérieurs; les Araforas musulmans de Bourou et de Céram. Quant aux Alfourous des Célèbes, ils sont bien de véritables Dayaks d'un jaune clair et semblables aux Océaniens.

Les Dayaks ou Dayas (1), nommés aussi Idaans ou Tidongs, dans quelques districts de Bornéo, ont une haute stature, des membres souples et bien proportionnés, un physique agréable et des traits délicats. Leur teint est blanc

(1) J'ai publié sur les peuples asiatiques et océaniens des Mémoires complets auxquels je renvoie le lecteur.

jaunâtre, leurs cheveux sont longs, raides et noirs ; les femmes sont jolies et gracieuses.

Ces peuplades, que nous a fait connaître Leyden, sont adonnées à la chasse et à l'agriculture : elles sont industrieuses, surtout pour construire leurs élégantes pirogues. Les Dayaks sont sanguinaires, anthropophages et font des sacrifices humains. Ils connaissent le tabou, se couvrent le corps de tatouage ; vont nus, en se servant d'un étroit maro autour des reins seulement. On les dit patients, intelligents, hospitaliers, cruels quand leur vengeance est excitée, superstitieux, mais adroits pour une foule de petits travaux. Ils adorent le créateur du monde ou Dewata, et leurs prêtres se nomment Datous. Ils tuent les esclaves à la mort des chefs et savent momifier les têtes de leurs ennemis.

Ces Dayaks, qui vivent retirés dans l'intérieur de Bornéo, des Célèbes et de Sumatra, ont donc une complète analogie de rapports physiques et de mœurs, avec les peuples répandus dans les îles du vaste Océan Pacifique. Il en est de même des naturels de l'île Ombay.

Notre dernière famille de ce rameau est donc la famille Océanienne, qui répond à la famille Tabouenne de M. d'Halloy, à la race Malaise Océanique de Desmoulins, et à l'*Homo neptunianus occidentalis* de Bory de Saint-Vincent, et à la race Polynésienne de d'Urville.

Je me suis occupé le premier avec tant de sollicitude de ces peuples, que je crois avoir laissé peu à faire pour leur connaissance générale.

Les Océaniens ont généralement une haute stature, des formes masculines herculéennes, une belle tête avec les traits un peu gros ; des yeux à fleur de tête, abrités sous d'épais sourcils ; leur coloration jaune varie en intensité ; leur nez est gros au bout, à larges ailes ; leurs lèvres sont grosses, mais les oreilles sont remarquablement petites.

L'isolement dans lequel les diverses populations semées dans des archipels circonscrits ont vécu depuis des siècles a modifié très-légèrement leur physique, leurs croyances et leur langue ; mais, au fond, la plus complète analogie se fait remarquer entre elles.

Tous ces insulaires ont conservé le souvenir d'un peuple considérable dont ils seraient une colonie. Ils reconnaissent comme les Dayaks un dieu principal, ouvrier du monde, ayant des divinités secondaires qui président au tonnerre, aux vents, etc. Leur langue, riche en voyelles, est douce et sonore. Leur loi fondamentale est le tabou ou l'interdiction sacrée. Leurs rois sont héréditaires, ainsi que leurs prêtres qui possèdent seuls le pouvoir de faire parler les dieux ; honorant les morts, consacrant des autels funèbres ou moraïs, sacrifiant des prisonniers aux funérailles des chefs, mangeant les cadavres de leurs ennemis abattus sur le champ de bataille ; tous ces peuples, qui s'honorent du nom de Kanacks ou Océaniens, ne diffèrent dans l'ensemble de leurs coutumes que par des modifications légères nées de l'isolement et de la climature. Leur langue parlée admet six dialectes distincts et maintenant assez connus, le hawaïen, le taïtien, le mangarévien, le nukahivien, le tongaïen, et le nouveau-zélandais.

Les vrais Océaniens se sont mélangés avec les deux populations que l'on reconnaît dans les îles occidentales de l'Océanie : avec les Carolins, ils ont produit les Routoumaïens ou naturels de Rotuma, Saint-Augustin et quelques autres îlots voisins ; avec les nègres océaniens, ils ont donné naissance à des métis, aux îles des Amis, à Ticopia, Vitis et Nouvelles-Hébrides, etc.

Le type le plus pur de la grande famille océanienne est le *Nuka-hivien*. Les naturels des îles Marquises, moins visités par les Européens jusqu'à ces dernières années que les autres Océaniens, ont eu leur sang moins mélangé. La haute stature et la belle prestance des hommes, la richesse de la taille des femmes, leur ont assuré la prééminence sur les autres tribus. J'extrairai d'une lettre de mon frère, médecin en chef aux îles Marquises, le portrait de ces insulaires. «Les Nukahiviens peuvent être regardés à juste titre comme le plus beau type des peuplades océaniennes à peau jaune; cette race est en effet remarquable par la beauté des formes du corps, la symétrie des membres, l'élégance du port et l'assurance de la démarche. Les articulations sont minces et pleines de souplesse; les plus beaux hommes sont ceux de Taïpi à Rouha-Honga; les femmes ont une stature élevée, des cheveux noirs crépus, un regard doux, une expression mobile et gracieuse; leurs yeux sont grands et ombragés de longs cils noirs; le nez est aquilin; leur taille, remarquable par la pureté de ses formes, est mince, puis largement évasée au bassin; les mains sont petites et potelées; les pieds seuls sont larges et déformés.»

Les Taïtiens sont encore des hommes remarquables par leur belle stature; leurs femmes seules ont perdu à être trop flattées par les récits des premiers voyageurs. Habitants des îles placées sous les tropiques, des archipels de Taïti, Toubouai et Palmerston, ces insulaires avaient des mœurs douces et molles, mais qui n'avaient pas éteint l'esprit belliqueux de leur race. Le rigorisme plus apparent que réel des missionnaires anglicans, et l'occupation française, changent la physionomie de ces peuplades qui ont plus à perdre qu'à gagner par le contact des Européens. Les Taïtiens d'ailleurs diffèrent peu des Nukahiviens.

Les Mangaréviens sont des Taïtiens placés depuis long-temps dans des circonstances défavorables pour leur déve-loppement, résultat de migrations fortuites ou volontaires. Ils ont été transportés par les accidents de la mer sur les îles basses coralligènes des Pomotous et sur quelques-unes de ces petites îles volcaniques à pitons élevés qui s'élèvent dans cet archipel de la mer Mauvaise, où les disettes (1) sont venues les assaillir.

Ces insulaires tiennent à la fois des Taïtiens et des Nukahi-viens; mais ni la langue, ni la religion, ni les mœurs, ni les croyances ne diffèrent en rien d'essentiel de celle des autres Océaniens.

Les Hawaiens, plus connus sous le nom de Sandwichiens, établis dans un archipel placé dans l'hémisphère septen-trional, empruntent leur nom à l'île d'Haouaï ou Awahi, la plus méridionale de toutes ces îles. Ils ont devancé les au-tres branches de la famille océanienne en adoptant avec empressement la civilisation européenne, et la monarchie qu'ils forment a été reconnue par les plus puissantes na-tions maritimes. Les Hawaiens, remarquables par les belles formes des deux sexes, ne différaient ni par le régime, ni par l'organisation civile et religieuse, des Taïtiens.

Les Nouveaux-Zélandais, relégués sur deux grandes îles déchiquetées et battues par les tempêtes australes en dehors du tropique, ont dû modifier leur industrie pour l'appliquer à une climature rigoureuse. Robustes et endurcis, leur phy-sionomie a pris un caractère sévère; puis, n'ayant plus à leur disposition ni les cocotiers, ni les racines de taro, ni l'arbre à pain, ce grenier d'abondance des Océaniens, ils ont dû chercher dans la pêche, dans la culture d'une sorte d'igname, dans les racines des fougères sauvages, la base

(1) *Adolphe Lesson*, Voyage à Mangaréva, 1 vol. in-8°, 1844.

de leur régime. Puis, leur langue est devenue plus gutturale en établissant un dialecte moins sonore que celui de Taïti. Privés des écorces vestimentales des autres Océaniens fournies par le mûrier à papier, ils ont mis de l'art à tisser les fibres du phormium. Belliqueux, en guerre de tribus à tribus, ils ont conservé l'anthropophagie, née chez eux de cet instinct de vengeance qui domine toutes les pensées de l'homme placé près de l'état de nature. Puis, des têtes de leurs ennemis qu'ils savent momifier avec une perfection dont nul autre peuple n'offre d'exemple, ils font des trophées permanents d'une gloire qu'ils prisent plus que la vie.

Les Tongaïens ou habitants des îles des Amis de Cook, se trouvent placés sur la limite habitée par les peuples noirs de la mer du Sud ; ce sont les plus occidentaux des Océaniens. Ils sont grands, à traits assez beaux, mais ils ont une grande tendance à prendre de l'embonpoint. Comme les Taïtiens, ils adoraient les atuas, et avaient la croyance d'une autre vie. Le tabou était leur loi sainte qu'on ne pouvait enfreindre. Aujourd'hui ils ont en grande partie embrassé le protestantisme. Comme les autres Océaniens, ils avaient dans leur organisation sociale des nobles entourant leur roi, et le peuple qui se divisait en trois classes : les conseillers des chefs ou mataboulès, les mouas descendant de ces derniers et les touas ou serviteurs. L'offre du Kava, aux Tonga comme à O-Taïti, avait toujours lieu dans toute cérémonie d'apparat.

Au nord de l'archipel de Amis est placé celui des Navigateurs ou Samoa. Les insulaire ;qui l'habitent appartiennent à la famille océanienne, et se rapprochent de leurs voisins les Tongaïens ; ils sont bien faits et musculeux, mais leur teint est foncé. Déjà ils ont, par leurs communications avec les peuplades noires limitrophes, modifié quelques-unes des coutumes de la race.

Il est quelques insulaires qu'on ne peut rapporter à aucune autre famille qu'à l'océanienne, et qui cependant s'éloignent notablement du type commun : ce sont les naturels de Tikopia et de l'île de Pâques. Les premiers semblent être hybrides des Océaniens jaunes et des Carolins, dont le sang est altéré par le mélange avec les nègres océaniens, appelés Mélanésiens. Les seconds sont relégués sur l'île Vaïhou, la terre la plus reculée dans la mer du Sud, et paraissent n'avoir conservé de leur origine première que des caractères généraux. Leur race, sur cette île peu productive, est belle, et les femmes surtout sont encore remarquablement jolies. Des statues colossales et grossières sont les débris d'une civilisation antique, et rappellent les grandes statues que Cook avait vues aux îles Sandwich. Bechey a laissé de ce petit peuple un portrait flatteur. « C'est, dit le capitaine anglais, une belle race, les femmes surtout, avec leur figure ovale, leurs traits réguliers, leur front haut et uni, leurs dents superbes, leur œil noir, petit et quelque peu enfoncé. La peau des naturels est un peu plus claire que celle des Malais. La forme générale du corps est correcte ; les membres, peu musculeux, accusent pourtant de l'agilité et de la vigueur. Les cheveux sont d'un noir de jais. »

Avant d'en finir avec la race jaune, nous ne pouvons nous dispenser de reconnaître un rameau particulier que nous appellerons Mongol-Africain, pour le distinguer, et qui ne comprend qu'une famille, issue sans nul doute du croisement d'hommes de race jaune avec ceux de race noire, et établis sur l'extrémité méridionale de l'Afrique, depuis des siècles et par suite de quelque naufrage ou de quelque migration. Les membres de cette famille, obligés de vivre sur une terre peu productive, sont restés stationnaires dans leur grossière barbarie. Ce sont les Hottentots, dont les nombreuses tribus ont été détruites par les colonisateurs du Cap ou refoulés dans l'intérieur des terres.

Peuplades nomades ou erratiques, gouvernées par des chefs, se bâtissant des villages temporaires, les Hottentots s'adonnaient particulièrement à l'éducation des troupeaux de bœufs et de moutons, leur seule richesse. Chassant la bête fauve avec l'arc et la flèche, se vêtissant avec des peaux de bêtes, et fumant le durrha avec délices, leur langage est des plus grossiers, se composant de clappements et de sifflements sans analogues avec d'autres idiômes.

Le meilleur portrait que nous ayons est celui que G. Cuvier a donné de la femme morte à Paris sous le nom de Vénus hottentote. « Son visage, dit Cuvier, tenait en partie du nègre par la saillie des mâchoires, l'obliquité des dents incisives, la grosseur des lèvres, la brièveté et le reculement du menton, et en partie du Mongol par l'énorme grosseur des pommettes, l'aplatissement de la base du nez et de la partie du front et des arcades sourcilières qui l'avoisine, les fentes étroites des yeux, etc. »

Cette Hottentote Bochismane avait les cheveux laineux, les yeux horizontaux et non obliques, et le teint fort basané ; les Bochismanes seraient donc bien une branche distincte de la famille Hottentote, ainsi que le croyait Péron ?

Suivant Barrow, les Hottentots sont bien proportionnés et bien droits sans être musculeux; ils ont les jointures petites et de la délicatesse dans l'ensemble de leurs formes ; le nez est tantôt plat, tantôt saillant ; leurs yeux sont d'un chatain foncé, longs et étroits, très-écartés l'un de l'autre avec l'angle interne arrondi comme chez les Chinois, auxquels ils ressemblent d'une manière frappante. A ces traits caractéristiques que nous a laissés le voyageur Barrow, le docteur Knox, qui a séjourné parmi eux, affirme qu'ils ont le visage des Kalmouks, et que leur crâne est toutefois taillé sur le galbe de celui des Esquimaux. Les Hottentots, les Bochismans et les Houzuanas, ne seraient donc que des tribus très-voisines de la même famille que Desmoulins a nommée race Austro-africaine.

La race Bistrée ou Brune est la troisième variété primordiale que l'on puisse admettre dans l'espèce humaine, et l'on doit la regarder comme ayant été contemporaine par la civilisation des races jaune et blanche; dans cette race, le dessous de la peau a un pigmentum variant depuis le brun clair jusqu'au brun olivâtre; la chevelure est généralement fournie de cheveux plats et lisses ou parfois légèrement frisés ou ébouriffés, mais non franchement laineux; les traits sont intermédiaires à ceux des races blanche et jaune.

Dans cette race nous sommes conduits à reconnaître plusieurs rameaux, et nous nommerons le premier asiatique.

La famille Indienne, ou mieux Arya, ainsi qu'elle se nomme, est célèbre par la fixité de ses coutumes qui n'ont point varié depuis des siècles; divisée en caste, professant le bouddhisme et surtout le braminisme, elle semble être originaire de l'espace qui sépare la chaîne de l'Himalaya du fleuve Buram-Poulher et de l'Océan ou Aryaverta. Les Hindous tirent leur nom du fleuve *Indus* ou plutôt *Sindhus*, et chez les Persans ce mot signifie noir. Les Indiens entre eux s'appellent Arya, ce qui signifie hommes respectables.

Les Hindous ou Indiens ont la taille médiocre, svelte, bien prise; la tête petite; le visage ovalaire; le front élevé; les pommettes déprimées; les yeux grands, voilés par d'épaisses paupières très-fendues; le nez est saillant, le plus

ordinairement fortement aquilin; la bouche est petite, à
lèvres médiocrement gonflées; le menton est arrondi; les
cheveux sont longs, noirs et soyeux; la barbe est longue;
la peau varie en intensité depuis le jaune brun jusqu'au
noir velouté. Les femmes ont les extrémités petites et un
torse bien dessiné.

La langue que parlent les Hindous est le sanscrit qui a
donné naissance aux idiomes telinga, bengali, hindoustany
et tamoul, et qui lui-même découle du dialecte primitif pra-
krit ou sarawasti bala bani.

Les Radjepoutes sont grands, vigoureux, et ont le teint
blanc (major Tod). Les habitants du Kattiwar ont des cheveux blonds et des yeux bleus, et ceux qui ont été s'établir
dans la chaîne de l'Himalaya sont, suivant Fraser, très-
blancs, et le plus ordinairement ils ont des yeux bleus,
la barbe et les cheveux frisés de couleur châtain ou même
rousse. Les Indiens de Cachemire ont le teint aussi clair que
les Européens méridionaux. Les Kafirs ou Siah-Polh du
Kaboul sont, au dire de Burney, des Indiens également très-
blancs, mais tous ces faits ne me paraissent pas encore bien
démontrés, et il se pourrait que ces divers peuples fussent
le résultat d'anciens croisements. Les Seiks professent une
religion qui leur est particulière. Les Djats sont mahométans. Les Bengalis sont doux et timides. Les Mahrattes sont
belliqueux. Les Cingalais suivent les rites de Bouddha.

Quant aux Cingalais, tous les ethnographes ne les ont pas
regardés comme des Indiens purs; Pritchard distingue en
outre les Tamouls du Dekkan et diverses autres peuplades
qu'il suppose avoir colonisé dans des temps reculés les rivages du Brahma-Poutra, dont ils auraient suivi le cours
en descendant de la haute Asie. Les Cingalais de l'île de
Ceylan, distincts des Vaidas, sortes de tribus arriérées de la

même île, sont bouddhistes ; toutefois la description qu'en a faite le docteur Davy ne permet pas de les séparer des Hindous dont ils ont tous les caractères : pour les Malabares ou Tamouls et les Telingas, nous ne croyons pas non plus qu'on puisse les distinguer des Indiens, bien que leur langue diffère du sanscrit.

Une famille fort voisine de l'Indoue, est la Gitane ou Tschigane, qui comprend ces hordes erratiques de Bohémiens voyageurs semées dans la plupart des états d'Europe où on leur donne les noms de Gitanos, de Zingari, de Tziganes, etc. Ces peuplades, originaires du Guzarate, en furent chassées en 1399 par Tamerlan, et depuis lors elles s'infiltrèrent de proche en proche d'abord en Turquie, puis en Europe. Les gitanos se désignent entre eux par l'épithète de romnistchel ou fils de la femme.

Les Bohémiens, introduits en France à la fin du xive siècle, ont conservé chez toutes les nations au milieu desquelles ils se sont établis, leurs mœurs et leurs croyances. Pratiquant un fétichisme grossier, sans moralité, vivant en promiscuité, adonnés à la maraude, les individus de cette famille semblent être impropres à se civiliser. Ils ont adopté les formes antérieures de l'ordre pour se soustraire à l'action des lois, et leur métier favori consiste dans les jongleries qu'ils exploitent : tirer la bonne aventure, danser dans les carrefours, exploiter la crédulité sont leurs branches d'industrie ; leur langue tient par ses racines à l'hindoustany. Les Bohémiens ont la taille moyenne, bien prise ; les formes gracieuses, arrondies ; les jeunes filles sont remarquablement bien faites, mais elles sont flétries de bonne heure ; leur teint est basané, leurs traits sont réguliers ; le nez est aquilin, les yeux sont grands, les cheveux sont longs, noirs et très-soyeux.

On est fort peu fixé encore sur les montagnards de l'Inde Septentrionale appelés *Parbatiy*, qui pourraient bien être des Tamouls, tels que les Bhils de la chaîne de Vindhia, les Coulis du Guzarate, les Tudas des Nilgheries, etc.

La race bistrée ou brune a un deuxième rameau que nous appelons Africain, et qui a joui dans les temps les plus reculés d'une haute civilisation. La première famille est l'Égyptienne, c'est-à-dire, celle qui comprend les Égyptiens bruns d'Hérodote mélangés aux Égyptiens jaunes ou couleur de miel des anciens auteurs, les Copthes en un mot ; les Égyptiens de ce rameau sont parfaitement représentés sur les papyrus et les sarcophages, par une teinte rouge-brun. Blumenbach, en étudiant une série de crânes venus d'Égypte, a reconnu trois types qu'il rapporte à l'éthiopien, à l'indien et au berbère ; il ajoute que les Égyptiens bruns sont voisins des Indous auxquels il les assimile, par leur nez long et étroit, leurs paupières minces et alongées, dont l'ouverture est légèrement oblique ; des oreilles haut placées, le tronc court et mince, et de longues jambes.

Les Papous actuels de la Nouvelle-Guinée sont évidemment des descendants de ces anciens Égyptiens, dont les Troglodytes n'étaient qu'une tribu ; ils ont conservé de leurs pères, entre autres choses, l'oreiller en bois avec sphynx, et l'usage des bracelets d'une seule pièce passés au bras et en tout semblables à ceux qu'on trouve journellement dans les coffres des momies.

La deuxième famille est l'Abyssinienne, qui comprend les habitants de l'Afrique Septentrionale, distincts des Arabes qui se sont mélangés avec eux, et semble intermédiaire à la race nègre proprement dite, et à la famille arabe. Le cachet principal de la physionomie des Abyssins est un teint brun assez clair, et une longue chevelure noire frisée, mais non laineuse; le type de la famille se trouve dans la population Nuba, ou, comme elle s'appelle, les Barabras ou Nubiens de la vallée du Nil. Cultivateurs, et à peau d'un noir rougeâtre ou acajou foncé, les Nubas, les Kenous et les Dongolahs, placés au midi du Sennaar, ont, au dire de Ruppell, le visage ovalaire-alongé, le nez aquilin et d'une belle forme, légèrement arrondi au bout; leurs lèvres sont grosses, sans être proéminentes; leurs cheveux sont très-frisés sans être jamais crépus, et la nuance de leur peau est couleur de bronze; leur langue est le nuba.

Les naturels du Darfour, dans le royaume de For, à l'est du Soudan africain et à l'ouest du Sennaar, sont noirs ou presque noirs, mais leurs traits sont fins et délicats; ils ressemblent aux Égyptiens, dont ils diffèrent par une nuance plus foncée. Leurs femmes sont très-belles et très-recherchées dans les harems de l'Orient.

Quelques autres peuples voisins présentent des modifications légères aux traits que nous venons d'esquisser; ce sont les habitants de Souakin et de Samhar, que M. d'Abbadie a décrits; les Chohous et les Habads. Quant aux nègres du plat pays ou Kwolla, ils paraissent issus des croisements des Abyssiniens avec les nègres occidentaux.

Les Abyssiniens (1) composent la tribu la plus nombreuse de la famille. Réunis pendant des siècles en corps de nation, ils ont de bonne heure embrassé le christianisme; mais, conquis par les Arabes, ils se sont mélangés avec leurs vainqueurs et sont vite tombés dans un état complet de décadence. Les Abyssins avaient une littérature propre, et deux langues parlées, ayant de l'analogie, le ghiz et l'amharique avec l'hébreux, puis divers idiomes corrompus. Ce ne sont

(1) Détails empruntés à M. Rochet-d'Héricourt.

pas les Abyssiniens d'aujourd'hui qui doivent servir de type zoologique à la famille, mais bien les Gallas.

Les Gallas en effet sont les hommes les mieux faits et les plus robustes de la famille abyssinienne ; ils professent un fétichisme mêlé de paganisme : ils sont plus violents, moins civilisés que les Abyssins dont ils ne diffèrent pas d'ailleurs quant aux mœurs, aux coutumes et aux formes extérieures; adonnés à l'agriculture, leurs habitudes sont guerrières, et ils ont maintenu l'indépendance de leur patrie, le royaume de Choa, qu'ils ont fondé lors de la conquête de l'Abyssinie par les Turcs.

Le Choa s'étend entre les deux tropiques sur toute l'Afrique orientale, et une tradition de ces peuples leur donne pour ancêtres des émigrants venus d'au-delà des mers, sous la direction d'un chef nommé Oullabou ; il n'y a pas jusqu'au nom de Galla, signifiant envahisseur, qui ne vienne corroborer cette légende. Les Gallas portent au bras, comme les Papous, des bracelets en coquilles ou en ivoire d'un seul morceau.

La famille Cafre appartient encore au rameau africain de la race brune : les peuples qui lui appartiennent sont évidemment croisés et sont issus sans nul doute des nègres véritables et de la souche arabe mélangée aux Abyssiniens.

Les Cafres, en effet, ne peuvent être confondus avec les véritables nègres à dents proclives sur les maxillaires, répandus sur les bords du canal de Mozambique et sur toute la côte orientale d'Afrique. Ils se sont propagés sur l'île de Madagascar à l'occident, et se trouvent occuper le Zanguebar, la région intertropicale de l'Afrique méridionale jusque proche le cap de Bonne-Espérance. Leur chevelure n'est pas laineuse, mais déjà, comme celle de tout peuple métis, elle est rude, recoquillée et frisotée. Les Cafres du Cap ont, en effet, la taille bien prise, élevée, la tête globuleuse à front haut ; le nez est arqué et saillant ; les dents sont implantées verticalement dans leurs alvéoles ; les lèvres sont médiocrement épaisses ; leur chevelure très-fournie est noire ; leur coloration est le brun-franc tirant au gris de fer forgé ; leur caractère est belliqueux, féroce ; leur culte n'est qu'un grossier fétichisme.

Les noirs de la côte Mozambique ont des traits européens. Les Macouas de Mozambique et les Sowauli de Zanguebar ont offert à Owen des hommes admirables par la régularité et la beauté de leurs formes. Ce navigateur ajoute un précieux caractère : c'est que leur tête est ornée de cheveux et non pas de laine. Ces cheveux sont assez longs, et les naturels les tissent en nattes. Quant à l'ensemble des traits et à la forme du crâne, ils ne diffèrent presque point du type européen.

Le rameau océanien de la race brune comprend de nombreuses peuplades que l'isolement sur les grandes îles Océaniennes a maintenues dans une profonde barbarie. Les hommes de ce rameau forment diverses familles rapprochées les unes des autres, et que nous nommerons Papous, Alfourous et Endamènes. Ce sont les Mélanésiens, les Négro-Océaniens et les Australiens des auteurs.

La première famille est celle des Papous, Papuas ou Négro-malais, variété hybride des Alfourous et des Malais. Ces hommes sont faciles à reconnaître par leur petite taille, leurs formes grêles, leur ventre proéminent, la teinte bistrée claire de leur peau. Leurs traits sont fins et délicats ; leurs lèvres n'ont pas beaucoup d'épaisseur. Les yeux et les cheveux sont noirs, et ces derniers sont longs et flexueux. Leur crâne est déprimé en avant, et élargi sur les pariétaux.

Ces Papous seulement habitent les rivages des grandes îles

Malaisiennes à l'orient de celles de la Sonde. Ils sont soumis à des radjahs de provenance malaise. Ils professent grossièrement le mahométisme, bien qu'ils soient restés enclins au fétichisme et qu'ils aient bâti des cabanes à idoles. On les rencontre sur les rivages de Waigiou, de Sallwaty, de Soulou, de Gilolo, et sur la portion septentrionale de la Nouvelle-Guinée, où ils vivent de la pêche, de l'extraction du sagou et du commerce des esclaves. Leurs cabanes sont bâties sur l'eau et sur des pieux. Celles de l'intérieur sont perchées au sommet de hauts poteaux fichés en terre. Leur caractère est cauteleux, irrésolu, perfide, bien que timide; ils portent leur chevelure largement ébouriffée.

Les Alfourous, ou, comme ils s'appellent à la Nouvelle-Guinée, les Arfackis, appartiennent à la deuxième famille des peuples noirs océaniens. Ce sont les premiers et les plus anciens habitants de toutes les îles Malaisiennes. A la Nouvelle-Guinée, et dans les Grandes Moluques, les Malais les ont chassés des rivages ; et, dans les îles les plus avancées de l'Océanie, ils se sont croisés avec les insulaires de race jaune.

Ces Alfourous, que M. d'Urville a nommés Mélanésiens, peuplent l'intérieur de la Nouvelle-Guinée ou Papouasie, les îles de la Nouvelle-Bretagne et de la Nouvelle-Irlande, les îles de Bouka, de Bougainville, de la Louisiane, de l'Amirauté, de Salomon, de Santa-Cruz, du Saint-Esprit, de la Nouvelle-Calédonie, et les îles Loyalty, de Vanikoro et Vitis. Toutes ces peuplades, encore mal connues, ont cependant une ressemblance commune. Leur crâne est long, étroit, voûté ; la face est verticale et nullement proclive. Leur taille est médiocre, bien prise, parfois élevée et à membres robustes, les inférieurs exceptés qui sont un peu grêles. Leur coloration est brun-bistré. Leur chevelure est fine, noire, épaisse et très-flexueuse, car elle tombe en mèches tirebouchonnées. Le visage est ovalaire, le nez faible et déprimé, à narines transversales. Le menton est petit et bien fait. Les pommettes sont médiocres. Le front est élevé ; la barbe est rare.

Ces insulaires noirâtres repoussent généralement toutes communications avec les blancs. Ils professent un grossier fétichisme et vivent misérablement en guerre les uns avec les autres. Leurs huttes sont recouvertes de chaume, leurs villages placés dans les gorges intérieures ou dans les lieux protégés par des accidents de terrain. Ils emploient l'arc et les flèches, construisent des pirogues sans balanciers ; sont d'habiles pêcheurs. Ils aiment se couvrir la chevelure et le corps de poussière d'ocre, et se passent des batonnets dans la cloison du nez et dans les lobes des oreilles. Bien que ce portrait soit opposé à celui de d'Urville, nous le maintenons comme l'expression d'un examen comparatif fait avec soin. Quant aux Fidgiens ou habitants des Vitis, ils se sont croisés avec les océaniens de l'Archipel de Tonga.

Le rameau australien de la race brune, comprend les variétés de l'espèce humaine qui errent dans les solitudes du continent austral ou de la Nouvelle-Hollande, et dont j'ai fait ma famille Endamène.

Les nègres australiens n'ont de nègre que le nom. Ce sont de tous les hommes ceux que les privations et les intempéries des saisons, sur un sol qui ne produit spontanément aucun fruit édule, ont le plus abâtardis ; et cependant, ces naturels, qui semblent être des sortes d'avortons de l'espèce humaine par la dégradation du type, sont loin d'être aussi laids que certains peintres se sont plu à les représenter. Il y a parmi leurs tribus des hommes remarquables par l'énergique puissance de leurs membres et par la

régularité de leur charpente et de leurs muscles. Il y a enfin des Australiens robustes et bien pris, et sans cette min-
ceur des cuisses et des jambes, que les peuplades littorales
ont présentée à Péron et aux autres voyageurs ! J'ai tracé *de
visu* le portrait des Australiens, et en voici les principaux
linéaments. Leur taille est communément médiocre, leurs
cheveux sont droits, lisses, nullement laineux, mais très-
touffus. Leur barbe est rude et inculte. Leur face est aplatie
et le nez élargi à narines obliques. La bouche très-fendue
a de grosses lèvres. Leur coloration est d'un brun de suie
clair. Les yeux ont leurs paupières à demi bridées. Les
dents ne sont pas franchement droites, et plusieurs fois j'en
ai compté trente-quatre sur les deux maxillaires.

Ces Australiens sont très-superstitieux, mais cependant
ils croient à une autre vie. Ils respectent les dépouilles des
morts, ont des fêtes ou coroboris, des sortes de duels de
tribus à tribus, et pratiquent pour leurs mariages les céré-
monies les plus barbares. Habiles chasseurs et très-adroits
à la pêche, ils tirent de ces deux industries toutes les res-
sources de leur vie erratique. Leurs pirogues sont faites
avec des écorces d'arbres et leurs cabanes sont des ajoupas
informes qui n'ont aucune durée. Leur langage est guttural.
Quelques peuplades sont anthropophages et toutes dédaignent la civilisation ; car les individus élevés en Europe se
sont hâtés, en touchant le sol natal, de fuir dans leurs forêts
pour reprendre leur vie précaire mais indépendante. Déjà
ceux de la Nouvelle-Galles sont refoulés par les Anglais
dans l'intérieur des terres, et bien au-delà des montagnes
Bleues.

Enfin nous croyons devoir former le rameau Américain
qui sera le dernier pour la race brune et qui comprend la
famille Californienne.

Les Californiens, qui comptent une variété infinie de tribus, sont évidemment des peuples croisés, issus du mélange des Océaniens nègres et des Océaniens jaunes. Portés sur les terres arides et brûlées de cette portion de l'Amérique, soit par les courants, soit par des tempêtes qui auront fait dévier de leur route leurs pirogues de voyage, ils auront chassé de la côte les indigènes de la race à peau rouge d'Amérique. Ils ont retenu plusieurs coutumes des Océaniens. Ainsi, dit Choris, ils mangent les prisonniers faits à la guerre, mettent à mort des esclaves qu'ils enterrent avec les dépouilles des chefs, ou qu'ils sacrifient par esprit de dévotion et pour sanctionner les traités. Plusieurs des tribus les plus avancées de la côte nord-ouest leur appartiennent. Les Californiens vont nus, dédaignent de se bâtir des maisons quand ils sont libres, manifestent une nonchalance innée, et les chefs des missions ont éprouvé les plus grandes difficultés pour les civiliser. Ils ont conservé, des nègres océaniens, l'usage de se parer de plumes et de se barioler le corps de rouge et de blanc. Leur danse et leur musique ressemblent assez à celles des Alfourous de la Nouvelle-Irlande.

Toutes les tribus parlent une même langue dont les dialectes varient seulement.

Les Californiens ont la peau noire ou du moins d'un brun foncé tirant à l'olivâtre. Leur chevelure est très-épaisse, très-noire et fort longue. Leur taille est élevée ; les membres sont bien proportionnés et fortement musclés. Les cheveux sont implantés très-bas sur le front qui a fort peu de développement. Les sourcils sont épais et très-noirs, et abritent des yeux médiocrement enfoncés. Le nez est court, déprimé à la racine, élargi et épaté à son extrémité. Les pommettes des joues ont de la saillie et élargissent la face transversalement. Le menton est petit et rond. Leur bouche est moyenne avec des lèvres assez épaisses. Leurs dents sont belles, leur barbe n'est pas très-fournie.

La quatrième race est celle des hommes à *peaux rouges*. La race Américaine, ou Colombienne, ou Cuivrée des naturalistes, peuple exclusivement l'Amérique ; divisée en tribus nombreuses, livrées à une sorte de sauvagerie native et qui échappe à la civilisation, la plupart d'entre elles sont restées indépendantes.

Il en est cependant qui avaient fondé de vastes et puissants empires, subjugués plus tard par les Européens.

Les peuples aborigènes de l'Amérique présentent entre eux tant de différences et tant de variétés, qu'il est impossible de ne pas les regarder comme le résultat de mélanges de races, venues successivement s'implanter sur le sol des deux Amériques ; et les débris d'arts anciens qu'on trouve chaque jour, soit dans la région intertropicale, soit dans la partie septentrionale, les ruines des monuments de Palenque et les formes despotiques du gouvernement des Incas, semblent prouver surabondamment que les Américains, et les Péruviens entre autres ; descendaient de peuples, ainsi qu'ils en avaient admis la tradition, émigrés d'autres contrées, et très-probablement de l'Asie. Ces migrations ont dû être antérieures aux conquêtes des Mongols et à la colonisation de la plupart des grandes terres littorales de l'Asie par les Indo-Chinois et les familles à peau jaune qui en dérivent.

Les Américains sont généralement connus sous le nom de Peaux-Rouges, plus par l'habitude qu'ils ont de se peindre le corps que par la coloration du derme de leur peau, bien que M. Flourens l'ait trouvée couleur de cuivre de rosette chez la plupart des peuplades septentrionales. Citer toutes les opinions émises sur cette race américaine serait impossible. Il n'y en a pas sur laquelle on ait tant écrit, sans posséder aussi peu de lumières précises (1). Son histoire n'a été entreprise d'une manière vraiment philosophique que dans ces derniers temps.

Il ne faut donc admettre ce mot de race rouge qu'avec réserve pour comprendre tous ces peuples à peau cuivrée, parfois jaune-olivâtre, qui vivent en Amérique, et qu'il serait impossible, dans l'état actuel de nos connaissances, de rapporter à aucune des races qui se trouvent en Asie, en Afrique ou en Europe, bien que ce soit avec les peuples à peau jaune qu'ils ont le plus de rapport.

La race rouge américaine a deux grands rameaux, le septentrional et le méridional.

Le rameau du nord comprend les nombreuses tribus qui errent aux alentours des montagnes Rocheuses, dans les plaines du Missouri jusque par de là la Floride et la Louisiane. Ces nombreuses nations, jalouses de leur liberté, chassées de leur patrie par les Anglo-Américains, et parmi lesquelles il en est d'exterminées, se divisent elles-mêmes en deux grandes tribus, qui s'intitulent tribu du large ou des plaines, dont les formes sont arrondies ; tribu des feuilles ou des forêts, à formes robustes et musculeuses : ce sont les Indiens peaux-rouges des romanciers et des voyageurs, et il est de fait qu'ils méritent ce nom par la forte nuance rouge cuivrée qui leur est propre.

Les Indiens dont il s'agit ont une tête dont la forme est ovale alongée. Le nez est fortement aquilin ; les yeux sont horizontaux, le front déprimé ; leur taille est souple, haute et robuste ; leurs cheveux sont très-longs, noirs et lisses.

Ces peuplades aiment se barioler le corps de vives cou-

(1) *De l'Homme Américain,* par Alcide d'Orbigny, 1 vol. in-4°. Paris, 1839.

leurs et portent des décorations de plumes et d'ornements les plus bizarres. Elles ont dompté le cheval qui leur sert dans leurs courses vagabondes et leurs grandes chasses belliqueuses ; leur état permanent d'hostilité les rend féroces. Les chevelures enlevées aux têtes scalpées des ennemis sont les trophées des guerriers. Leur caractère est fier, indépendant ; leur insensibilité aux douleurs physiques, la principale vertu morale.

Les Américains du Nord ont été divisés en plusieurs familles qui sont loin d'être rigoureusement déterminées. Il en est une qui a embrassé la civilisation et qui a figuré jadis dans les anciennes relations sous les noms de Cherokées, de Crecks, de Seminoles, de Natchez, de Chactas, célèbres par les œuvres de Chateaubriand, et qui peuplaient la Floride. Les Apaches des montagnes du Mexique sont fort peu connus.

Les plus septentrionaux des Peaux-Rouges, ceux qui confinent aux Esquimaux, que l'on croit provenir de la Sibérie, sont les Chipewais ou Athapascas, établis dans les vastes contrées qui, des bords occidentaux de la baie d'Hudson, s'étendent jusque sur les côtes de l'Océan Pacifique, et sur les rives de la rivière Mine de Cuivre et du lac des Bois. Le Canada, lors de sa conquête, était peuplé par deux tribus principales, les Lenapes et les Iroquois ou Mongwes ; les premiers se divisaient eux-mêmes en Algonquins et en Delawares. Les dernières peuplades, qui prétendent descendre d'un grand peuple fixé à l'occident, reconnaissaient parmi elles les Minsis ou Loups, et les indiens Tortues, Unamis et Dindons.

Le Canada et les régions qui s'étendent de la baie d'Hudson aux montagnes Rocheuses possèdent encore des tribus de la famille Algonquin-Lenape, que l'on appelle Creeks, Algonquins ou Chippeways, ou plutôt Ojibways, Micmacs, Abenaquis, etc. Sur le territoire de la Nouvelle-Angleterre, étaient réparties des peuplades issues de la même famille et portant les noms de Mohicans, de Minsis, de Natchito-ches, etc.

Les Iroquois, bien que regardés par tous les auteurs américains comme nés d'une souche différente que la famille Algonquine, sont de même race. Les Iroquois du nord sont divisés en orientaux comprenant les cinq nations, et en occidentaux ou des quatre nations. C'est à ces derniers qu'appartiennent les Hurons, plus adonnés à l'agriculture que les autres Peaux-Rouges.

On a appelé tribus Alleghaniennes celles qui vivent au sud des monts Alleghanys dans les Etats-Unis, et qui pour la plupart sont aujourd'hui éteintes : ce sont les Catawhas, les Cherokees, les Creeks, les Uchis, les Natchez. Les Séminoles et leurs descendants les Muskhogees, appartiennent à la confédération des Creeks. Les Chactas des rives du Mississipi, c'est-à-dire, les têtes plates, semblent par leur langage descendre des Muscogulges.

A l'ouest du Mississipi vivent les grandes tribus des Sioux et des Pawnies ; les premiers comprennent diverses tribus telles que les Puants, les Dahcotas, les Osages, les Gros-Ventres, les Mandanes, les Indiens-Corbeaux, les Ottoes, les Ioways, les Omahaws.

Au pied des montagnes Rocheuses, dans ces vastes plaines herbeuses qu'arrose le Missouri, où errent de nombreux troupeaux de bisons et de daims, sont établies deux tribus populeuses, les Pieds-Noirs et les Indiens des Rapides. Les premiers, établis entre les sources du Missouri et les Rocky-Mounteins, se divisent en Peguns, en vrais Pieds-Noirs, en Sang, et en Petits-Rôdeurs ; leurs ennemis naturels sont les Indiens-Serpents des contreforts de la|chaîne américaine : tandis que sur l'Arkansas et la Platte, sont établis les Paducas, les Kyaways, ennemis des Pawnies. Dans les montagnes Noires du Nouveau-Mexique, sur les limites de la Californie, sont les Apaches, dont l'origine est fort obscure et qui sont très-peu connus. En général, il existe encore dans ces régions une foule de tribus que leur physionomie, leur idiome et leurs mœurs, ne permettent pas de classer convenablement.

Le rameau américain méridional ne nous est bien connu que par le grand travail de M. d'Orbigny ; il comprend les trois races de cet auteur, c'est-à-dire, les divisions qu'il a appelées Ando-Péruvienne, Pampéenne et Brasilio-Guaranienne. M. d'Orbigny a divisé ces trois races en rameaux, qu'il appelle Péruvien, Antisien et Araucanien pour la première ; Pampéen, Chiquitéen et Moxéen pour la deuxième ; quant à la troisième race, elle ne renferme que deux peuples. Tout en admettant les idées de M. d'Orbigny nous serons forcé, pour être conséquent avec nos principes, de changer ses désignations qui ne pourraient cadrer avec les nôtres. Ces trois rameaux renferment trente-neuf nations.

Les Américains du Sud diffèrent complètement des Indiens peaux-rouges de l'Amérique du Nord ; leur coloration varie depuis le jaune clair jusqu'au jaune olivâtre, mais le derme ne présente point ce pigmentum rouge de cuivre qu'on remarque chez ces derniers. Les Américains jaunes ont une grande conformité d'ossature, de coloration, de physionomie avec les peuples à peau jaune d'Asie. Les Péruviens, les Araucaniens, les Botucudos, semblent même n'être qu'un rameau de cette race, ayant de l'affinité avec les Océaniens. Ce n'est que dans le type Guarani qu'on voit se fondre dans le jaune de la peau un peu de la nuance rouge des Américains du Nord. M. d'Orbigny donne pour caractère saillant de ces peuples, d'avoir une barbe noire toujours lisse et non frisée, poussant très-tard et seulement sur le menton et aux côtés de la moustache.

Parmi les familles américaines, il en est une qui avait fondé un vaste empire, celui des Astèques, et dont la civilisation était fort avancée ; l'empire du Mexique qu'elle possédait, si rapidement envahi par les Espagnols qui en firent la conquête sur des nations fort peu avancées dans l'art de faire la guerre, possédait des villes riches en monuments imposants, et des temples où l'or et les gemmes étaient prodigués. Ces peuples pratiquaient les beaux-arts, la peinture et la sculpture, et leur état social, quoique despotique, était fort avancé. Les Astèques et Toltèques, aujourd'hui peu faciles à reconnaître dans le peuple mélangé du Mexique, se sont continués dans des petites tribus voisines, sous les noms de Otomites, Tarasques, Zapotèques, Mustèques, Mayas et Quiches. Les Mosquitos et quelques autres peuplades, qu'on rapporte à cette famille, ont conservé leur sauvage indépendance.

La famille Quichuenne de la race Ando-péruvienne de d'Orbigny, ne comprend que quatre nations, les Incas ou Quichas, les Aymaras, les Changos et les Atacamas. Pritchard a réuni ces peuples et les suivants par l'épithète de nations Alpestres de l'Amérique du Sud; ces nations habitent les Cordillières et leurs versants occidental et oriental, et diffèrent de mœurs comme de langage. Les Quichiens à teint brun olivâtre, habitent donc le Pérou, la province de Quito et la Bolivie. Les Incas ou Quichuas avaient, comme les Astèques, fondé un puissant empire, celui du Pérou; leur civilisation était fort avancée, car ils savaient travailler l'or et l'argent, cultiver la terre, faire des liqueurs spiritueuses ; ils avaient des connaissances astronomiques, une langue très-riche, une poésie, un culte spiritualiste ; leurs rois étaient supposés descendus, par la filiation, du soleil ; des prêtresses se vouaient au célibat : ils savaient sculpter la pierre, orner leur poterie de reliefs, momifier les cadavres, et professaient pour les morts la plus religieuse vénération. Les Aymaras, soumis aux Incas, ont dû en avoir les croyances, et M. d'Orbigny les regarde comme les descendants des premiers habitants de Titicaca, lac d'où était sorti Manco-Capac. Les Changos des bords de l'Océan Pacifique sont d'un bistre noirâtre, et ont quelques traits d'analogie avec les Araucaniens.

La famille Antisienne, nommée ainsi parce que les peuples qui la composent sont confinés dans une région que les Péruviens nommaient Antis, habite la zone chaude et humide du versant oriental des Andes bolivienne et péruvienne : elle est formée de cinq nations, dont la coloration est presque blanche, c'est-à-dire, basanée avec peu de jaune, et dont les traits varient suivant qu'on les examine chez les montagnards ou chez les habitants des plaines. Ces Indiens sont les Yuracarès, les Mocétènes, les Tacanas, les Maropas et les Apolistas ; M. d'Orbigny y ajoute quelques petites peuplades des contreforts des Andes, telles que les Huacanahuas, les Quinos, etc.

La famille Araucanienne est la dernière du rameau Andopéruvien : établie au pied des Andes depuis le trentième degré de latitude, elle s'étend sur toute l'extrémité méridionale du Chili jusqu'au détroit de Magellan, et a envoyé un rameau distinct sur les îles de la Terre de Feu. Belliqueux, cruels, soumis à des chefs de clans, les Araucaniens sont célèbres par le poème de Ercilla qui chante leurs exploits ; les deux principales nations de cette famille sont les Aucas ou vrais Araucaniens, et les Pescherais ou habitants

de la Terre de Feu. Les diverses tribus araucaniennes portent
dans les narrations de voyages une foule de noms qui servent à les désigner, tels que ceux de Huîliches, de Pi-
cunches, de Puelches, de Chonos, etc., etc. M. d'Orbigny
réserve le nom d'Aucas aux tribus nomades des Pampas,
et celui d'Araucaniens aux peuplades presque sédentaires
des revers des Andes et du sud du Chili ; la coloration des
membres de cette famille est un olivâtre clair, moins intense
que la couleur des Quichiens : ce sont des hommes trapus,
à grosse tête, ayant une bouche large, des lèvres épaisses,
le nez court et épaté, les narines larges, peu de barbe, le
front étroit et les cheveux noirs, longs et plats ; la langue
des Araucaniens est plus euphonique que la langue des
Incas.

La nation Fuégienne, comme l'appelle M. d'Orbigny, se
compose de misérables petites tribus errantes sur les côtes
âpres et refroidies de la Terre de Feu et de la Patagonie,
cherchant dans les coquillages des côtes ou dans la chasse
une nourriture journalière ; la couleur de leur peau est basanée ou olivâtre, et leurs traits ne diffèrent en rien d'essentiel de ceux des Aucas ; leur idiome, par les sons, se
rapproche de celui des Patagons et des Puelches.

Le deuxième rameau des Américains du Sud, est le Pampéen, renfermant trois grandes familles, les Patagonienne,
Chiquitéenne et Moxéenne, que Pritchard appelle groupe
méditerranéen, parce que les nations qui le forment habitent principalement les provinces de l'intérieur; ce rameau
a, pour caractères zoologiques, une couleur brun-olivâtre,
une taille souvent élevée, le front bombé, le nez fuyant,
les yeux horizontaux, mais quelquefois bridés à leur angle
extérieur.

La famille la plus célèbre de ce rameau est celle des Pa-

tagons, dont les diverses tribus s'étendent depuis le détroit
· de Magellan jusqu'au Rio-Negro, par quarante degrés de latitude sud, dans les vastes plaines herbeuses appelées Pampas.
La plus remarquable des tribus de cette famille est la Téhuel-
che ou Patagone, sur laquelle on a publié une foule d'erreurs ;
les Patagons, bien connus aujourd'hui, sont des hommes robustes, de haute stature, à large carrure, à formes massives;
ils ont le teint brun-olivâtre foncé, les lèvres grosses et le
nez aplati ; leurs mœurs et leur religion sont celles des
Puelches et des Incas.

Les Puelches ont une coloration plus foncée que celle des
Patagons : ils vivent dans les Pampas, mais surtout dans les
plaines du sud de Buenos-Ayres ; leur taille est inférieure
à celle des Patagons avec lesquels au reste ils vivent en
bonne intelligence; leur langage est aussi distinct.

Les Charruas habitent la province de Rio-Grande jusqu'au débouché de l'Urugay dans la Plata, et toute la bande
maritime des terres dans une épaisseur de trente lieues. Plusieurs autres petites tribus qui en dérivent, les Minuanes, les
Yaros, etc., sont éparses sur divers points de l'Uruguay.
Les Charruas ont la tête grosse, la face large, les pommettes un peu saillantes, les yeux petits et un peu bridés ; leur
langue est dure et gutturale.

M. d'Orbigny décrit encore comme appartenant au ra-
meau Moxéen, les nations appelées Tobas, Mataguayos,
Abiponès, Lengua, et avec doute, celles appelées Payaguas,
Imbayas du mont de Chaco et Guaycurus.

La famille Chiquitéenne a le teint brun-olivâtre clair,
la taille moyenne, les formes médiocrement robustes et la
face pleine, le nez court, la bouche moyenne, les lèvres
minces et les traits délicats ; les peuplades de cette famille
habitent la province de Chiquitos, entre les quinzième et

vingtième degrés. M. d'Orbigny y rapporte les Samucus, les Chiquitos, les Saravècas, les Otukès, etc., etc.

La famille Moxéenne est de couleur brun-olivâtre peu foncée, de taille moyenne, mais douée de formes robustes ; le front est légèrement bombé, la face est arrondie, le nez est court, peu élargi ; la bouche est médiocre et les lèvres sont légèrement saillantes ; leur physionomie est douce.

Les Moxéens tirent leur nom de la province qu'ils habitent, entre la Bolivie, le Brésil et le Pérou ; M. d'Orbigny décrit de cette famille les nations des Moxos, des Chapecuras, des Itonamas, des Canichanas, des Movimas, des Cayuvavas, des Pacaguaras et des Itenès ou Ité.

Le troisième rameau comprend la grande famille Brasilio-Guaranienne, dont le caractère le plus saillant consiste en une taille moyenne, un front presque plane et des yeux obliques relevés à l'angle extérieur : de nombreuses nations encore sauvages composent cette famille, et toutes, par leur face arrondie à nez court et étroit, leur bouche moyenne à lèvres minces et à pommettes peu saillantes, semblent intermédiaires aux peuples de race jaune du continent d'Asie et à ceux de l'Océanie.

La plus populeuse nation de cette famille est la Guaranie qui, établie sur les limites de la Plata, du Paraguay et du Brésil, a colonisé les grands cours d'eaux des Amazones et de l'Orénoque, et dont la langue est parlée par toutes les tribus avec des modifications locales ou de dialectes particuliers. Les Guaranis ont une taille médiocre ; mais ce qui les distingue éminemment, est la couleur de leur peau qui est jaunâtre avec mélange de rouge clair ; leurs formes sont arrondies et sans saillie des muscles. M. d'Orbigny en distingue les tribus qu'il appelle Guarayos, Chiriguanos, Sirionos, Tupys, Guayanas, etc.

Les Botocudos ou Botocudes, ou, comme ils se nomment, les Aymores, sont des tribus franchement sauvages, redoutables par la férocité de leurs mœurs, et qui vivent disséminées dans les forêts de l'intérieur du Brésil, du Rio-Doce au Rio-Prado ; leur teint est plus clair que celui des Guaranis, mais leurs pommettes sont plus saillantes ; le nez est court, la bouche assez grande, la barbe rare et les yeux très-relevés à l'angle externe ; leur peau est franchement jaune. M. Auguste de Saint-Hilaire, dans la relation de son voyage, a fait la remarque que les Botocudes sont presque blancs, et ressemblaient plus à la race mongole qu'aux autres Indiens ; les hommes et femmes se percent la lèvre inférieure et dilatent le trou pour y maintenir des rondelles de bois, comme le font les habitants de Nootka.

Une foule de petites tribus sauvages habitent le Paraguay, le Brésil, les deux Guyanes, et semblent appartenir à la famille Guaranie ; on n'en connaît bien que les noms, tels sont les Nuaras, les Bogres de San-Paulo, les Puris, les Coroados, les Coropos, et une foule d'autres dont les portraits ont été recueillis par des voyageurs récents.

On rapporte à la famille Guaranie, les anciens Caraïbes ou Caribes, éteints aujourd'hui, et qui peuplaient les îles Antilles lors de leur conquête par les Espagnols ; on croit qu'à cette tribu Caraïbe appartenaient les peuplades de la Floride, les Galibis de la Guyane et les naturels de Cumana et du Yucatan.

La dernière race de l'espèce humaine est la noire, appelée Ethiopique-africaine ou Océano-africaine, et plus justement nommée race prognathe par MM. Pritchard et Martin, d'après un caractère fondamental tiré de son organisation, la saillie des maxillaires en avant et la disposition oblique ou proclive des deux rangées dentaires ; la peau est noire, mais d'un noir qui varie d'intensité, et sur lequel la climature n'a pas d'influence ; les cheveux sont franchement laineux, très-courts, très-recoquillés sur eux-mêmes et comme une véritable laine ; les pommettes sont saillantes ; les lèvres épaisses ; le nez est déprimé, élargi et épaté.

La race nègre forme des états barbares et peu avancés en civilisation : ce n'est pas que les nègres ne soient suscep- tibles d'être civilisés et n'aient une intelligence apte à cul- tiver les beaux-arts, la poésie, et à s'approprier en un mot le régime social ; mais, enclins à une grande paresse, orga- nisés pour vivre dans des climats brûlants, ils n'ont ni la persistance, ni la tenacité de conception des races blanche ou jaune : sans être inférieurs dans l'acception du mot aux autres races, ils ne présentent toutefois des capacités supé- rieures que par accident, et la masse des peuples noirs est restée stationnaire, pratiquant des arts grossiers, et soumise à des souverains despotiques et à des prêtres jongleurs, les dominant par les gri-gri et les sortilèges ; les nègres n'ont fondé aucun état, ils ont été dépossédés de beaucoup de territoires par les nations civilisées, et les régions qu'ils habitent encore sont, par leur climature brûlante et leurs déserts de sables, leurs seuls moyens efficaces de pro- tection.

Les nègres se divisent en trois rameaux : les nègres afri- cains, les nègres asiatiques et les nègres australiens.

La famille oudanienne Scomprend une tribu de son nom qui est des plus barbares parmi les peuplades à peau noire, et comme elle occupe le centre de l'Afrique et qu'elle n'est qu'imparfaitement connue, on n'a sur elle que des idées peu complètes ; quelques ethnographes l'ont même regardée comme une division des noirs abyssins de la race brune. Les nègres du Soudan habitent les lieux les moins fréquentés par les trafiquants, au sud de la haute chaîne centrale des montagnes de la Lune et le Mandara.

Les Soudaniens n'ont que des communications rares avec les peuples qui les entourent ; ils forment des familles nombreuses, dont les mœurs et les coutumes diffèrent peu.

Leurs cheveux sont durs, crépus et laineux ; ils portent des bracelets et des ornements en os dans leurs oreilles ; leurs colliers sont faits avec les dents des ennemis tués à la guerre ; leur caractère est sombre et sauvage, et ils repoussent toute communication avec les blancs.

Mais les nègres Bambarras, ceux de Borghou et du Yarriba, dépendants de l'empire du Soudan, sont bien plus avancés en civilisation ; ils sont agriculteurs, habitent des sortes de villes, et professent le mahométisme qui les a civilisés, et qui leur a fait acquérir un haut degré de prospérité. Des peuples de même origine se trouvent peupler le Bornou et Tomboctou.

La deuxième famille, appelée Sénégambienne, comprend les nègres de la côte occidentale d'Afrique, qui forment des nations populeuses connues sous les noms de Ioloffs, Mandingos, de Foulaks. Le Sénégal et l'île de Gorée sont habités par ces Ioloffs, soumis à la domination française, les plus noirs et les mieux faits de tous les Africains.

La famille Mandingue comprend les nègres les plus civilisés et les plus remarquables par leur industrie et leur intelligence. Sectateurs de Mahomet, ils sont en possession de presque tout le commerce intérieur de l'Afrique, et se livrent avec non moins de zèle à l'agriculture ; le noir de leur peau est mélangé de jaune, et leurs traits sont assez réguliers ; ils paraissent avoir envoyé des colonies dans le Iallon-Kadou et les provinces du Cap-Vert et de Sierra-Leone.

La famille Foulak se divise en nombreuses tribus répandues sur la côte d'Afrique, dans l'intérieur comme dans le territoire qui sépare le Sénégal de la Gambie ; les Foulaks possèdent les royaumes de Temala, de Fouta-Diallon, les provinces de Bambouk, Fouta-Torro, Fouta-Boudou et Kano, qu'ils ont conquis. Les Foulaks diffèrent des Mandingues par leur peau d'un noir mêlé de rouge-jaunâtre ; comme eux ils sont musulmans, robustes et courageux ; ce sont de fort beaux hommes ; leur chevelure est plus longue et moins laineuse que celle des autres nègres. Les Poules du haut du fleuve Sénégal, dans le district de Podor, noirs avec leur légère nuance de cuivre, appartiennent aux tribus Foulaks. Les Felataks de l'Afrique centrale, formés de populations nomades, firent des conquêtes et bâtirent Saccatou, la capitale de l'état qu'ils fondèrent dans le pays de Haüsa ; on dit ces derniers spirituels, intelligents et très-industrieux : ils semblent être croisés des nègres Fellaks et des tribus Cafres, et, sous ce rapport, l'opinion de Richard Lander et du capitaine Allen me paraît fondée.

Enfin M. d'Eichtal a cru, dans un mémoire spécial, trouver une grande analogie de langue entre les Foulaks et les peuplades océaniennes de la Mer du Sud ; mais cette hypothèse, applicable à des peuplades noires, serait insoutenable pour la race jaune.

La famille Guinéenne comprend les nègres de la côte occidentale d'Afrique, dont le principal centre de population est la baie de Benin et la côte de Guinée.

Les rivages de la Casamance sont peuplés par les nègres sauvages appelés Papels, Bissagos, Iolas, Timmamis, etc. Le royaume de la Côte-d'Or est peuplé par des tribus qui sortent de la même tige, les Fantis, les Ashantis, et les Incas ; ce sont des nègres bien faits, à visage ovalaire, à bouche

petite sans grosses lèvres et à cheveux assez alongés : leur peau est lisse et d'un noir brun.

Les Ashantis sont de très-beaux noirs, dont les formes sont remarquablement belles et dont l'intelligence est fort développée, malgré la grossièreté de leur fétichisme ; à côté des Fantis de la Côte-d'Or est une tribu nègre décrite par Isert, qui a des cheveux laineux assez longs.

Les Dahomehs sont des nègres de l'intérieur de la côte vis-à-vis la baie de Benin, réunis en tribus guerrières et puissantes gouvernées par des rois ; ceux de Benin présentent le type nègre à son sommet de développement.

Ce sont les divers points du golfe de Guinée qui ont fourni la plus grande quantité d'individus noirs transplantés depuis deux siècles dans les colonies européennes, où ils se sont croisés et ont donné naissance aux mulâtres et à plusieurs degrés de métis.

Le deuxième rameau de la race nègre comprend les peuples noirs de l'Asie : ceux-ci se divisent en deux grandes tribus, les nègres du Continent et les nègres de la Malaisie.

La famille Nichada comprend les véritables nègres appelés aussi Poulindas, et que Ptolémée semble avoir mentionnés sous les noms de nègres Agriophages ; leur taille est médiocre, leur face est déprimée, le front est aplati, la peau a une coloration noire intense, le nez est très-écrasé, les yeux sont gros et les cheveux sont très-laineux.

Ces noirs vivent dispersés en tribus sauvages dans les montagnes de l'Inde septentrionale ; leur nom de Nichada signifie chasseurs, car ils vivent principalement de chasse, et, à son défaut, de racines et de fruits sauvages ; ils dédaignent la culture de la terre, vont nus et ne connaissent pour armes que les flèches et la massue ; leur religion consiste en quelques superstitions grossières.

On croit reconnaître ces nègres asiatiques dans les Bhils des provinces indiennes de Malava et de Candeich, dans les Coutis du Guzarate, dans les Gondes de Gundvana, et enfin dans les Couries des montagnes du Chitlagond et au-delà du Gange ; on suppose encore qu'ils habitent les montagnes de Radja-mahal dans le district de Boglipour. Les Laos, Moys ou Miaotsé des montagnes de la Cochinchine sont peut-être des Nichadas.

Les nègres pélagiens ou asiatiques de la Malaisie ne comprennent que la famille Aëtas. Ils sont reconnaissables à leur coloration brune foncée ou noir bistré, à leur chevelure courte, crépue, cotonneuse ou laineuse ; leur taille, quoique variable, est communément médiocre, et parfois leurs formes sont bien dessinées ; ils habitent les montagnes de l'intérieur de l'île de Luçon où ils mènent une vie vagabonde ; ils peuplent l'Isla de Los Negros, dans l'archipel des Philippines ; ils sont sans industrie, sans villages, et les tribus vivent isolées des fruits sauvages qu'elles recueillent dans les forêts ; les Espagnols n'ont jamais pu les convertir au christianisme, ni les maintenir dans leur voisinage.

On reconnaît encore une autre tribu noire ; mais celle-là, par ses cheveux lisses et ses traits délicats, paraît descendre des Hindous, et Choris et Laplace ont donné un bon portrait d'un Aëtas ou Aïgtas.

Le capitaine Lafond a retrouvé sur l'île Lasso les véritables nègres à grosses lèvres et à nez aplati, qui rappellent les nègres d'Afrique ; comment et à quelle époque se sont-ils établis sur ces terres si avancées dans l'est ?... Question insoluble dans l'état actuel de nos connaissances.

Les Négrillos, comme les appellent les Espagnols, les Indios armés d'arcs et de flèches, habitués à rester nus, à vivre de chasse et de fruits sauvages, se rencontrent dans les forêts du mont Marivelle à l'entrée de Manille et dans le centre de l'île, aussi bien que dans le district de Valengas, les forêts de Keda et dans l'île de Poulo-Pinang.

Sans doute qu'il faut rapporter à cette race les Samangs des montagnes de l'intérieur de la presqu'île de Malacca, que l'on dit avoir une petite stature, être très-noirs, avoir un visage très-laid et une chevelure laineuse; il en sera de même des Koubous des forêts de Palembang très-farouches, et des Badouis de Bantam.

Les Negros del Monte de l'intérieur de Mindanao, les Samangs Ayes des montagnes de Formose, de Bornéo, de Sumatra et des Célèbes, certains Araforas des Grandes Moluques, pourraient bien être des Aëtas.

On dit les Andamans de même race que les naturels des îles de Nicobar; ils sont noirs, à cheveux laineux, de petite taille et de formes maigres; on les indique comme anthropophages et vivant d'ordinaire de pêche et de chasse; ils se retirent dans des huttes faites de branchages. Les Birmans du Pégu vont à la chasse de ces tribus pour en faire des esclaves.

Enfin le dernier rameau de la race nègre est l'Australien, qui ne comprend qu'une seule famille jetée sur les limites des mers Australes, sur deux îles : la grande terre de Diemen ou Tasmanie, et la petite île Maria dans le détroit de Bass.

C'est une énigme que l'existence de ces peuplades dégradées, présentant le type nègre dans toute son exagération, par des latitudes refroidies, sous un climat assez rigoureux, et n'offrant aucune analogie avec les nombreuses peuplades noires vivant au nord sur le continent austral ou la Nouvelle-Hollande, et peuplant toutes les grandes îles de la Mer du Sud qui s'étendent depuis les Moluques et la Papouasie dans le grand Océan Pacifique.

La famille Diémenoise ou Tasmanienne, que Péron a le premier signalée à l'attention du monde savant, se.compose de tribus misérables déjà en partie éteintes par le voisinage des colons anglais, et qui ne tardera pas à disparaître de la surface du sol ; sa charpente se compose d'un crâne bombé sur le vertex, un front assez élevé et déprimé, un nez aplati, écrasé, à narines fortement transversales ; la bouche est très-fendue et très-avancée, avec des lèvres épaisses ; les cheveux sont ras, très-recoquillés, très-laineux ; la taille est médiocre, ordinairement accompagnée d'une tête volumineuse, de larges épaules, d'un gros ventre et de membres inférieurs grèles et alongés ; la couleur de la peau est un noir brun peu intense.

Les Tasmaniens parlent une langue gutturale, différant complètement des idiomes des Australiens ; leurs idées religieuses sont inconnues et leurs mœurs sont grossières et de la plus insigne barbarie. Comme les autres nègres, ils ne se tatouent point, mais ils se décorent d'incisions et de tubercules en relief, et se colorent les cheveux en rouge avec de l'ocre. Ils ne construisent pas de cabanes, mais les familles couchent protégées par des auvents temporaires sur la terre près de grands feux allumés ; toutefois les Tasmaniens élèvent des huttes coniques en guise de tombeaux sur les corps de leurs parents ; ils savent tisser de gracieux paniers, confectionner des petits oreillers en bois à la mode des Papous, et faire des colliers de coquillages dont se parent les femmes, les plus laides créatures de l'espèce humaine au demeurant, et les plus voisines, par leurs formes, des grands singes de la famille des orangs.

MAMMIFÈRES.

---

1. L'OUISTITI A FESSES JAUNES.
(*Jacchus chrysopygus*, Natterer.)

Une très-belle figure de ce singe a été publiée par M. Mikan dans ses fascicules dédiés à l'empereur d'Autriche, et que j'ai pu consulter dans la riche collection de M. Benjamin Delessert.

Ce Ouistiti est noir, excepté les poils des fesses et des cuisses qui sont, aux parties externes et internes, d'un jaune assez vif mélangé d'orange et de brunâtre ; le front est jaune verdâtre luride ; les poils de la tête et du cou sont assez longs et retombent jusque sur les épaules ; les pieds sont noirs, et la queue est en entier de cette couleur ; le corps a de longueur dix pouces neuf lignes, et la queue quatorze pouces cinq lignes.

Cet animal, voisin du *jacchus rosalia,* se nourrit de fruits butyreux, d'insectes et recherche les œufs.

On le trouve au Brésil dans la capitainerie de Saint-Paul, où les habitants le désignent sous le nom de *saguhy dos grandos.*

2. LE SEMNOCÈBE AVAHI.
(*Semnocebus avahi.*)

La description nouvelle que nous donnons sur l'avahi, bien connu des zoologistes, a été prise sur un individu adulte, conservé au musée de Rochefort et qui se trouve peint dans notre collection de vélins.

Le mâle a le nez nu, noir ; la face couverte de petits poils roux vif ; les oreilles cachées sous une touffe de poils roux, le pelage frisoté, gris ondé de blanchâtre, tirant au gris blanc sur le croupion et sur le rebord postérieur des cuisses ; le menton et le gosier sont blancs ; le thorax, le ventre, les flancs, le dedans des bras et des cuisses sont gris-cendré ; les poils sont rares sur le haut des cuisses et les organes sexuels ; la queue est touffue, rousse ; les bras, les mains, les genoux, le dehors des jambes et les mains postérieures sont roux assez vif ; la verge est grosse et pendante en avant du scrotum. Ce joli animal habite la côte occidentale de Madagascar depuis l'embouchure de la Manangera jusqu'à la baie d'Atongil, où les Bétanimènes le nomment *avahi.*

Ses habitudes sont crépusculaires : il vit en petites troupes formées de dix à douze individus ; son cri est lent et pleureur, sa démarche est gênée et difficile, mais il saute avec facilité. Les femelles ne portent qu'un petit. Les Madécasses le chassent pour en manger la chair.

3. LE FÉLICÈBE DE COMMERSON.
(*Cebugale Commersonii*, Lesson.)

Ce petit animal, bien distinct des cheirogales, a la face couverte de petits poils ras, un mufle nu et noir, le pelage épais, touffu, serré ; roux vif sur le sinciput, le cou, la queue et le dessus des membres, et gris sur les oreilles, les joues, le devant du cou et la poitrine ; enfin il est gris-roux clair sur les flancs et sur l'abdomen : comme les autres quadrumanes de la même famille, il provient de Madagascar ; le seul individu que nous en connaissions existe au musée de l'école de médecine de Rochefort.

4. LE GALÉOPITHÈQUE ROUX.

(Galeopithecus rufus, Pallas ; *Lemur volans,* Linné.) (1).

Commun dans la péninsule et les îles Malaises où il est nommé *kutang,* cet animal se pend communément aux branches des arbres par ses pieds et ses mains ; le repli de la peau semblable à des ailes ne peut lui servir à voler, mais lorsqu'il est étendu, il remplit les fonctions d'un parachute par le moyen duquel il peut faire des sauts considérables d'un arbre à un autre ; il a six incisives en peigne à la mâchoire inférieure et quatre à la supérieure, et celles du milieu sont distantes ; on compte deux canines à chaque mâchoire et cinq molaires à chaque côté. Les canines sont particulières en ce qu'elles ont deux racines, et les molaires en ont autant. Le larynx est osseux ; l'animal a deux petits par portée et deux paires de mamelles situées près l'une de l'autre sur la poitrine un peu au-dessous des aisselles. Les couleurs du dos des jeunes sont plus distinctes et plus variées que dans les adultes. La figure publiée par Marsden donne une idée exacte de cet animal.

5. LA ROUSSETTE A TÊTE CENDRÉE.

(Pteropus poliocephalus, Temminck.)

La *roussette à tête cendrée* a été découverte par l'expédition de la *Thétis* à la Nouvelle-Galles du Sud : elle fut prise d'abord pour un jeune âge du *pteropus rubricollis,* et c'est sous ce nom qu'elle figura dans les galeries du Muséum.

Sa taille varie de douze à quatorze pouces de longueur, à

---

(1) Il a été décrit par ces auteurs avec exactitude, mais ses mœurs taient à peu près inconnues.

partir de l'extrémité du museau jusqu'au coccyx ; son en-
vergure est de trois pieds trois lignes ; l'avant bras a cinq
pouces sept lignes.

Cette *roussette* est d'autant plus intéressante qu'elle vit à
la Nouvelle-Hollande, et qu'elle vient s'ajouter à une ou
deux espèces de mammifères ordinaires, tandis que tous
ceux qui enrichissent nos collections et qui proviennent de
cette cinquième partie du monde, ont une double gestation,
et sont classés dans l'ordre si curieux des marsupiaux. C'est
aussi une des plus grandes espèces du genre, que caractérisent des formes trapues, un corps gros et ramassé, et des
membranes interfémorales réduites à un simple et court
rudiment. Le coccyx, qui se trouve dégagé, est abondamment couvert de poils ; les oreilles, de moyenne
longueur, sont entièrement à découvert, nues et pointues ; les incisives de la mâchoire inférieure sont assez
écartées entre elles ; sa fourrure est épaisse sur le corps et
sur les membres ; elle est formée de poils longs, abondants,
plus ou moins frisés sur toutes les régions inférieures ; mais
au contraire lisses et couchés sur le corps ; la nuque, la région coccygienne exceptées, et la face la plus externe des
pieds ; car sur ces parties les poils sont légèrement ébouriffés.
Les pieds de ce chéiroptère sont aussi proportionnellement
plus courts que ceux de toutes les autres vraies *roussettes*.

Le dessus de la tête, les joues et la gorge, sont d'un cendré
foncé, mélangé de quelques poils noirs clair-semés ; cette
teinte cendrée se nuance de gris sur le sommet de la tête,
et une bandelette de cette dernière couleur suit longitudinalement la ligne du museau ; une petite tache noire marque
la naissance de chaque oreille.

La nuque, les épaules et le devant du cou sont d'un riche
marron-orangé ou parfois roussâtre : une bande noire sépare

cette nuance du gris de cendres du reste du corps ; le dos et la poitrine offrent en effet un mélange de poils cendrés et de poils noirs, passant au cendré lavé de jaune sur le bas du dos et à la face externe des pieds ; le ventre, la région coccygienne et le dedans des membres sont d'un gris jaunâtre plus intense ; l'avant-bras et la portion de la membrane qui y est attachée, en dessus comme en dessous, sont revêtus de poils bruns mélangés de poils plus clairs ; la membrane interfémorale est large de dix lignes vers le tarse : elle se rétrécit pour s'effacer à l'articulation du genou dans les longs poils de cette partie, et n'est plus alors que rudimentaire ; la région coccygienne est complètement nue.

Cette *roussette* n'a point été figurée par M. Temminck, de même qu'il n'a pas fait graver son crâne parmi ceux de plusieurs autres espèces qui occupent sa quinzième planche. Nous en avons donné un portrait à la planche 36 de l'atlas de la *Thétis*.

6. LE RENARD DE L'HIMALAYA.

(*Vulpes himalahicus*) (1).

Ce renard paraît être rare dans le Nepâl, puisque M. Hodgson n'a jamais pu s'en procurer un seul individu ; il n'est pas cependant inconnu dans le Kum, à Kumaon et dans les parties orientales et élevées de ces montagnes où il est appelé *renard de montagne ;* l'éclat et la variété des couleurs de sa robe le font très-rechercher. Sa longueur totale, jusqu'à l'origine de la queue, est de deux pieds six pouces ; celle de la queue, de un pied six pouces ; celle des oreilles, de quatre

(1) A été décrit par M. Ogilby sur des individus en pelage d'été, tués dans les montagnes de l'Himalaya, tandis que des peaux en fourrure d'hiver ont été expédiées des rives du Messouri.

pouces, et sa hauteur de un pied quatre à cinq pouces. Il se
rapproche des renards européens par les taches noires qu'il
porte sur la partie interne et convexe des oreilles, et en avant
des jambes antérieures et postérieures ; la peau est couverte
d'une longue et riche fourrure aussi fine que celle des plus
belles variétés de l'Amérique, mais infiniment plus riche et
plus brillante ; elle se compose de deux sortes de poils : l'une
intérieure, d'une texture cotonneuse très-fine ; l'autre extérieure, de nature longue, soyeuse, très-flexible, semblable à
la fourrure de la marte, douce et moëlleuse dans toutes les
directions ; la fourrure intérieure est d'un bleu enfumé et de
couleur brune, le long du dos ; il en est de même de la fourrure soyeuse extérieure qui, jusqu'à la queue, est de la même
texture douce et cotonneuse que la fourrure intérieure ; là
elle prend un caractère soyeux un peu plus dur : elle est en-
tourée d'un large anneau jaune blanchâtre, et se termine par
une longue pointe d'un bai foncé. La surface de la tête, du
cou, du dos, est d'un rouge foncé, brillant et sans mélange ;
sur les parties latérales du cou, sur la gorge, les côtés et les
flancs, la nuance bleue devient légèrement enfumée sur les
dernières parties ; le poil extérieur des hanches et des cuisses
est teint de gris au lieu de rouge, couleur qui prédomine
sur toutes les parties supérieures des deux individus rapportés à Londres, dans lesquels la fourrure est en outre
plus courte, plus dure, et à couleurs moins brillantes et
moins variées que dans la variété de M. Royle. Les couleurs
du pélage de ce renard sont donc le bai brillant sur le dos,
le rouge jaunâtre sur les côtés du corps, le blanc sur la
gorge, l'estomac et le ventre ; les oreilles sont assez grandes
et elliptiques, leur surface externe est blanche ; une bande
de la même couleur descend sur la partie extérieure des
jambes ; la plante des pieds est recouverte d'un poil dense

d'un brun jaunâtre, à l'exception des tubercules qui sont
nus ; le pinceau de la queue est bien fourni et régulier ; il
conserve la même couleur que celle du corps sur la plus
grande partie de sa longueur, et il est terminé par une
grande pointe blanche.

7. LE CHAT DU SÉNÉGAL.

(*Felis Senegalensis*, Lesson.)

Cette jolie espèce de chat, entièrement nouvelle, et que
nous avons eue vivante, provient du Sénégal, où l'espèce
ne paraît être rare et vivre sur les bords du fleuve ; elle se
rapproche du chat viverrin décrit par M. Bennett, et qui vit
au Bengale, mais elle s'en distingue suffisamment.

L'individu que nous avons sous les yeux est de la taille du
chat domestique, mais ses membres assez robustes annoncent
qu'il doit acquérir une taille plus considérable ; son pelage
est entier d'un roux-grisâtre uniforme, plus clair en dessous,
et couvert de taches d'un noir profond, disposées par lignes
sur le dos, et plus irrégulièrement semées sur les pattes ; deux
bandes d'un noir profond, encadrant une bande blanche,
rendent ses oreilles très-remarquables, et son museau blanc,
ainsi que le menton, sont bordés par le noir profond du nez,
qui s'étend jusqu'aux yeux, en formant un chevron de cette
couleur.

La tête est donc arrondie et surmontée de deux oreilles
amples, élevées, à bords lisses, très-poilues en dedans, et
rappelant celles des servals ; les yeux brillent de l'éclat le
plus suave de l'émeraude ; ses moustaches sont courtes et
blanches, peu fournies ; le front est d'un roussâtre-gris ;
quelques petites lignes noires se dessinent sur le sommet de
la tête ; deux rebords blanchâtres indiquent les parois laté-

rales du nez, et sont, sur le sourcilier, marqués par deux taches noires ; le nez et les ailes sont noir profond ; le pourtour des lèvres et le menton sont blanc pur ; la gorge est blanchâtre, marquée de quelques points noirs ; ses dents sont peu robustes, et les muqueuses ont une teinte noirâtre ; tout le corps sur le dos et les flancs est d'un roussâtre-brunâtre, plus foncé sur les flancs ; sur le milieu du dos, se dessine une raie noire uniforme, qui s'étend longitudinalement jusqu'à la queue, bordée par deux autres, moins annelées, à leur naissance surtout ; des rangées de points noirs un peu oblongs sont rapprochées et semées avec assez de régularité sur les flancs, les épaules et les cuisses ; les taches des épaules sont petites et nombreuses, de même que celles des pattes ; quelques bandes brunes recouvrent les membres en dedans et en haut ; les doigts sont forts, épais et armés d'ongles assez robustes, très-rétractiles et qui sont blancs ; le dessous du corps est blanchâtre et sans taches ; la queue est alongée, pointue, roussâtre, terminée de noir et marquée de sept à huit anneaux noirs incomplets.

Le pelage est assez épais, très-fourni ; ce chat habite les bords du fleuve Sénégal, dans nos établissements d'Afrique. L'individu décrit a vécu à l'hôpital de la marine à Rochefort.

8. LE CHAT ÉLÉGANT.

(*Felis elegans*, Lesson.)

Ce chat (long de dix-huit pouces, la queue ayant douze pouces et demi) a les maxillaires armées de dents peu puissantes ; la supérieure a six petites incisives régulières, les quatre du milieu un peu débordées par les deux plus externes ; les canines sont longues, fortes, aiguës, elles sont suivies d'une molaire petite, à peine apparente ; les molaires suivantes sont robustes, tranchantes, tricuspides ; la mâchoire inférieure présente la même forme de dents, excepté que l'espace qui isole la canine et la première forte molaire, n'a pas la petite machelière rudimentaire, qu'on remarque dans celle d'en haut.

Ce chat a le pelage épais, court, très-fourni, très-doux ; sa couleur sur les parties supérieures est d'un roux fort vif avec des taches d'un noir intense, tandis que les flancs et le dessous du corps sont d'un blanc tacheté de brun foncé ; les membres, roux en dehors et blancs en dedans, sont mouchetés de brun, et la queue est annelée de brun, sur un fond roux en dessus et blanchâtre en dessous.

Mais, en reprenant chaque partie en détail, nous trouverons les particularités suivantes :

La tête, d'un roux doré vif en dessus, présente un cercle noir autour des yeux, et deux raies qui partent du milieu de la paupière, montent parallèlement sur le crâne et se continuent sur le cou ; l'espace qui les sépare est rempli de taches brunes formant des sortes de lignes interrompues sur l'occiput ; les côtés de la tête, le dessous, et le rebord de la lèvre supérieure sont blancs ; deux lignes brunes partent de chaque côté, l'une de devant l'œil, l'autre du bord postérieur de la paupière, et descendent sous le cou, pour s'unir à une large tache brune qui règne sur la gorge et y forme une sorte de croissant irrégulier ; les moustaches, longues de trois pouces et demi, sont blanches dans toute leur étendue.

Les oreilles, médiocres et garnies de poils roux et fauves en dedans, sont d'un noir intense à leur base en dehors, et d'un gris blanc à leur bord externe et à leur extrémité ; le cou est d'un roux doré en dessus, et blanc en dessous ; deux raies d'un noir profond et plein se dessinent longitudinalement en dessus et sur les côtés, et deux taches brunes se joignent presque en dessous et à sa base ; tout le dessus du corps est roux doré, mais de nombreuses raies interrompues en taches arrondies d'un noir profond en occupent toute la surface ; vers la ligne médiane les taches noires sont pleines et alongées ; sur les côtés elles s'arrondissent en roses dont le centre est fauve vif et le pourtour cerclé de noir, mais ces cercles arrondis sont rarement très-distincts ; ils s'alongent, se confondent avec leur voisin, et simulent des sortes de bandelettes sinueuses, interrompues ou continues qui n'ont rien de régulier ; les flancs sont blanchâtres, mêlés de fauve clair, tachetés de noirâtre et de brun clair ; tout le dessous du corps est blanc, moucheté de brun peu intense.

Les membres antérieurs, roux en dessus, sont mouchetés irrégulièrement de noir, dont l'intensité décroît en avançant vers les doigts ; ils sont blanchâtres en dessous, tachetés de brun. Seulement les poils de la surface plantaire des pieds sont fuligineux, il en est de même des extrémités postérieures, seulement tout le derrière du tarse, depuis le talon, est d'un brun fuligineux uniforme ; les ongles de cette espèce sont petits, peu aigus et entièrement cachés dans le feutre poilu qui enveloppe les doigts.

La queue est rousse en dessus, annelée de cercles bruns larges et irréguliers formant une dixaine d'anneaux qui sont interrompus et peu marqués en dessous, sur un fond blanchâtre.

Ce chat vit au Brésil, et nous paraît bien distinct du chat macroure du prince de Wied Neuwied, avec lequel le confondent quelques auteurs récents.

9. LE PETIT CHAT TIGRE.

(*Felis macroura*, Wied.)

Ce chat a le dessus du corps fauve gris-rougeâtre, le dessous blanchâtre ; l'un et l'autre irrégulièrement gris-brun ou noir, passant au brun, en partie tachetés presque sous forme d'yeux ; cinq bandes longitudinales obscures sur la partie supérieure du cou, deux bandes brunes noirâtres sur le front, des points entre ces bandes ; deux bandes longitudinales sombres sur les côtés de la tête, une bande transversale sombre sous la gorge, la plante des pieds gris-brune, la queue surpassant la moitié du corps. Ce chat habite les grandes forêts primitives sur les bords du Parahyba, de l'Espirito-Santo, du Mucuri, où on le nomme *gattos pindatos;* il est voisin du *felis pardalis* (L.), et a été confondu avec le précédent par plusieurs zoologistes.

10. LA MANGOUSTE DE TOURANNE.

(*Herpestes exilis*, Gervais.)

M. Gervais a publié, dans la partie zoologique du voyage de la *Bonite,* une nouvelle espèce de mangouste distincte des autres espèces de l'Inde ; elle se rapproche toutefois beaucoup de l'espèce de Java et se place à côté du Nems et des Mangoustes de Malacca et de Pondichéry. Sa taille et ses caractères extérieurs sont, en effet, les mêmes que chez ces animaux, et son pelage se rapproche assez, par ses teintes, de celui de la mangouste de Java ; mais le rouge ferrugineux y est moins abondant.

Ses poils sont marqués de plusieurs anneaux alternativement jaune-clair et noirs, ce qui leur donne un aspect ti-

queté ; le jaunâtre est remplacé par du roux canelle à la tête
et presque tout le long de l'épine dorsale ; les pattes passent
au noir ; le dessous de la gorge et le ventre n'ont presque
pas de poils tiquetés ; ceux de la gorge sont roux clair, et le
ventre les a de couleur pâle, brun enfumé à la base ; la
queue présente la couleur et le tiqueté des flancs, elle est
bien velue et en balai, mais non pénicillée ; les tarses sont
en partie dénudés, une bande étroite nue se prolongeant
jusqu'au calcaneum ; le carpe et les mains sont complètement nus.

Il y a cinq doigts aux pieds de derrière comme à ceux de
devant.

L'intestin a un cœcum d'un pouce de longueur.

Longueur du corps et de la tête, dix pouces six lignes.

Longueur de la queue, huit pouces.

L'individu décrit est une femelle.

11. LE PHOQUE D'ISIDORE.

(Phoca Isidorei, Lesson.)

Le 21 juillet 1843, des pêcheurs de l'île d'Oléron ont
capturé dans le bras de mer qui sépare cette île de Marennes
et appelé le détroit de Maumusson, un phoque d'une espèce
évidemment nouvelle, tenant plus du phoque moine de l'A-
driatique que du phoque commun.

Les phoques sont très-mal connus et encore plus mal figurés ; tout est à faire pour débrouiller l'histoire de ces
animaux amphibies, qu'il est rare de pouvoir observer vivants. Toutefois on possède de bons détails sur le phoque
commun par F. Cuvier et sur le moine par Hermann.

Ce phoque, qui est évidemment nouveau, recevra le nom
de *phoca Isidorei*, en l'honneur de M. Isidore Geoffroy Saint-

Hilaire, professeur de zoologie au Muséum d'histoire naturelle de Paris.

Le phoque d'Isidore a un mètre vingt-cinq centimètres de longueur totale ; il est rond, assez volumineux au milieu du corps ; sa tête est grosse, arrondie ; le museau est peu saillant, obtus, et le cou est gros et peu distinct ; sa queue est forte, alongée, pointue, longue de dix centimètres ; sa circonférence est de quatre-vingts centimètres.

Ses narines sont verticales et le mufle peu saillant est noir ; les soies du museau sont longues, lisses, marron, et placées sur six rangs ; quelques soies sont implantées sur le museau et en avant des yeux. Ces derniers sont petits, d'un noir brillant : les oreilles manquent complètement de conque auriculaire ; celle-ci, dont la place est marquée par une tache blanche, est remplacée par un trou, recouvert de quelques poils et du calibre d'une plume d'oie ordinaire.

Les membres antérieurs sont peu volumineux, entièrement palmés à la main, de manière à ce que les phalanges soient complètement enveloppées par les replis membraneux ; les ongles sont alongés, creusés en gouttière et colorés en rose ; les membres postérieurs sont alongés, à festons membraneux dépassant les cinq doigts et formant cinq lobes diminuant graduellement d'ampleur ; les lobes sont frangés de rangées de poils blonds disposés en cils ; les antérieurs mesurent dix-sept centimètres, les postérieurs vingt-cinq.

Un beau brun luisant colore le dessus de la tête, du corps et les quatre nageoires ; ce noir s'étend sur les côtés, puis il cesse pour faire place au blanc jaunâtre argentin qui colore toutes les parties inférieures ; les poils sont courts et très-serrés.

Les lèvres sont violettes, ainsi que la langue et les muqueuses de la bouche.

Les dents sont au nombre de vingt-huit : quatre incisives, deux en haut et deux en bas, deux canines et dix molaires à chaque mâchoire, cinq de chaque côté ; ces dents ont une forme assez distincte de celle du phoque commun, et les canines sont robustes et acérées ; la première molaire d'en haut et de chaque côté est pointue.

De cette description il résulte que le phoque d'Isidore ressemble au phoque moine *(phoca monacus)* par sa coloration noire en dessus, blanc de satin en dessous et par ses oreilles sans aucun rudiment de conque ; mais il en diffère par la taille et par le nombre des incisives, réduit à deux en haut comme en bas. Il diffère du phoque commun, qui a les doigts des mains libres à leur sommet, un pelage plus ou moins gris et tacheté, des narines formant angle, des soies annelées ; de plus, si le phoque moine a quatre incisives supérieures, le phoque commun en a six et l'isidore deux seulement.

L'individu capturé était femelle : il dormait sur la mer, lorsque enveloppé par une senne, il fut apporté sur les sables de la grève, sur la côte de Marennes ; il est vif, agile, et s'accommode à la captivité ; il mange avec appétit du pain et du poisson ; il se baigne fréquemment et ne semble pas souffrir beaucoup d'une large blessure qu'il porte à une nageoire antérieure et qui résulte d'un coup de harpon. Les pêcheurs qui ont pris cet animal l'ont vendu au Muséum de Paris.

12. LA LOUTRE DU PÉROU.

(*Lutra Peruviensis*, Gervais,) (1).

« M. Gaudichard s'est procuré à San-Lorenzo au Pérou, une portion de crâne trouvée sur la plage, et qui provient incontestablement d'une loutre ; toute la partie pariétale et occipitale de ce crâne manquait : le front, le palais et les dents des deux mâchoires, ainsi que la partie osseuse des mâchoires, étaient seuls intacts. A la mâchoire inférieure adhérait encore un morceau de peau, recouverte de ses poils, et ceux-ci étaient de couleur jaunâtre.

» Cette portion de crâne a appartenu à un animal parvenu à l'âge adulte, et dont la taille devait, à peu de chose près, égaler celle de la loutre commune d'Europe, *lutra vulgaris.* Par la forme en quadrilatère de son chanfrein ou espace inter-orbitaire et frontal, elle se rapproche des *lutra enhydris* et *lataxina,* espèces américaines ; et elle indique un animal intermédiaire à ces deux sortes de loutres. Mais il y a surtout une grande ressemblance entre notre portion de crâne de la loutre du Pérou et les mêmes parties chez une loutre de la capitainerie de Rio-Grande au Brésil, dont la tête osseuse a été rapportée au Muséum d'histoire naturelle par M. Aug. de Saint-Hilaire ; cette loutre du Brésil est fort différente du *brasiliensis;* le crâne, dans l'une et dans l'autre, est un peu moins grand que celui du *lutra enhydris,* et les apophyses post-orbitaires sont plus saillantes, et l'étranglement post-frontal est moins large. »

(1) Cette loutre, peu commune, est mentionnée dans le voyage de la *Bonite*, pl. 3, et on la trouve décrite, p. 15, du texte zoologique. Nous copierons le texte de M. Gervais, qui établit les différences qu'elle présente avec les diverses espèces admises par les auteurs.

» Toutefois, la loutre de San-Lorenzo au Pérou n'est pas précisément la même que celle du Brésil ; et voici, dans le peu où il nous soit permis de les comparer, les différences qui peuvent être signalées :

» Dans la loutre du Pérou, le bourrelet externe de la molaire postérieure d'en haut, au lieu de venir aboutir au milieu du tubercule postérieur, a une courbure moins ouverte, et il arrive entre le tubercule postérieur et l'antérieur ; les dents sont en général un peu moins fortes, et les trous sphénopalatins sont arrondis au lieu d'être ovalaires. Ajoutons que l'apophyse orbitaire postérieure est beaucoup plus petite dans la loutre du Brésil citée plus haut et que dans le *l. lataxina.* »

Ainsi donc, on doit supposer au Pérou l'existence d'une loutre du même sous-genre que les *lutra lataxina* et *enhydris,* mais spécifiquement différente ; cette loutre est probablement aussi distincte d'une autre espèce du Brésil rentrant dans le même sous-genre qu'elle.

13. L'ORYCTÉROPE DU SÉNÉGAL.

(*Orycteropus Senegalensis,* Lesson.)

L'histoire naturelle des grands mammifères a longtemps présenté de nombreuses lacunes, il a fallu les progrès récents de la zoologie pour que leur étude fît cesser la confusion qui régnait sur des espèces distinctes confondues sous un seul nom ; ce n'est qu'à l'aide de comparaisons soignées et minutieuses, de faits recueillis avec soin, qu'on a pu mettre fin à ce désordre et apporter plus de sagacité dans la distinction d'espèces si longtemps méconnues. Les rhinocéros, les éléphants, les tapirs, etc., sont des exemples frappants de la difficulté d'arriver à une bonne démarcation spécifique, et l'histoire particulière de ces animaux est loin d'être satisfaisante, même à l'heure qu'il est; nous pensons qu'il peut en être de même des *oryctéropes*, quadrupèdes africains confondus avec les fourmiliers par les premiers naturalistes qui en ont parlé, et dont le nom générique est emprunté à l'usage qu'ils tirent de leurs pieds pour fouir.

Jusqu'à ce jour, une seule espèce d'oryctérope a été admise par les auteurs : elle a é mentionnée vaguement par Kolbe sous le nom de *cochon de terre*, mais cette indication fort peu caractéristique et entachée de suspicion n'acquit quelque valeur scientifique que lorsque Pallas eût confirmé la présence en Afrique d'un animal voisin des fourmiliers ou *myrmecophaga*. Kolbe, dans le tome 3, page 49, de sa description du cap de Bonne-Espérance, publiée en 1742, en parle en ces termes : « Le *cochon de terre* ressemble au co-
» chon rouge d'Europe (par la couleur des soies sans doute),
» seulement il a la tête plus longue et le groin plus pointu ;
» ses soies ne sont pas si fortes, sa langue est rude et affi-
» lée, sa queue est longue ; il a aussi les jambes fortes. »

Pallas, dans le sixième fascicule de ses *Miscellanea* publié avant 1778, donne, page 64, la description d'un jeune *oryctérope* qu'il distingue des autres fourmiliers sous le nom de *myrmecophaga afra;* mais comme sa description n'était pas accompagnée de figure gravée et ne reposait que sur un fœtus, elle eut peu d'influence sur l'opinion des naturalistes, dont l'attention fut seulement appelée par la description assez complète d'un individu adulte que publia Allamand dans son édition hollandaise de Buffon, en lui conservant le nom de cochon de terre (*aard-varken*) que lui donnent les colons du Cap. Buffon se borna à reproduire, dans le tome 5 de ses suppléments, la description et la figure d'Allamand (page 230 de l'édition in-4. et planche 31), et cette figure se trouve être enluminée au n° 344 des planches coloriées.

Cependant, dès 1777, Camper, dans les mémoires de Pétersbourg (act., tome 1, p. 2, page 223), décrivit la tête osseuse
d'un oryctérope en indiquant les différences qu'elle présente
avec le crâne des fourmiliers.

Les auteurs systématiques (1) copièrent presque tous la
description d'Allamand, et leurs phrases diagnostiques in-
suffisantes ne sont que des répétitions les unes des autres.
Cependant Geoffroy Saint-Hilaire, dans son catalogue imprimé en 1800, mais encore inédit, avait décrit l'espèce du
Cap d'après un individu (n° 421) conservé au Muséum, en
ces termes : « Taille trois pieds (0ᵐ, quatre-vingt-dix-sept
» cent.) : les poils qui couvrent la tête, le dessus du corps
» et la queue, sont très-courts, leur couleur est gris sale
» jaunâtre ; sur les flancs et sur le ventre, ils sont plus longs
» et d'une couleur roussâtre : ceux qui couvrent les jambes
» sont également longs et noirâtres. »

Desmarest, dans sa *Mammalogie*, n'a fait que reproduire
le texte de Buffon, mais cependant la phrase diagnostique

---

(1) Myrmecophaga capensis, L.; Gm. syst., t. 1, p. 53, n. 5; palmis
tetradactylis, rostro longo, auriculis magnis pendulis, cauda corpore
breviore ad apicem attenuata. Thumberg, Mém. de Pétersb., t. III, p. 30,
Erxl. mam., p. 97, d'après Pallas, et en note.

Zimmerm., Géog., t. II, p. 407.

Cape ant-eater, Shaw., Gén. Zool., t. I, p. 173.

Oryctérope du Cap, G. Cuv., Oss. Foss., t. V, p. 117, pl. 12 (squelette).

Orycteropus capensis, Geoff., Dec. phil. an V; Bull. soc. phil. p. 102
et Gar. p. 212.

Desm., Mamm., p. 372, n. 589.

Ib. Nouv. Dict., t. XXIV, p. 182.

F. Cuv., Dic. de Nat., t. XXXVI, p. 511, avec médiocre figure.

Isid. Geoff., Dict. classiq., t. XII, p. 441.

Fisher, Syn., p. 395. n. 1.

placée en tête de sa description, est toute entière empruntée au catalogue de M. Geoffroy Saint-Hilaire. La voici : « soies » dont le corps est recouvert, gris sale un peu roussâtre sur » les flancs et sous le ventre ; d'un brun obscur vers les » extrémités des pieds.» G. Cuvier, dans son *Règne animal* (1), ne semble pas en avoir eu une connaissance bien nette lorsqu'il dit : « Il n'y a qu'un oryctérope que les Hollandais du Cap nomment *cochon de terre*; c'est un animal » de la taille du blaireau et au-dessus, bas sur jambes, à » poils ras, gris brunâtre, à queue plus courte que le corps, » également rase.»

Une description plus récente est celle de Smuts (2) qui paraît avoir été faite sur des individus du muséum de Leyde; entre autres particularités spécifiques, M. Smuts indique des formes corporelles massives, des poils très-courts de couleur fauve (*badü*) et des soies sur le bord externe des pieds antérieurs et sur les parties postérieures, longs et fuligineux ; on remarque de très-longs poils sur les flancs et la tête; les flancs et la queue ont des teintes beaucoup plus claires qui passent au jaune; il ajoute que la queue est mince (*teres*), médiocrement longue et épaisse à la base.

Telles sont les notions les plus avérées que nous possédions sur l'oryctérope du Cap, animal dont nous n'avons pas une figure exacte et faite avec quelque soin.

Les réflexions de Buffon, d'Allamand et de Wosmaër sur les fourmiliers américains ou sur ceux de l'ancien monde sont aujourd'hui oiseuses, car le genre oryctérope purement africain se distingue suffisamment des myrmécophages ou fourmiliers qui sont exclusivement d'Amérique, et cette

---

(1) Edition de 1829, t. I, p. 230.

(2) Dissertation zool., enum., mam., Cap.; Leyde, 1842, p. 52.

donnée zoologique n'a plus besoin d'être discutée dans l'état de la science.

Enfin, le nom vulgaire de cochon de terre que ces animaux portent au Cap, indique grossièrement les analogies que les oryctéropes ont avec les pachydermes; en effet ce sont, d'une manière générale, et sous un autre plan, de véritables pachydermes édentés, par leur tête finissant en groin, par leurs oreilles, par leur membres courts et charnus, par la peau couverte de soies brèves et rudes, par les oreilles et par les ongles simulant de véritables sabots subtriangulaires: ils ont plus d'un point de contact avec les animaux du genre *sus*.

Les oryctéropes ont vingt-six dents suivant F. Cuvier (1), c'est-à-dire, sept molaires à chaque côté du maxillaire supérieur et six à l'inférieur sans incisives ni canines; ces molaires espacées et distantes, sans racines ni couronnes, pouvant croître indéfiniment, sont formées longitudinalement de fibres séparées par une infinité de petits tubes creux. La tête est peu volumineuse, très-conique et terminée par un boutoir tronqué, saillant, nu au mufle, garni d'une brosse de poils au-dessous et en avant. Sous ce boutoir long de vingt-quatre millimètres, s'ouvre une petite bouche garnie d'un rebord alvéolaire édenté, excessivement dur. Les oreilles sont longues, pointues, roulées sur elles-mêmes et doivent être très-mobiles. Les yeux, petits, sont placés plus près des oreilles que de la commissure; un léger rebord ciliaire entoure les paupières.

La langue est dite extensible, étroite et susceptible de s'alonger hors de la bouche pour engluer les insectes dont ces animaux se nourrissent presque exclusivement, et ces insectes appartiennent aux diverses espèces de fourmis et

---

(1) F. Cuvier, *des Dents*, p. 199, pl. 82.

de termites ; les membres antérieurs courts et trapus se terminent par quatre doigts inégaux armés d'ongles convexes en dehors, aplatis en dessous, coupants à leurs bords, et excessivement durs ; l'index est plus court que le second, celui-ci est le plus grand, le troisième diminue et le quatrième est beaucoup plus relevé ; ces ongles sont garnis à leur attache par des pinceaux de soies épaisses, rudes et longues. La plante des extrémités antérieures est nue et calleuse, et il en est de même de celle des pieds postérieurs qui, *plantigrades*, ont un renflement calleux dénudé au talon ; ces membres courts et puissamment renforcés par les muscles des cuisses se terminent par cinq doigts armés d'ongles plus aplatis et plus dilatés que ceux des extrémités antérieures : comme les premiers, leur attache est recouverte par des faisceaux de soies. La queue excessivement grosse est conique et s'atténue graduellement pour se terminer par une sorte de truncature. La peau est dense, épaisse, très-résistante, couverte de soies rares et très-courtes, couchées sur le corps, plus épaisses sur le cou en dessous, rares sur le ventre, assez épaisses sur les quatre membres, très-serrées et collées, ras sur la tête.

Kolbe a décrit en ces termes les mœurs du *cochon de terre :*
« Lorsqu'il a faim il va chercher une fourmilière ; dès qu'il
» a fait cette bonne trouvaille, il regarde tout autour de lui
» pour voir si tout est tranquille et s'il n'y a point de danger ;
» il ne mange jamais sans avoir pris cette précaution : alors
» il se couche, et, plaçant son groin tout près de la fourmi-
» lière, il tire la langue tant qu'il peut ; les fourmis montent
» dessus en foule, et dès qu'elle en est bien couverte, il la re-
» tire et les gobe toutes. Ce jeu recommence plusieurs fois
» et jusqu'à ce qu'il soit rassasié. Afin de lui procurer plus
» aisément cette nourriture, la nature toute sage a fait en

» sorte que la partie supérieure de cette langue qui doit re-
» cevoir les fourmis, est toujours couverte et comme en-
» duite d'une matière visqueuse et gluante, qui empêche
» ces faibles animaux de s'en retourner lorsqu'une fois
» leurs jambes y sont empétrées ; c'est leur manière de
» manger.»

A part ce que ce récit consacre à l'opinion populaire des colons, on doit l'adopter en principe comme l'expression d'une observation positive et que l'organisation vient légitimer.

Kolbe ajoute que la chair de ces animaux est délicate, et que les Hottentots, comme les Européens, en sont friands, et leur font une chasse active. Levaillant dit que cette chair est repoussante, tant elle est parfumée par l'odeur de fourmis dont elle est imprégnée. Au contraire De Grandpré la dit savoureuse, et tout porte à croire qu'une fois habitué à sa saveur, elle doit paraître substantielle comme toute venaison dont elle se rapproche.

Suivant l'opinion reçue, les oryctéropes se nourriraient presque exclusivement de fourmis et surtout de termites qui pullulent dans les sables d'Afrique.

Les oryctéropes se creusent des terriers où ils dorment pendant le jour, car ils ne sortent guère que la nuit ; la terre leur sert de demeure, dit Kolbe, et ils s'y creusent des grottes, ouvrage qu'ils font avec beaucoup de vivacité et de promptitude, et s'ils ont seulement la tête et les pieds de devant dans la terre, ils s'y cramponnent si bien que l'homme le plus robuste ne saurait les en arracher.

N'y a-t-il qu'une espèce d'oryctérope ?

Ceci est l'objet principal de cette description; car nous pensons qu'on doit en admettre deux : l'une du Cap, c'est l'espèce anciennement connue ; l'autre du Sénégal, que nous croyons distincte. Voici quels seraient leurs caractères spécifiques extérieurs, privé que nous sommes des moyens de comparaison fournis par les os du crâne.

Oryctérope du Cap.

L'oryctérope du Cap, décrit sur un bel individu, par Allamand et par Buffon, a les poils du dos gris sale, un peu approchant de celui du lapin, mais plus obscurs sur les flancs et sur le ventre où ils sont plus longs et d'une couleur roussâtre. Ceux qui couvrent les jambes sont aussi beaucoup plus longs et sont tout à fait noirs et droits. Allamand et Buffon ajoutent que les oreilles sont longues de six pouces, couvertes de poils fins à peine remarquables, que la queue surpasse le tiers de la longueur de tout le corps. La gravure de Buffon et sa planche coloriée font bien sentir ces particularités.

Oryctérope du Sénégal.

L'oryctérope du Sénégal a les poils de tout le dessus du corps épais, très-courts, blond-uniforme. Ces poils nombreux, serrés et ras, sur la tête et les joues, plus rudes sous le cou, sont également blond-blanc, teinté de roux sur le museau et autour des yeux. Du roux doré se joint au blond sur le milieu du dos; la croupe, la queue en entier sont d'un blond blanchâtre uniforme, mais du roux doré apparaît sur les bras et sur les cuisses; le ventre, le thorax et le bas des flancs sont presque dénudés et sans poils, ou du moins les poils sont rares. Des soies blondes et des soies d'un rouge fauve ardent, couchées, couvrent les quatre membres sur leurs régions les plus externes et leur donnent une nuance roux vif qui s'arrête à la base des ongles où les pinceaux de soies reprennent une teinte jaune blond franche. Enfin les oreilles sont garnies de poils sur les parties externes et saillantes, nues en dedans, à cartilage épais et rigidule. Les ongles sont couleur de corne; quelques cils rouges sont implantés au-dessus des yeux et sur le rebord de la lèvre supérieure.

Les ongles des pieds antérieurs sont plus longs et plus robustes que

ceux des pieds de l'arrière, et les extrémités antérieures sont étroites, et
simulent, quand les doigts sont serrés, une sorte de cuiller; elles sont
garnies à leur bord interne d'une
épaisse brosse de longues soies très-
raides.

| | Oryctérope |||| ||||
| | DU CAP. |||| DU SÉNÉGAL. ||||
L'individu type mesurait :	p.	p.	l.	ou m.	p.	p.	l.	ou m.
Longueur du corps depuis le bout du museau jusqu'à l'origine de la queue.	3	5	0	1,011	3	9	0	1,022
Circonférence au milieu du corps.	2	8	0	0,086	2	8	0	0,086
Longueur de la tête.	0	11	0	0,030	0	11	0	0,297
Circonférence entre les yeux et les oreilles .	1	1	0	0,352	1	1	0	0,352
Circonférence près du bout du museau. . .	0	7	0	0,189	0	5	6	0,149
Longueur des oreilles.	0	6	0	0,162	0	6	8	0,180
Distance entre leurs bases.	0	2	0	0,054	0	3	6	0,095
Longueur des yeux mesurée d'un angle à l'autre.	0	1	0	0,025	0	0	10	0,022
Distance des yeux aux oreilles.	0	2	0	0,054	0	2	0	0,054
Distance au bout du museau.	0	7	0	0,189	0	5	6	0,149
Distance entre les deux yeux en ligne droite.	0	4	0	0,108	0	3	6	0,095
Longueur de la queue	1	9	0	0,558	1	4	4	0,442
Circonférence proche l'anus	1	3	0	0,406	1	7	0	0,514
Circonférence à l'extrémité	0	2	0	0,054	0	3	4	0,902
Longueur des jambes de devant.	1	0	0	0,325	0	11	0	0,298
Longueur des jambes de derrière	1	1	0	0,352				

L'oryctérope du Sénégal provient, ainsi que son nom
l'indique, des plages sablonneuses qui encaissent le fleuve
Sénégal à Podor, surtout là où les vagues-vagues ou termites
se bâtissent des villages entiers; recherché des nègres qui
sont friands de sa chair, il est rare et difficile à se procurer :
le bel individu que possède le musée de Rochefort, lui a
été donné par le capitaine d'artillerie Béhut, et M. Charles

Thélot en a peint un très-beau vélin qui est en notre possession.

Il est une remarque curieuse à faire sur les animaux différents que produisent les divers bassins de l'Afrique, circonscrits par des chaînes ou reliefs qui les isolent et qui encadrent aussi les grands cours d'eau qui les arrosent. La Sénégambie, placée sur le versant occidental de l'Afrique tropicale, a une faune qui s'éloigne notablement de celle du cap de Bonne-Espérance, vaste région reléguée à l'extrémité méridionale du même continent, bien qu'il y ait une sorte de similitude de création dans les genres. Ainsi les Macroscélides du Cap qui vivent par 35 degrés de latitude dans l'hémisphère méridional, découverts il y a peu d'années, se trouvent représentés dans l'hémisphère boréal par une espèce fort voisine de la côte d'Oran par 35 degrés. Ainsi l'oryctérope du Cap, confiné entre les 35 à 25 degrés sud, se trouve avoir son type reproduit sur le versant occidental entre les 12 à 18 degrés de latitude nord. Il serait d'un haut intérêt d'acquérir la preuve de l'identité d'espèces de l'hippopotame du Cap avec celui du Sénégal, et cependant on peut hardiment conjecturer *à priori* que les animaux de ces deux bassins doivent former deux espèces distinctes (1). Les singes du genre colobus sont encore un exemple des plus frappants de ces créations isolées dans des bassins séparés par de hauts reliefs, et si le *polycomos* vit entre les 5 à 10 degrés sur la côte occidentale d'Afrique, le *guereza* est relégué entre les 8 et 13 degrés sur le revers oriental, et *l'ursinus* qui habite le royaume de Benin est confiné entre les 5 et 10 degrés de latitude nord, et nullement sur les bords d'Algoa-Bay au cap de Bonne-Espérance, par 35 de-

(1) Ce fait vient récemment d'être mis hors de doute par un mémoire de M. Duvernoy sur l'hippopotame d'Abyssinie.

grés de latitude sud, comme l'ont cru quelques auteurs anglais. Enfin il est fort probable que la girafe du Sennaar n'est pas spécifiquement la même que celle de l'intérieur du Cap, etc.

Dans le tome 2 du *Species* des mammifères du docteur Heinrich Schinz, publié en 1845, il admet notre oryctérope du Sénégal ; mais, chose singulière, sans citer la description originale et le nom de son auteur. Depuis la rédaction de notre mémoire, nous avons pu examiner à Paris l'oryctérope du Cap, et ces différences spécifiques sont bien tranchées.

14. LE TAPIR PINCHAQUE.

(*Tapirus pinchaque*, Roulin).

Cette curieuse et belle espèce de pachyderme a été décrite par M. Roulin, qui le premier l'a fait connaître aux zoologistes, et le pinchaque depuis lors a pris place dans tous nos livres d'histoire naturelle à côté des tapirs d'Amérique et de Malacca. Nous avons extrait du mémoire spécial de M. Roulin les faits principaux de l'histoire de cette espèce des Andes ; on les retrouvera dans notre supplément à Buffon. Mais, depuis les premiers détails fournis sur le pinchaque par M. Roulin, un zélé voyageur naturaliste a pu l'étudier dans les montagnes du Quindiù, et a tracé la peinture de ses mœurs, en ajoutant quelques nouveaux détails à la primitive description. Nous emprunterons donc les faits publiés par M. Justin Goudot, comme étant très-dignes d'intérêt.

M. Goudot s'est assuré de l'existence du *pinchaque* dans la Cordillière moyenne, car c'est là qu'il a tué l'individu dont il a rapporté la dépouille en Europe.

Il fait observer que l'espèce est commune, bien qu'elle

ait été ignorée jusqu'à ces derniers temps, et que ses habitudes paraissent se rapprocher beaucoup de celles de l'espèce anciennement connue, et qu'ainsi les observations dont elle a été le sujet offrent un nouvel intérêt, en confirmant jusqu'à un certain point des faits avancés, relativement à l'espèce vulgaire, par d'anciens écrivains, et niés par des naturalistes modernes.

En effet, c'est principalement de nuit que les tapirs pinchaques fréquentent les endroits escarpés où le terrain offre un schiste argileux (salitre). Ils y forment de légères excavations où l'on voit l'empreinte de leurs dents, ce qui n'arrive d'ailleurs que dans les cantons où ils sont rarement poursuivis.

Plusieurs fois, en parcourant les bois avec des hommes du pays qui lui servaient de guides et qui portaient ses bagages, M. Goudot a profité des sentiers formés par le passage de ces animaux, surtout dans la région très-élevée, où une atmosphère presque toujours humide et froide donne à l'ensemble de la végétation un caractère particulier.Dans cette zone, en effet, les troncs des arbres et leurs rameaux sont couverts de petites fougères et de lichens, notamment d'*usnea,* qui forment par leur entrelacement un sol factice où l'on peut parcourir des espaces assez considérables à une élévation de 1^m 30 à 2^m 60 au-dessus du vrai sol. Aussi, lorsqu'un chemin de tapir pinchaque (*camino de Danta*) s'offrait dans leur direction, M. Goudot avait le soin de profiter de cette route royale, ainsi que l'appelaient pompeusement les Indiens qui l'accompagnaient. Il était étonné de voir les trouées que forment dans les bois ces sentiers, bien que les tapirs marchent d'ordinaire à la suite les uns des autres, comme il a eu occasion de le voir une fois au point du jour, où quatre de ces animaux, dont un petit, se

retiraient d'un salitre. Ces salitres sont si habituellement
fréquentés par les tapirs pinchaques, lorsqu'ils n'y ont pas
encore été poursuivis, que des chasseurs étaient sûrs, en
s'y rendant avec des chiens un peu avant le lever du soleil,
d'en trouver toujours quelques-uns, de ceux qu'ils appelaient les paresseux. En général, cependant, ces animaux
sont très-méfiants; car, ayant fait tendre des lacs en corde
et en lianes près du salitre, placés avec toute la ruse et la
précaution dont sont capables les chasseurs du pays, et sur
les passages les plus fréquentés, qu'on reconnaissait à des
traces aussi nombreuses que celles qui se voient aux environs d'une petite source d'eau isolée à portée du bétail, aucun n'a repassé par ces endroits, bien que M. Goudot ait
trouvé plus tard la preuve qu'ils étaient revenus au salitre.

On trouve de ces battues (*rastros*) depuis 1,400 mètres
au-dessus du niveau de la mer jusqu'à 4,400 mètres, presque
au pied des neiges du Tolima. L'animal peut donc passer
d'une région où la chaleur moyenne est de 18 et 20° Réau-
mur à une autre où, dans la nuit, le thermomètre descend
souvent à zéro : bien qu'il monte si haut, là où le sol se
couvre plus particulièrement de graminées et de frêle jonc
(*espeletiá grandiflora*), car on voit fréquemment les signes de
son passage, ainsi que les débris des jeunes pousses de l'es-
peletia dont il avait mangé la partie tendre (*cogollo*); il paraît peu s'accoutumer à ces terrains découverts, et habite de
préférence la partie boisée, les grands bois fourrés de la
région froide plus particulièrement encore que ceux plus
clairs de la région un peu inférieure connue sous le nom de
terre tempérée.

Une fois à l'eau il paraît qu'il y reste tout le temps qu'il
se croit poursuivi; M. Goudot cite un de ces animaux qui,
plutôt que de quitter le torrent où il s'était réfugié, s'était

laissé assommer par les grosses pierres qu'un chasseur lui laissait tomber sur la tête; seulement il remontait parfois ou il descendait le torrent pour fuir.

A terre, il n'est guère plus dangereux, et on ne connaît que trois cas où il ait donné quelque signe de courage : le premier est relatif à un tapir qui, poursuivi par de mauvais chiens, leur fit face en arrivant près de l'eau ; le chasseur qui se présenta le premier hésitant à l'approcher, le tapir courut sur lui et le culbuta avec sa trompe : les deux autres cas sont relatifs à des femelles avec leurs petits ; l'une, dans les bois, renversa un canguero, et l'autre, quoiqu'en domesticité, culbuta aussi une personne qui touchait le petit avec son parapluie. M. Goudot n'a jamais entendu dire que personne ait été mordu par cet animal.

L'individu qu'a tué M. Goudot a été débusqué sur les huit heures du matin, près du lieu appelé *las Juntas,* au pied du pic de Thoma, sur les bords du Combayma, à 1918 mètres de hauteur suivant M. Boussingault. Il arriva de suite à l'eau; là, entouré de chiens qui pour la plupart se tenaient sur la rive, il restait stationnaire au milieu du torrent, haussant de temps en temps sa trompe, faisant entendre un bruit que le fracas des eaux et les aboiements couvraient presque en entier : il remontait le courant avec une grande facilité, et ceux des chiens qui cherchaient à arriver jusqu'à lui en se jetant plus haut à l'eau, étaient parfois submergés, mais aucun ne fut blessé, et il paraît même qu'en pareils cas ils le sont très-rarement ; après avoir reçu une balle qui lui traversa l'aorte à la sortie du cœur, l'animal eut encore assez de force pour passer la rivière.

C'était un jeune individu femelle qui portait à la partie postérieure du corps les restes de sa livrée, où l'on distinguait plusieurs bandes et taches oblongues d'un blanc sale : le pelage, très-fourni sur le corps, était d'un brun tirant sur le noir; les quatre jambes offraient des poils blancs clairsemés, surtout entre les cuisses; sous le ventre on en voyait aussi quelques-uns; des poils blancs autour de l'organe femelle; il y avait aux quatre pieds une raie blanche sans poil; le bord des lèvres, aux deux mâchoires, était garni de poils gris, avec l'extrémité brune; la trompe avait quatre-vingts millimètres depuis son extrémité jusqu'aux dents, l'animal la tenait inclinée ou pendante; la tête avait cinquante-quatre centimètres de l'extrémité de la trompe jusqu'au bord interne de l'oreille; quatre-vingts millimètres de distance entre les deux oreilles; trente-huit centimètres du bout de la trompe jusqu'à la nuque; l'oreille, longue de cent quinze millimètres, avait son bord supérieur liseré de poils blancs, une petite touffe de poils blancs se voyait aussi au bas de son bord postérieur près la conque; le cou était rond; il n'y avait point, à la croupe, d'espace dénué de poil. Les chasseurs qui avaient tué depuis peu d'années un grand nombre de ces animaux (plus de 30 ou 40), assuraient que l'espace nu de la croupe varie suivant les individus, et qu'il est plus grand chez les vieux; ils croyaient que l'animal use cette callosité par le frottement en glissant souvent sur un sol très-fortement incliné. Quoi qu'il en soit, plusieurs de ces peaux, conservées pour l'usage domestique (on s'en sert comme de couchettes), ont offert ces mêmes plaques plus ou moins étendues.

L'estomac était rempli par une grande masse de végétaux fraîchement triturés; principalement de l'espèce du *chusquea scandens*, ainsi que l'avait déjà annoncé M. Roulin, et des fougères (*helechos*).

La chair de cet animal est rouge comme celle de l'ours et donne un bon manger.

Il résulte des observations de M. Goudot que l'espèce du tapir pinchaque habite de préférence la région froide des Cordillières, et que, bien qu'elle descende souvent jusqu'aux rivières ou torrents qui coulent dans les gorges des montagnes élevées, et qui n'offrent guère un volume d'eau assez considérable qu'à leur arrivée dans la région tempérée, ce tapir ne descend pas jusqu'aux grands fleuves ou cours d'eau de la région basse, qui est fréquentée, au contraire par le tapir commun. On peut dire de cette espèce qu'elle habite (du moins dans la Nouvelle-Grenade) la partie des Andes qui est aussi fréquentée par l'*ursus ornatus*. Les observations du voyageur cité ajoutent, aux faits donnés par M. Roulin, des détails sur lesquels il n'avait émis que des conjectures, savoir : 1º que la nouvelle espèce habite la Cordillière centrale aussi bien que la chaîne orientale; 2º que la couleur de la femelle est noire comme celle du mâle ; 3º que le jeune porte la livrée comme celui de l'espèce commune; 4º que la place nue de la croupe, qui paraît constante chez les adultes, n'est point une disposition congéniale. M. Roulin avait fait remarquer l'absence du liseré blanc au bord de l'oreille des deux individus mâles qu'il avait observés : la jeune femelle décrite ici présentait ce liseré ; mais la différence dépendait-elle du sexe ou de l'âge? c'est ce qu'il est encore impossible de décider.

15. L'AGOUTI DES PATAGONS.

Ce petit mammifère des pampas de la Patagonie, et qui vit ainsi dans les zones refroidies du sud de l'Amérique, est de la taille du lièvre commun d'Europe. Il est distinct des cabiais par la forme de sa tête, la longueur de ses oreilles, et par ses jambes grêles et assez élevées, d'égale longueur, qui n'ont, comme les agoutis, que trois doigts aux pieds de derrière et quatre à ceux de devant ; les doigts antérieurs sont très-petits, courts, bien que les deux moyens soient plus alongés que les deux externes ; aux pieds postérieurs, les trois doigts qui les terminent sont médiocres, et celui du milieu est le plus long ; les ongles sont de forme triquètre, et les poils qui recouvrent les extrémités s'arrêtent à leur racine.

Le pelage de cet animal est doux, soyeux, très-fourni, de couleur brune sur le dos et sur la région externe des membres, tandis que les poils sont annelés de blanc et de roux clair sur les flancs, le cou, les joues et derrière les extrémités, ce qui donne une teinte jaune cannelle ou fauve ; les poils du dessous du corps et du dedans des membres sont blancs ; on ne remarque point de bourre sous les poils longs du corps ; une tache d'un noir violâtre occupe toute la région lombaire à l'extrémité du dos, tandis qu'immédiatement au-dessous la région sacrée est d'un blanc pur ; les poils de ces parties sont beaucoup plus longs que partout ailleurs.

Un vestige de queue nue et rudimentaire occupe l'extrémité du corps ; la tête a des moustaches noires et luisantes ; les oreilles, élargies et pointues, sont bordées de poils, formant un léger pinceau à leur sommet.

Les Puelches des rivages du détroit de Magellan nomment le petit animal qui nous occupe *mara*, et les zoologistes sont encore à désirer des renseignements sur les mœurs et les habitudes de ce mammifère intéressant, très-rare dans nos musées, et dont on ne possédait aucune bonne figure. Celle que nous avons donnée dans le supplément aux œuvres de Buffon (*Mammifères*, pl. 49) laisse beaucoup à désirer. Tout porte à croire que les voyageurs français qui explorent l'Amérique méridionale, nous donneront des renseignements complets sur ce singulier et curieux édenté, qu'on laisse parmi les agoutis, faute de détails suffisants pour l'en retirer; car il s'en éloigne par tous ses caractères extérieurs, bien que la forme et le nombre de ses molaires soient inconnus.

Ce *mara* est le lièvre pampa des créoles de Buénos-Ayres, et notre description repose sur l'individu conservé au Muséum et en mauvais état.

En consultant les auteurs qui ont parlé du *mara*, on semble reconnaître qu'il est mentionné par John Marborough, Wood et Byron, dans les relations de leurs voyages; mais les notions fournies par ces navigateurs sont trop confuses pour éclairer son histoire. D'Azara seul a publié d'utiles et importants documents dans le tome second (traduction française) de ses *Essais sur l'Histoire Naturelle des quadrupèdes de la province du Paraguay*. Tout ce que nous allons dire sera donc extrait de cet auteur. « Le lièvre » pampa, dit d'Azara, n'existe point au Paraguay; mais » j'en ai pris beaucoup entre le 34e et le 35e degré de latitude sud, dans les pampas au midi de Buénos-Ayres. » On l'appelle lièvre, mais il est plus charnu, plus grand » que celui d'Espagne, et très-différent même par le goût » de sa chair. »

D'après le même auteur, dont nous allons analyser les observations, le mâle et la femelle vivent réunis, et courent ensemble avec beaucoup de rapidité; mais ils se fatiguent bientôt, et un chasseur à cheval peut alors le prendre avec le lacet ou avec les *boules*. Cet animal a la voix élevée, incommode et très-aiguë; ce cri, qu'on entend dans la nuit, peut se rendre par les syllabes *o, o, o, y,* et lorsqu'on le prend en vie, il le pousse avec force. Les Indiens mangent sa chair, bien qu'ils lui préfèrent celle des tatous.

Le *mara*., pris jeune, s'apprivoise aisément, se laisse toucher avec la main, mange de tout, sort de la maison où il est privé et y rentre volontiers.

D'Azara donne au *mara* la proportion suivante :

	pieds.	pouces.	lig.
Longueur totale.....................................	2	6	0
— de la queue...........................	0	1	6
— du tarse de derrière..............	0	7	0
Élévation du train de devant.................	1	4	6
— du train de derrière.............	1	9	6
Circonférence vis-à-vis le thorax.............	1	3	6

Sa queue est sans poils, grosse, dure comme un morceau de bois : elle est sans mouvement, arrondie, tronquée et un peu recourbée à son extrémité ; le plus grand ongle des pieds de devant a six lignes ; il est aigu, noir, fort, et très-propre à fouir ; la plante du pied de devant a un cal pelé, mou et de la grosseur d'une noix, encore plus grand et plus développé aux pieds de derrière ; ses jambes sont menues et nerveuses ; sa tête est assez comprimée sur les côtés ; des cils bordent les paupières, et de longues soies composent les moustaches, et quelques-unes sont implantées au-dessus de l'œil ; une légère rainure isole les narines, qui s'ouvrent sur le même plan du museau ; l'oreille a trois pouces trois lignes de longueur et deux pouces de largeur ; elle est arrondie à l'extrémité, d'où part un faisceau de poils alongés ; l'oreille est repliée à son bord antérieur vers le conduit auditif, et de la base jusqu'au milieu sur le rebord postérieur. Le mâle ne diffère point de la femelle. Son scrotum n'est point visible au dehors, mais l'enveloppe du pénis est dense et grosse ; seulement ce dernier forme une courbe, de manière à se diriger d'avant en arrière dans l'érection.

Les femelles paraissent faire deux petits, du moins d'Azara observa deux fœtus dans la matrice de l'une d'elles, qu'il ouvrit dans le mois d'avril. Deux mamelles inguinales occupent le milieu de l'abdomen, et deux autres sont placées à environ trois pouces plus en avant. On fait des tapis avec leur pelage, estimés par leur douceur et par leur aspect agréable.

En 1819, M. Desmarest inséra, dans le tome 88, page 205, du *Journal de physique*, une note sur un mammifère peu connu de l'ordre des rongeurs, qui concerne le mara. Plus tard il la reproduisit dans sa *Mammalogie* en puisant les données de sa description perfectionnée dans d'Azara. Tout autorise, même d'après les caractères, de séparer le mara des agoutis, dont il n'a point l'aspect extérieur.

16. L'ÉCUREUIL DE KÉRAUDREN.

(*Sciurus Keraudrenii*, Lesson).

L'écureuil de Kéraudren habite l'empire des Birmans : il a reçu des habitants le nom de *sin-nii,* bien que ces deux mots soient chez ces peuples la dénomination générique des écureuils en général. C'est une des espèces les plus remarquables de *sciurus* par l'élégance de ses formes aussi bien que par la prestesse de ses mouvements.

Un peu plus grand que l'écureuil d'Europe, l'animal qui nous occupe en diffère toutefois en ce sens que la tête est, proportionnellement aux autres parties, beaucoup plus petite, et se trouve terminée par un museau plus pointu. Deux faisceaux de soies noires et très-rudes partent de la lèvre supérieure; les oreilles redressées sont assez abondamment couvertes de poils aussi bien au dehors qu'au dedans; la queue est un peu plus longue que le corps; les poils qui la recouvrent, surtout vers l'extrémité, sont lâches et alongés.

Le pelage de cet écureuil est dense, épais et très-fourni, comme celui des autres espèces du genre. Il est en entier, sur toutes les parties du corps, d'un rouge brun foncé, ce qui est dû à ce que chaque poil est légèrement noir et luisant à la pointe, tandis que le corps en est d'un rouge chocolat intense; la queue seule est terminée par une houppe de poils lâches d'un blanc pur, et les poils raides, courts et ras qui revêtent les pieds et les mains, sont d'un noir vif.

Ses dimensions totales sont les suivantes :

	pouces.	lignes.
Longueur du corps depuis l'anus jusqu'au museau...	8	6
— de la queue, depuis sa naissance jusqu'à l'extrémité terminale des poils............	10	3
— de la tête, de la crête occipitale au bout du museau	2	6
Circonférence du corps à son milieu..............	5	6
Hauteur du corps...........................	1	8
— des jambes de devant....................	2	3
— des jambes de derrière..................	3	2

L'écureuil de Kéraudren habite les vastes forêts qui couvrent une grande partie du Pégu. Là, protégé par d'épais massifs, et par la haute taille des tecks sur lesquels il se tient de préférence, il est sans cesse en mouvement, sautant d'une branche à l'autre, s'arrêtant soudainement lorsqu'un bruit inaccoutumé frappe ses oreilles. Alors, relevant la tête avec une vive attention aux sons qui l'agitent et qui l'inquiètent, il fuit bientôt en s'enfonçant dans le plus épais du feuillage, en poussant des cris aigus et prolongés. Comme tous les vrais écureuils, celui-ci préfère pour sa nourriture les fruits et surtout ceux à amandes. Mais quelque peine qu'on se donne pour son éducation lorsqu'il est captif, on ne trouve point en lui les aimables qualités qui font aimer l'écureuil d'Europe, et l'espèce qui nous occupe ne s'attache point à son maître, n'obéit point à sa voix, et jamais enfin ne montre cette douce familiarité qui fait le fond du caractère du premier lorsqu'il est pris jeune et soigné par l'homme. C'est surtout l'écureuil indien nommé *palmiste,* dont les nombreuses légions peuplent jusqu'aux mimosas des rues de Pondichéry, qui est le plus susceptible d'être façonné au joug, et dont les mœurs dociles et soumises contrastent avec les habitudes sauvages et remuantes de l'écureuil Kéraudren, qui languit et meurt bientôt lorsqu'il est arraché aux solitudes où il se plaît.

Le nom spécifique de cet écureuil rappelle celui de M. Kéraudren, ancien inspecteur-général du service de santé de la marine. Après nous, M. F. Cuvier, figurant cette espèce dans son *Histoire des mammifères*, lui a donné le nom d'écureuil ferrugineux, d'après l'unique individu rapporté par le docteur Reynaud, et qui avait servi à notre description.

17. L'ÉCUREUIL CAPISTRATE.

(*Sciurus Capistratus*, Bosc) (1).

On le tue pour sa chair qui est délicate. Il est difficile à chasser tant il a l'odorat subtil et la vue bonne. Il s'aplatit sur les branches à la vue des chasseurs. On a beau le tirer il reste immobile. S'il est frappé à mort, il s'accroche souvent aux branches et y demeure, ou bien il entre dans un trou. Sa peau est coriace. Il saute de branche en branche, d'arbre en arbre, s'aplatit pour tomber par terre et se re-

---

(1) Est bien connu des zoologistes, mais nous ajouterons à son histoire quelques détails de mœurs.

lever pour chercher un autre arbre. En automne sa chair est grasse et très-agréable au goût.

Ses ennemis sont les renards, les chats-tigres, les serpents à sonnettes, et divers oiseaux de proie; mais, malgré la destruction qu'on en fait aux États-Unis, il y est fort commun.

18. L'ÉCUREUIL DE BOTTA.

(*Sciurus Bottæ*. Lesson).

Cet écureuil a été rapporté de la Californie par le docteur Botta. Il a de longueur totale seize pouces, et dans ces dimensions la tête entre pour deux pouces et la queue pour six pouces six lignes. Les membres antérieurs ont deux pouces et demi de hauteur, et les postérieurs trois et demi.

Cette espèce a la queue arrondie à poils médiocrement distiques, et sa forme est légèrement pointue à l'extrémité par l'amincissement successif, depuis sa base jusqu'à sa terminaison.

Les moustaches sont composées de poils fins, grêles, assez nombreux et noirs; les oreilles sont pointues, garnies en dedans de poils très-courts qui s'alongent au sommet en un petit pinceau grêle et mince; tous les doigts sont revêtus jusqu'aux ongles, en dessus et sur les côtés, de poils ras et serrés; le dedans des mains et des pieds est nu, à partir des surfaces palmaires et plantaires; le pouce de la main est complètement rudimentaire, celui du pied est assez robuste, bien que plus court que le doigt externe; les trois doigts moyens sont, aux pieds, à peu près de même longueur.

Le pelage de cet écureuil est partout médiocre, serré, assez dense et un peu rude; les poils s'alongent sur les lombes et sur les fesses, et principalement sur la queue; chaque poil est coloré, par portions presque égales, de blanc, de brun, de blanc fauve et de roux. Il en résulte une teinte générale fauve, ondée de roux et surtout de noir sur toutes les parties supérieures et externes. Le dessous du corps, au contraire, est en entier, à partir du menton jusqu'à l'anus, d'un fauve clair, tirant au blanchâtre. Ainsi le sommet de la tête paraît roux, les joues et les côtés du cou sont gris, le milieu du dos et les flancs, le haut des membres en dehors, sont d'un roux-fauve clair varié de noir; la queue est de la nuance fauve et brune, chaque poil se trouvant terminé de fauve très-clair; les pieds et les mains en dessus sont fauve clair; les ongles sont cornés, petits, peu robustes et assez aigus; les parties nues sont couleur de chair vive.

Les oreilles de cet écureuil sont remarquables en dessus par le noir qui les colore, et qui s'affaiblit sur le bord postérieur, en prenant de l'intensité au sommet.

L'écureuil de Botta rappellera le nom d'un jeune médecin qui a enrichi les sciences naturelles, et provient de la Californie, contrée neuve et riche, encore très-mal connue. On ignore quelles sont ses habitudes.

19. L'ÉCUREUIL D'ADOLPHE.

(*Macroxus Adolphei*, Lesson).

Cet écureuil, par son facies, rappelle l'écureuil du *Pylade,* et cependant sa coloration est différente. Le mâle et la femelle ont été tués par mon frère, Adolphe Lesson, dans les forêts qui avoisinent Realejo, dans la province de Nicaragua, du centre-Amérique. Est-ce une variété du suivant?

Plus fort que le pylade, l'écureuil d'Adolphe a la queue de la longueur du corps, et cette partie a la même nature de poils et la même coloration que le pylade, excepté son sommet, qui a une touffe noire et un bouquet blanc terminal. Les poils de cette queue sont roux en dessus, ondés de noir et terminés de blanc. Le blanc est plus apparent sur les portions latérales et en dessous.

Le mâle a le dessus de la tête brun tiqueté de gris, le dessus du corps varié de noir luisant et de roux vif par ondulations ; le dessus des membres est également varié de roux et de brun ; mais les extrémités en dessus sont brunes tiquetées de gris-roux. Deux grosses touffes blanc-neigeux, placées derrière les oreilles, tranchent sur le pelage, et le pylade a deux plaques de même forme, rouge-chamois ; toutes les parties inférieures, le dedans des membres, à partir du menton jusqu'à l'anus, sont d'un blanc pur ; les joues sont grisâtres, les dents incisives orangées, la peau nue des pattes noire.

La femelle est aussi forte que le mâle ; le dessus du corps a du noir sur la ligne médiane, et le reste tire au gris-brun, et même passe sur les flancs au gris franc.

20. L'ÉCUREUIL DU PYLADE.
(*Macroxus Pyladei*, Lesson).

Les écureuils de la Californie, du Mexique et du Texas, ont entre eux la plus grande analogie de taille, de forme et de coloration. L'espèce que nous décrivons, rapportée, en 1842, des côtes de la Mer du Sud par le docteur Adolphe Lesson, chirurgien-major du brick *le Pylade,* vient encore ajouter à la difficulté de distinguer les diverses espèces admises, et cependant elle est bien distincte, à en juger par les descriptions ou les figures que nous possédons. .

Cet écureuil a été tué dans les arbres de San-Carlos, dans la province de San-Salvador, au centre-Amérique. Sa taille est le double de notre écureuil de France. Sa queue ne dépasse pas les deux tiers du corps ; elle est touffue, couverte de longs poils, ceux du dessus noirs, terminés de blanc pur; ceux du dessous roux, puis noirs, et enfin terminés de blanc-neigeux, ce qui lui donne un aspect émaillé noir et blanc. Le pelage sur le corps est varié de noir profond, mélangé par places de poils roux; le dessus de la tête est gris avec du noir sur l'occiput; les oreilles sont bordées de noir; une tache ronde, d'un riche chamois, occupe le derrière de l'oreille; tout le dessous du corps, les quatre membres sont de la nuance roux-chamois la plus intense, excepté les testicules, fort gros, qui sont grisâtres, et le pourtour de l'anus, qui est blanc; les parties dénudées des extrémités sont couleur de chair, les ongles sont blanchâtres, le menton et les joues sont grisâtres, les dents incisives orangées; les moustaches sont longues et noires. Je n'ai vu qu'un seul individu de cette espèce, et c'était un mâle, dont l'analogie avec l'écureuil de la Californie de F. Cuvier était fort grande.

C'est à Realejo, sur la côte de Nicaragua, dans l'Amérique du centre, que vit cet écureuil.

21. L'ÉCUREUIL DE LA CALIFORNIE.

(*Sciurus Macroxus Californicus*. Lesson.)

La Californie nourrit plusieurs espèces d'écureuils fort voisines les unes des autres, et qui appartiennent au groupe des Guerlinguets ou des Tamias : ce sont les *s. bottæ,* Less. (cent. zool. pl. 76); *macroxus nigrescens* (Benn., proc. 1833, p. 41); *macroxus aureogaster,* F. Cuv. (mamm. pl. et Bonite, pl. 10 et 11); *s. nebouxii,* Isid. Geoff. (Bonite, pl. 12), et *tamias hindei,* Gray (ann. t. x, p. 264).

Le petit mammifère qui fait l'objet de cette description est de la taille de l'écureuil d'Europe; ses formes sont aussi celles de notre écureuil, mais ses oreilles sont sans pinceaux de poils, et sa queue, garnie de poils serrés, mais peu longs, est aplatie.

Cet animal que nous nommons californien, parce qu'il vit dans cette partie de l'Amérique, a le museau assez atténué et légèrement comprimé; ses dents incisives sont de l'orangé le plus vif; les yeux sont encadrés d'un cercle blanchâtre, tandis que les poils du dessus de là tête sont tiquetés de brun sur un fond vineux pâle; les joues et le gosier sont gris-clair; les oreilles sont légèrement obovales, couvertes de très-petits poils, mais sans pinceaux; le pelage sur le corps est généralement gris vineux tiqueté de gris-clair et de noir : le fond de cette coloration est plus franchement gris sur la nuque et sur le cou, plus roussâtre sur la croupe, et franchement rose vineux sur les membres antérieurs ou postérieurs; le gris tiqueté du dos est coupé par une étroite bande blanche, qui s'étend de chaque côté depuis le haut de l'épaule jusqu'à la chute des reins, avant la naissance de la queue; les parties inférieures, les flancs, le dedans des membres sont blanchâtres, mais tous les poils de ces parties sont à moitié noirs et terminés de blanc seulement.

Les soies de cet écureuil sont fines, peu abondantes et noires; le nu des tarses est noirâtre; les ongles faibles et acérés sont bruns; la queue parfaitement aplatie et à poils distiques, est colorée en dessus de noir et de blanc mélangé au milieu, et blanc sur les bords; en dessous elle est blanche, bordée et terminée de noir, puis frangée de poils blancs. Cette coloration est due à ce que chaque poil est blanc à la base, noir au milieu et blanc au sommet.

Ce petit écureuil doit, à la faiblesse de ses ongles, vivre uniquement sur les arbres. Nous n'avons pu vérifier son système dentaire parce que le seul individu soumis à notre étude appartenait à un musée, et provenait de la Californie, mais sans indication de localité précise.

22. LE RAT BLEU.

(Mus subcæruleus, Lesson.)

La persistance des caractères de cette race aurait porté quelques autres naturalistes à créer peut-être une espèce ; mais cependant, bien que constants chez une grande quantité d'individus, ces caractères ne sont pas suffisants pour motiver cette opinion, et je préfère décrire comme simple variété le *mus rattus, subcæruleus,* qui vit en si grande quantité à Rochefort, dans les combles de l'hôpital de la marine.

Pour moi la meilleure description du rat ordinaire est celle de Daubenton, et c'est comparativement que je tracerai celle de la variété du rat bleuâtre.

D'abord les types des diverses races de l'espèce sont :

1º Mus rattus, communis ;

2º Var, alba ;

3º Var, tota nigra ;

4º Brunnea ;

5º Alexandrina, rufo insuper, infrà albidà ;

6º Maculata ;

7º Isabellina (millet) *Faune du Maine-et-Loire ;*

8º Hibernicus, *Thompson ;*

9º Leucogaster, *Selys Deslongchamps (Microm.* p. 60);

10º Subcæruleus, *Lesson.*

Le rat bleuâtre a du bout du museau à l'anus cinq pouces, et la queue seule mesure six pouces ; sa tête est alongée ; son museau pointu, mais busqué, la mâchoire inférieure très-courte ; ses oreilles sont parfaitement arrondies, très-amples, brunes, cilicées et couvertes extérieurement de très-petits poils; ses yeux sont noirs; un pelage épais recouvre le corps, les poils sont longs, inégaux, bleu-ardoisé sur le corps et sur les flancs, passant au bleu-cendré sur le ventre et en dedans des membres; les moustaches sont longues, noires et grises; queue noirâtre assez forte, ayant de 250 à 280 anneaux, garnie de faisceaux de poils à chaque anneau écailleux, mais plus fournie vers l'extrémité où la queue est comme pileuse, terminée par un pinceau de poils : extrémités couleur de chair, garnies de quelques poils courts, rares; les mains à cinq tubercules, à cinq doigts dont quatre terminés par des petits ongles crochus, garnis à leur base d'un pinceau de poils, et le pouce court, rudimentaire, recouvert par un ongle plat; les cinq doigts des pieds terminés par des ongles recourbés, plus alongés que ceux des mains, et ayant six tubercules à la plante.

Si on compare cette description à celle que Daubenton a donnée du rat ordinaire, copiée par Desmarest dans sa *Mammalogie*, on notera des différences de taille, de proportions, et par suite de coloration, et j'ajouterai que ma description repose sur l'examen de sept ou huit individus, semblables de tous points.

Les mœurs de ce rat sont celles du rat commun; il vit dans les greniers, et se nourrit de toutes sortes de matières.

23. LE RAT A VENTRE BLANC.

(*Mus leucogaster*, Pictet.)

Ce rat, plus petit que le surmulot, a le ventre blanc; les oreilles plus grandes et nues; la queue est plus courte que le corps et a moins d'anneaux. Il est voisin du rat noir, mais sa coloration est différente, ses poils sont plus soyeux, sa queue est moins longue et offre trente-six vertèbres au lieu de trente. Il a beaucoup d'analogie avec le rat des toits (*mus tectorum*, Savi), mais sa queue est moins longue, les poils raides et les moustaches sont moins développés, et sa taille est moins grande. Le rat à ventre blanc a six pouces de l'extrémité du nez à l'origine de la queue, celle-ci a six pouces trois lignes et les oreilles dix lignes; sa forme est celle du rat noir, ses poils sont doux et uniformes : la couleur blanche du ventre, réunie aux côtés gris et au dos brun, en fait un joli petit animal; il habite les environs de Genève.

24. LE MULOT SOURIS.

(*Mus soricinus*, Hermann.)

Cette espèce, rejetée par quelques auteurs, semble assez distincte; un individu observé par moi en septembre 1841, m'a présenté des formes grêles, sveltes, et une queue plus longue que le corps, à anneaux velus; taille de la musaraigne plaron; tête grosse, busquée, longue, garnie au museau de soies épaisses, noires et blanches; oreilles à conques arrondies, obtuses au sommet, amples, couvertes de poils très-ras; yeux petits; dents jaunes; pourtour des paupières noir; pattes antérieures courtes, rosées, à quatre doigts; les postérieures pentadactyles, longues, à doigts rosés, recouverts de poils argentés en avant, nues, à plante noirâtre, ayant six tubercules très-noirs en dessous; pelage roux-brun sur la tête, les flancs, le dehors des membres, plus brun sur le dos; gris-blanc sous le corps, les flancs, le dedans des membres, le rebord des lèvres; queue brune en dessus, blanc satiné en dessous. Ce petit rongeur a été pris par moi sur le rebord d'un fossé d'eau vive dans les prairies herbeuses de l'arrondissement de Saintes. Il vit donc dans l'est et dans l'ouest de la France. Il se pourrait toutefois qu'il fût distinct du soricinus d'Hermann.

25. LA GERBOISE DE MAURITANIE.

(Dipus mauritanicus, Duv.) (1).

Les voyageurs, et même les auteurs de zoologie classique, réunissent, sous le nom de gerboa ou jerboa, deux espèces de Barbarie que F. Cuvier a placées dans deux genres différents ; car l'une et l'autre diffèrent par le nombre des doigts, qui varie de trois ou cinq aux pieds de derrière. Ce zoologiste a conservé le nom générique de gerboise aux premières, et a donné celui d'alactaga aux secondes. Le gerboa de Shaw est donc, d'après F. Cuvier, une espèce d'alactaga désignée sous le nom d'*alactaga des roseaux.*

On trouve plus communément, en Algérie, une espèce de gerboise proprement dite, à trois doigts aux pieds de derrière, que l'on appelle également gerboa, et qui a été confondue mal à propos avec le *mus sagitta* de Pallas, espèce de gerboise asiatique. MM. Lereboullet et Duvernoy décrivent en ces termes leur gerboise.

Les individus de la gerboise de Mauritanie ou des provinces occidentales de l'Algérie, envoyés par le capitaine Rozet, et même celui de la province de Constantine, qui fait également partie du musée de Strasbourg, ont paru différer d'autres gerboises provenant de Tunis et de Tripoli, qui existent dans le même musée.

La gerboise de Mauritanie est plus grande, plus forte, de couleur plus foncée et d'un roux plus marbré de noir que

(1) A été découverte tout récemment par M. Lereboullet, et la description qu'il en donne, conjointement avec M. Duvernoy, est vraiment intéressante, et nous la conservons intacte.

la gerboise de Tripoli, qui est plus petite et d'un roux plus clair, jaunâtre ou nankin. La distribution des couleurs est d'ailleurs la même dans l'une et dans l'autre.

Dans la gerboise de Mauritanie, le dessus du corps est roux foncé, rayé ou marbré de brun noirâtre. Cette couleur forme une section de cône sur la croupe, dont le sommet se termine sur la base de la queue. Immédiatement au-dessous de cette coloration supérieure, les flancs, les épaules et les cuisses sont d'un roux clair ou jaunâtre.

Sur les cuisses, les jambes et les pieds, en dehors et en arrière, on voit, au-dessous de cette couleur claire, une nuance plus foncée.

Le dessous du corps, la gorge, les parties latérales du museau, le dedans des extrémités sont de nouveau d'un jaune clair plus ou moins mêlé de nuances plus foncées. Toutes ces parties inférieures sont blanches dans l'individu provenant de Constantine.

La queue est roux-brun en dessus, où elle a quelques poils noirs à la pointe. Près de son extrémité, dans un espace de six à sept centimètres, elle a de longs poils brun foncé, un peu distiques. Une mèche de poils blancs la termine.

Les barbes sont brunes; quelques-unes sont blanches à leur extrémité.

La bande claire qui sépare en arrière la coloration plus foncée de la croupe, de celle des cuisses, peut être blanche; c'est ce qu'on voit dans l'exemplaire déjà mentionné, provenant de Constantine.

La gerboise de Mauritanie a le museau extrêmement court, terminé par un petit mufle, la tête large entre les orbites et entre les oreilles; celles-ci sont longues, coniques, obtuses.

Dans la gerboise provenant de Tripoli, il y a des différences sensibles dans la forme de la tête, qui est un peu
plus longue, moins large, à museau plus saillant. Les oreilles sont plus grandes à proportion. Les dimensions du
corps sont plus faibles.

La gerboise provenant de Tripoli appartient d'ailleurs
exactement à l'espèce décrite par Allamand sous le nom
de gerboa, d'après un individu vivant provenant de Tunis,
envoyé au docteur Klockner à Amsterdam (1).

A ces caractères distinctifs il faut joindre la différence
que présente la nature du pelage : raides et assez grossiers
dans la gerboise de Mauritanie, les poils sont, au contraire,
extrêmement fins et comme laineux dans l'espèce de Tripoli, et même dans l'individu provenant de Constantine. Ce
dernier semble en général se rapprocher de la gerboise de
Tripoli plus que de celle de Mauritanie.

La gerboise de Mauritanie paraît très-commune dans les
environs d'Oran. C'est la même qu'au rapport du capitaine
Rozet les Arabes apportent vivante au marché d'Oran, et
qu'ils vendent 45 centimes la paire.

M. Maurice Wagner, qui la désigne sous le nom de *dipus
ægyptius*, sans doute en la rapportant à l'espèce ainsi nommée par MM. Ehrenberg et Hemprich, l'a rencontrée dans
la même partie de l'Algérie que le capitaine Rozet. Suivant
ce voyageur, elle ne se trouverait pas dans les autres provinces de la régence ; raison de plus pour la distinguer, au
moins comme variété, de l'espèce d'Égypte, à laquelle les
exemplaires provenant de Tunis paraissent devoir être rapportés.

M. Maurice Wagner dit que la gerboise d'Oran ou de

(1) Voir le tome VI des *Suppléments de l'Histoire Naturelle de Buffon*,
édit. de Paris, 1782, p. 262 et suiv., et pl. 39 et 40.

Mauritanie se retire dans un terrier pendant toute la durée de la saison des pluies; que les Européens qui séjournent à Oran se plaisent à en nourrir dans des cages avec du froment, et que ces petits animaux paraissent se passer de boire. Il en a vu qui se portaient fort bien et auxquels cependant on n'avait pas donné à boire depuis plusieurs années que durait leur captivité.

26. LE THYLACINE DE HARRIS.

Lorsque les navigateurs européens visitèrent pour la première fois le continent austral, des ornithorhynques, des échidnés, des kangourous se présentèrent à leur regard et les étonnèrent par la bizarrerie de leurs formes. Rien sur ce sol singulier ne rappelait les animaux des autres parties du monde; toutefois, après quelque temps de colonisation, plusieurs Anglais parlèrent dans leurs relations de *loups* qui vivaient sur la terre de Diémen; mais l'existence de ces carnassiers austraux resta douteuse jusqu'à ce que M. Harris en eût publié une description accompagnée de figures, qu'on trouve insérée dans le IXe volume (pl. 19) des *Transactions de la société linnéenne de Londres*. M. Desmarest reproduisit le dessin gravé en noir de M. Harris, dans la pl. no 7, fig. 3, de ses figures supplémentaires pour l'*Encyclopédie*.

L'intérêt dont est pour la science l'animal qui nous occupe, nous a engagé à en donner une représentation coloriée, d'après le bel individu qui orne les galeries du Muséum (*Centurie zool.*, pl. 2).

Le thylacine appartient à la famille des marsupiaux, et a été séparé du genre dasyure, *dasyurus*, Geoff., par M. Temminck. Ce nom vient du grec *thylacis*, qui veut dire *bourse*, et qui convient à tous les marsupiaux. Déjà M. Harris avait entrevu quelques-uns des points de rapprochement qui unissent cet animal avec les espèces du genre *canis*, en lui donnant le nom spécifique de *cynocephala*, tout en lui appliquant abusivement le nom générique de *didelphis*, à cause de sa poche abdominale, quoique les didelphes soient tous de l'Amérique.

Le thylacine a quarante-six dents (1), c'est-à-dire, huit incisives, deux canines, quatorze molaires à la mâchoire supérieure, et six incisives, deux canines et quatorze molaires au maxillaire inférieur. Les incisives supérieures occupent une sorte de demi-cercle, et sont séparées sur la ligne médiane par un petit intervalle libre. Les canines et les dernières molaires sont assez semblables à celles des chiens et des chats, mais les premières mâchelières sont très-grosses et hérissées sur leur couronne de trois tubercules.

Les extrémités sont terminées en devant par cinq doigts, et en arrière par quatre seulement, et tous sont armés d'ongles forts, puissants, presque droits et un peu obtus à leur sommet. Le museau est assez pointu, et finit par un mufle ressemblant à celui des chiens et divisé au milieu. Les narines sont latérales et très-ouvertes; la queue est pointue, garnie de poils courts, et comme comprimée à l'extrémité.

Le thylacine de Harris est grand comme un loup de médiocre taille, mais son corps est proportionnellement plus long et aussi plus bas sur ses jambes. Il marche sur les doigts à la manière des digitigrades, en appliquant parfois le talon sur le sol comme les plantigrades. La verge du mâle, dont le gland est bifurqué, est placée en arrière du scrotum, et celui-ci semble se cacher dans un repli sacciforme de la peau placé entre les cuisses; il est couvert de

---

(1) M. Temminck a parfaitement décrit le thylacine, et nous lui emprunterons la plupart des détails que renferme son travail.

poils courts, serrés, rougeâtres en dessus, et nu en dessous. Le museau est alongé, un peu resserré sur les côtés, et terminé par une bouche très-fendue. Ses oreilles sont larges à la base et arrondies à leur sommet, et les yeux sont dirigés presque de face, au lieu d'être latéraux. Le pelage de cet animal se compose de poils lisses, très-rudes, courts, un peu plus longs sur le cou, plus serrés sur le dos et de nature plus mollette sur le ventre. Il est de couleur gris-brun jaunâtre, pointillé de noirâtre, passant au jaune sur les joues. Mais ce qui rend remarquable le thylacine, ce sont douze ou seize larges bandes d'un noir profond, qui coupent régulièrement la partie postérieure du corps, depuis le dos jusqu'à la naissance de la queue, et qui descendent sur les cuisses. Une bande longitudinale noire suit l'épine dorsale et reçoit toutes les autres bandes noires qui la traversent. Le dessous du corps et le dedans des membres est d'un gris clair, que relève le rouge des parties dénudées des organes de la génération. La queue, moins longue que le corps, est d'abord arrondie, puis s'aplatit vers son extrémité, que termine une légère touffe de poils; et cette forme a fait penser à M. Geoffroy Saint-Hilaire que le thylacine était un quadrupède nageur.

Les dimensions d'un thylacine ordinaire, mesuré par M. Temminck, ont offert :

	pieds.	pouces.	lig.
Longueur totale......................	5	2	2
— de la queue......................	1	7	2
— de la tête......................	»	8	11
— du nez à l'œil......................	»	4	6
Hauteur des oreilles......................	»	3	6
— du corps aux épaules...............	1	4	7
— — à la croupe...............	1	5	7

Le thylacine de Harris vit exclusivement à la terre de

Diémen ou Tasmanie, sur les bords de la mer. Il ne quitte guère les rivages, dont les rochers lui servent de retraite, et se nourrit de cétacés échoués, de phoques qu'il poursuit, et aussi de kangourous, de poissons et de crabes laissés sur les grèves. Ses mœurs et ses habitudes sont inconnues, et on doit désirer que quelque naturaliste établi à Hobart-Town veuille bien s'en occuper.

M. Cuvier a présenté à l'Institut des os de thylacine, découverts à l'état fossile dans les carrières à plâtre de Montmartre, en tout semblables à ceux de l'espèce qui vit sur les terres placées à nos antipodes.

27. LE PHALANGER OURSIN.

(*Cuscus Ursinus*, Lesson.)

J'ai donné une figure de cette gracieuse espèce de phalanger, que M. Temminck a fait connaître il y a peu de temps, et qui a été découverte à l'île de Célèbes par l voyageur néerlandais Reinwardt.

Ce phalanger, de la section des couscous, est de la taille de la civette. Ses oreilles sont très-courtes, cachées, poilues en dedans comme en dehors ; la queue, de la longueur du corps, noirâtre dans sa partie nue ; la tête et le chanfrein à peu près d'une venue ; le pelage est plus fourni et plus serré que chez les autres couscous ; il est plus rude et plus grossier sur le corps, ras sur la tête, long et frisé sur les oreilles ; sa couleur est noirâtre ou noir fauve ; les poils soyeux sont noirs ; ceux de la tête et du dessus du corps sont de cette dernière teinte ; la face, le cou, la poitrine et les parties inférieures sans distinction, sont d'un fauve roussâtre ; la touffe qui revêt les oreilles est d'un roux jaunâtre ; les parties nues de la face, de la queue, sont noires ; le pelage des jeunes sujets est plus clair : celui des adultes âgés est d'un noir parfait, sans tache ni raie ; la longueur du corps est de trois pieds quatre à six pouces ; celle de la queue est de dix-neuf à vingt pouces ; les Malais des Célèbes recherchent sa chair.

28. LE PHALANGER DE COOK.

Le phalanger de Cook est une des espèces les plus gracieuses du genre *phalangista* des auteurs ; et quoique ce petit animal, de l'ordre des marsupiaux, ait été soigneusement décrit par MM. Cuvier, Desmarest, Temminck, Waterhouse, dans des ouvrages récents de mammalogie, nous avons cru devoir en publier une figure qui diffère notablement de celle qu'on trouve dans la quarante-cinquième livraison des *Mammifères* de M. F. Cuvier, et bien préférable à la gravure de Cook (pl. 8 de son *Troisième Voyage*), qui est peu susceptible, ainsi que la fig. 3 de la pl. 8 de l'*atlas supplémentaire de l'Encyclopédie*, de donner une idée satisfaisante de ce mammifère.

La première mention du phalanger de Cook est consignée dans le voyage de ce célèbre navigateur (*Troisième Voyage*, t. 1. p. 139), en ces termes : « Le seul quadru- » pède que nous ayons pris est un *opossum*, à peu près » aussi gros qu'un rat ; c'est vraisemblablement le mâle de » l'espèce rencontrée sur les bords de la rivière Endéavour, » dont parle Banks dans le *Premier Voyage*. Il est noirâtre » dans la partie supérieure du corps, avec des teintes brunes » ou couleur de rouille, et il est blanc dans la partie infé- » rieure ; le tiers de la queue, du côté de la pointe, est » blanc et dégarni de poils au-dessous ; il grimpe ou s'ac- » croche sur les branches des arbres, parce qu'il vit de » baies, et il est probable que cette nudité d'une partie de » la queue est une suite de ses habitudes. »

Le phalanger de Cook a de longueur totale deux pieds deux à six pouces , et la queue entre pour moitié dans ces dimensions ; mais sa taille varie beaucoup, car la figure que nous publions a été faite en proportion naturelle sur un jeune individu parfaitement conformé et de la taille à peine d'un écureuil ; la tête de cette espèce est très-déprimée et très-pointue ; le système dentaire présente la plus grande analogie avec celui des *petaurus ;* aussi, M. F. Cuvier a-t-il distrait ce petit animal du genre phalangiste pour le placer dans celui des pétauristes. Il se compose de trente-huit dents réparties de la manière suivante : en haut, quatre incisives, deux canines , huit fausses molaires et huit molaires ; en bas , deux incisives, point de canines, six fausses molaires et huit vraies mâchelières ; les incisives supérieures et externes sont cannelées ainsi que les dents canines , ou plutôt les dents anomales et fausses qui en tiennent lieu ; la couronne des mâchelières est hérissée de tubercules aigus disposés sur deux rangées ; les incisives inférieures sont longues, minces et dirigées en avant ; les dents anomales qui existent entre elles et les vraies molaires ont été appelées diversement par les auteurs , et sont remarquables par leur petitesse.

Le phalanger de Cook est partout abondamment recouvert d'un pelage épais, serré , composé de deux sortes de poils , les uns soyeux plus longs, les autres lanugineux , formant sur le corps une bourre épaisse et dense ; le dessus du corps est gris-brun , passant au roux vif sur les flancs , tandis que toutes les parties inférieures sont d'un blanc plus ou moins teint de jaunâtre ; un cercle roux entoure les yeux ; le front est brun , les mains sont grises, la queue est brune en dessus , terminée à son extrémité par du blanc pur ; le nu ne forme qu'un étroit et léger ruban en dessous.

Les individus complètement adultes diffèrent par leurs couleurs : c'est ainsi que le gris cendré domine chez quelques-uns, tandis que chez d'autres, c'est le roux plus ou moins vif ; deux petits faisceaux de moustaches, rigides, noires, partent des côtés du museau dont l'extrémité est couleur de chair ; les ongles sont faibles et cornés ; les oreilles sont nues en dedans, marquées à leur base par une touffe de poils très-blancs.

Le phalanger de Cook, comme ses congénères, est doué de mœurs douces et paisibles ; il vit de racines, et en captivité il se contente de pain, de lait, de fruits et d'œufs ; il se roule en boule pour dormir, et se défend avec courage lorsqu'il est attaqué : alors il souffle avec force et à la manière des chats ; ses habitudes doivent être crépusculaires, ainsi que le semble prouver l'ensemble de son organisation.

La femelle ne diffère presque point du mâle, et l'ouverture de sa poche abdominale est abondamment recouverte de poils parfois teints de roux.

Le Muséum possède deux de ces animaux adultes rapportés de la terre de Diémen et de la Nouvelle-Galles du Sud par les expéditions d'Entrecasteaux et Baudin, et recueillis par MM. Labillardière et Péron. L'individu que nous avons figuré, et qui est un très-jeune individu, a été conservé vivant à bord de l'*Uranie*, par M. Gaimard.

La synonymie du phalanger de Cook est la suivante : *phalangista Cookii*, Cuv., *Règ. an.*, t. 1, p. 179 ; Desmarest, *Nouv. Dict. d'Hist. Nat.*, t. 25, p. 179 ; *Mammalogie*, p. 268, pl. 8, (supp.), f. 3 ; F. Cuvier, *Dents des Mammifères*, 45e liv. (novembre 1824) ; *petaurus Cookii*, F. Cuv. *Dict. Sc. naturelles*, t. 39, p. 417 ; Temminck, *Monog.*, p. 8 ; Lesson, *Dict. class. d'Hist. Naturelle*, t. 13, p. 334 ; *pseudochirus Cookii*, Waterh., p. 299.

Cet animal est donc un *pétauriste* pour M. F. Cuvier, et un phalanger, *phalangista*, pour MM. G. Cuvier, Desmarest et Temminck. Nous l'avons considéré comme un sous-genre très-dictinct des *phalangista* qui comprennent, suivant nous, ses *couscous*, ou phalangers des Moluques, et les *trichosures*, ou phalangers des terres australes : ce serait donc pour nous le *trichosurus Cookii*.

29. LE DASYURE VIVERRIN.

(*Dasyurus Viverrinus.*)

M. Busseuil, en faisant exécuter un nouveau portrait du *dasyure viverrin*, a voulu donner une bonne figure de cet animal, qu'il avait observé en vie à la Nouvelle-Hollande, et il n'ignorait pas que les gravures qu'en ont publiées quelques auteurs laissaient beaucoup à désirer.

La Nouvelle-Galles du Sud est la patrie des cinq espèces connues de *dasyures* (les *phascogales* étant de la Tasmanie), et on les rencontre toutes aux alentours du Port-Jackson. Phillipp a mentionné les *dasyures tacheté* et *viverrin*, qu'il nomme *spotted martin* et *spotted opossum ;* White a représenté deux espèces, sous le nom de *topoa-tafa ;* Harris a publié la description du *dasyure oursin ;* Maugé, enfin, naturaliste dans l'expédition de Baudin, a découvert l'espèce qui porte son nom, et qu'ont figurée MM. Quoy et Gaimard, dans la *Relation du voyage de l'Uranie*. M. Waterhouse décrit les *d. hallucatus* et *Geoffroyii*, espèces récemment découvertes.

Le *dasyure viverrin*, observé par M. Busseuil, a donc été plusieurs fois signalé par les zoologistes. Phillipp, dans son voyage à Botany-Bay, dans l'édition originale, in-4°, publiée en 1790, en Angleterre, en donne un portrait à la page 147, sous le nom de *spotted opossum* ou de *didelphe tacheté*. Les naturels l'appellent *quoll*, dit cet observateur, et cet animal, qui n'a pas encore été décrit, « a environ trente-cinq pouces de longueur, depuis le bout du nez jusqu'à l'extrémité de la queue ; la couleur générale de ce carnassier est noire, tirant en dessus sur le brun ; le cou et le corps sont marqués de taches blanches irrégulières, les oreilles sont grandes et droites, le museau est pointu et garni de longs poils minces, les pattes de devant et de derrière sont, depuis le genou jusqu'en bas, en partie nues et cendrées ; les pattes de devant ont cinq crochets, et celles de derrière quatre, avec un pouce sans crochet ; la queue a environ un pouce ou un pouce et demi depuis la racine ; elle est couverte de poils de la même longueur que ceux du corps, et de quelques-uns qui sont aussi longs que ceux d'un *écureuil.* L'individu qui a servi pour cette description est une femelle ; il a six mamelles placées en cercle dans le sac. »

Le reste de la description de Phillipp paraît appartenir au *dasyure oursin.* Toutefois Cook, dans son *Premier Voyage,* mentionne (t. 4, p. 56 de la *Coll. Hawkesworth*) un *opossum* évidemment du genre *dasyure,* qu'on ne sait à quelle espèce rapporter. Dans son *Troisième Voyage* (t. 1, pl. 8, p. 139), M. Anderson dit : « Le seul quadrupède que nous ayons pris est un *opossum,* à peu près deux fois aussi gros qu'un fort *rat.* Il est noirâtre dans la partie supérieure du corps, avec des teintes brunes ou couleur de rouille, et il est blanc dans la partie inférieure ; le tiers de la queue, du côté de la pointe, est blanc et dégarni de poils au-dessous ; il grimpe ou s'accroche sur les branches d'arbres, parce qu'il vit de baies, et il est probable que cette nudité d'une partie de la queue est une suite de ses habitudes. » Or, le dessin de M. Weber, qui accompagne cette description, paraît se rapporter au *phalanger* de Cook des naturalistes modernes.

White, chirurgien en chef des établissements anglais

fondés à la Nouvelle-Galles du Sud, a donné, dans l'édition anglaise de son *Journal of a Voyage to New-South-Gales*, publiée, in-4°, à Londres, en 1790, une assez bonne figure du *dasyure viverrin*, qu'il nomme (page et pl. CCLXXXV) *the tapoa tapha*. Mais comme il avait déjà décrit longuement sous ce nom le *dasyure tapha* des auteurs modernes, il se borne à dire : « Autre animal du même genre, différent seulement du *tapoa tapha* par les couleurs noires du pelage, qui est tacheté de blanc. »

Shaw reproduit, dans sa *Zoologie générale* (t. 1, p. 481 et pl. 3), la figure donnée par White, et les détails descriptifs fournis par Phillipp, au nom de *didelphis viverrinus*. Turton l'appelle *didelphis maculata*. Cuvier, dans son *Tableau élémentaire de Zoologie*, le nomma *dasyure tacheté*, et ce nom se trouve dans le *Catalogue* de M. Geoffroy-Saint-Hilaire. Puis ce dernier (*Gal. du Mus.*, t. 3, p. 360) l'appelle *dasyure viverrin* (*dasyurus viverrinus*), nom que lui ont conservé Desmarest (*Mammal.*, p. 265 et 405) ; Temminck (*Monog.*, t. 1, p. 72) ; Screber (*Saugth.*, supp. tab. 152, B. C.) ; Fisher (*Synops.*, p. 4 et 272) ; Sevastianoff (*Mém. ac. de Pétersbourg*, t. 1, p. 444, pl. XVI). On le retrouve décrit dans le *Dict. Sc. naturelles* (t. 12, p. 311), le *Nouveau Dict. d'Hist. nat.* (t. 9, p. 139), et dans le *Dict. classique* (t. 5, p. 339). Enfin, nous en avons donné une figure, faite d'après nature, à la planche 25 de notre *Complément aux œuvres de Buffon*.

Les *dasyures* rappellent par leurs formes générales les *martes*, animaux carnassiers digitigrades. Leur système dentaire, composé de quarante-deux dents, présente la formule suivante :

Dents incisives 8/6, égales, rangées en demi-cercle, et séparées dans le milieu et aux deux mâchoires par un espace vide.

Dents canines 2/2, médiocres et pointues.

— molaires 6/6, dont 2/2 fausses et 4/4 vraies; ces dernières sont tuberculeuses, avec l'arrière-molaire supérieure à peu près linéaire, et les trois suivantes en triangle.

Leur tête est conique, terminée par un museau pointu, dont le nez a la forme d'un boutoir, mais sans sillon; les membres sont alongés, nerveux et terminés par cinq doigts, séparés et armés d'ongles petits et crochus; aux pieds postérieurs on remarque un pouce rudimentaire, ou disposé en simple tubercule, mais privé d'ongle; leur queue est touffue, couverte d'assez longs poils lâches; elle peut s'enrouler sur elle-même sans devenir prenante; leurs oreilles sont de médiocre longueur, le plus souvent velues; enfin les femelles ont une poche abdominale, ce qui les place à côté des *sarigues* de l'Amérique.

Les *dasyures* sont ainsi des marsupiaux évidemment carnassiers, se nourrissant de chairs et d'insectes, furetant à la manière des *martes*, et, comme celles-ci le font en Europe, ravageant les basses-cours des colons de la Nouvelle-Galles du Sud. Leurs mouvements ont beaucoup de souplesse et d'agilité, et obéissent à un regard perçant; ils rôdent la nuit sur les rivages pour se repaître des animaux morts rejetés par les flots. On les a vus déchirer les phoques et les cétacés, et se montrer d'une grande hardiesse et d'une plus grande voracité pour se repaître de toutes sortes de matières animales. Les *ornithorhynques* et les *échidnés* sont, dit-on, pour eux une proie facile.

Le *dasyure viverrin* est donc l'espèce la mieux caractérisée du genre; sa taille varie entre dix-huit et dix-neuf pouces de longueur; la queue seule a huit pouces et se trouve plus amincie à son origine, mais abondamment touffue à son extrémité, où les poils qui la recouvrent deviennent longs et floconneux; ces poils sont uniformément noirs; le pelage sur le corps est abondamment fourni, de couleur brune noirâtre, ou noire assez intense, que relèvent de nombreuses taches blanches, fort grandes et de forme irrégulière; le ventre est d'un gris brun sale; les oreilles sont carnées en dedans; sur l'extrémité du museau est une petite tache grise arrondie.

Le Muséum n'a longtemps possédé que deux individus, en assez mauvais état, et qui lui avaient été donnés par sir Joseph Banks, l'un mâle et l'autre femelle; ce dernier a son pelage brun cendré, parsemé de taches blanches, et la queue, au lieu d'être noire, est d'un blanc-jaunâtre sale.

30. L'ORNITHORHYNQUE PARADOXAL.

Dans les petites rivières de la Nouvelle-Hollande on découvrit, en 1702, un animal bas sur jambes, couvert de poils rigides et pressés sur un corps déprimé, nageant avec facilité, à l'aide de palmures entre les doigts, s'appuyant sur un large tronçon de queue pour ramper sur le sol, et prenant ses aliments avec un bec de canard. A des formes si hétéroclites, un examen plus détaillé vint bientôt signaler les anomalies organiques les plus bizarres. Aussi les opinions les plus contradictoires ne tardèrent point à s'introduire dans la science et à faire de ces animaux l'objet de longues et savantes digressions. Au type des monotrèmes, les ornithorhynques joignent des circonstances d'organisation qu'on ne retrouve que chez les oiseaux ou même chez les reptiles. Il n'y a pas jusqu'à leur mode de reproduction qui ne soit enveloppé de la plus profonde obscurité. Les uns admettent un véritable œuf ayant besoin d'être couvé pour éclore, tandis que d'autres affirment que leur génération est franchement vivipare, à la manière des autres mammifères, et d'autres enfin, et ce sont ceux qui comptent aujourd'hui le plus grand nombre de partisans, les font naître par ovoviviparité.

L'ornithorhynque, sorte de chaînon intermédiaire qui rattache les mammifères aux oiseaux et aux reptiles en se plaçant sur les confins de ces trois grandes divisions du genre animal, pour revêtir des caractères propres à chacune d'elles, est donc un être ambigu, ou, comme le dit si judicieusement Blumenbach, le premier des paradoxes. Ce nom a fait fortune dans la science et n'a peut-être pas peu contribué à jeter sur cet animal un vernis de merveilleux.

L'auteur qui a parlé le premier de ces demi-mammifères ou ornithodelphes, est Shaw, qui les nomma platypus à bec de canard; mais la dénomination d'ornithorhynque paradoxal du professeur de Gœttingue, quoique postérieure de six mois, a généralement prévalu.

Les colons de Sidney ont désigné ces animaux par le nom de taupes d'eau (*water-moles*), et les nègres australiens les appellent *mullingong*. C'est plus spécialement sur les rives de la Nepean, de Fish-River, de la Macquarie et de la Campbell, au pied des montagnes Bleues, en deçà comme au-delà de la chaîne, dans la Nouvelle-Galles du Sud, qu'on a observé ces êtres amphibies. Ils aiment à s'ébattre dans ces eaux peu profondes, se reposer sur les rebords des rochers à fleur d'eau, ou nicher dans les hautes herbes qui en couvrent les bords. Peu faits pour vivre sur la terre, ils n'y apparaissent que passagèrement, tandis que les rames de leurs pieds, leur poil court et aplati, leur queue en carène, rendent leur natation rapide et aisée.

Les mâles ont leurs jambes de derrière armées d'un ergot robuste, perforé, communiquant avec une glande par un

canal, et qui doit y transporter un fluide quelconque, que
certains ont signalé comme vénéneux. Mais les exemples
d'accidents à la suite de la piqûre de cet ergot sont fort
rares, et la blessure seule de ce prolongement était suffi-
sante pour faire naître des accidents nerveux ; l'on possède,
au contraire, une foule de cas où elle n'a eu aucune suite.
L'opinion des colons est pour son innocuité, et ce fait paraît hors de doute : ou cet éperon sert à retenir les femelles
dans l'acte générateur, ou il sert d'arme défensive aux mâles
contre la dent de certains poissons ou tout autre ennemi qui
nous est inconnu.

« Cookoogong, chef de la tribu des naturels de Boorah-
Boorah, répondit aux demandes qu'on lui fit, que tous savent que l'ornithorhynque dépose dans son nid deux œufs
à peu près de la forme, de la grosseur et de la couleur de
ceux d'une poule ; que la femelle couve fort longtemps ses
œufs dans un nid que l'on trouve toujours au milieu des
roseaux sur la surface de l'eau ; que cet animal pouvait
courir sur le gazon, car on le rencontre parfois à une distance considérable de l'eau ; qu'il savait aussi qu'une blessure de l'éperon du mâle était suivie d'enflure et de grandes douleurs ; mais que, quoiqu'il ait vu plusieurs de ces
accidents, il n'y en avait jamais eu de mortels ; que sa chair
ne se mangeait jamais. » C'est donc une opinion généralement répandue dans la colonie de Sidney que l'ornithorhynque pond deux œufs qu'il couve à la manière des oiseaux de basse-cour ; que les petits brisent la coquille avec
une pointe cornée dont leur bec est muni comme celui des
poulets ; qu'ils éclosent nus, longs à peine de vingt-quatre
millimètres. Les glandes mammaires destinées à la sécré-
tion du lait sont très-problématiques, placées sur les flancs
et sans mamelon. Toutefois on y a trouvé du lait, mais en

petite quantité. Quant à la succion, les jeunes ne peuvent
l'accomplir avec les lames souples et molles de leur rostre,
mais ils l'opèrent à l'aide du double repli de leur langue,
accommodée à cette fonction.

Les ornithorhynques choisissent pour établir leurs demeures les rives où l'eau est peu profonde, ombragée par
des arbres. L'entrée de leurs souterrains est étroite, placée
ordinairement au-dessous du niveau de l'eau, puis le sillon
s'élève et s'avance dans la terre en bifurquant, de manière
que les deux branches décrivent un demi-cercle pour se
joindre à la chambre principale, souvent placée à plus de
trente mètres de l'eau et à soixante centimètres au-dessus
du point de départ. Cette chambre est arrondie, tapissée de
mousses et de roseaux. La femelle y nourrit de deux à trois
petits, jamais plus.

On a observé en captivité une vieille femelle avec ses deux
petits qu'on avait pris dans son nid. Le jour, ces animaux
dormaient ou restaient paisibles; mais la nuit ils étaient
aussi remuants et aussi tapageurs qu'ils étaient calmes tant
que le soleil brillait à l'horizon. Les jeunes jouaient et s'é-
battaient avec abandon. Ils aimaient à se tremper pendant
une dixaine de minutes dans un vase plein d'eau et d'herbes
placé à leur portée, plutôt pour y barboter que pour y na-
ger. Quelques autres essais permirent de conserver pendant quelques semaines de ces animaux qu'on nourrissait
avec des vers, du lait et du pain, et auxquels on donnait
abondamment de l'eau. On a remarqué qu'en se baignant
l'ornithorhynque aime à se gratter la tête avec ses pieds de
derrière, et que c'est la seule manière de le toucher qu'il
supporte volontiers quand il est captif.

A ces détails ajoutons que l'ornithorhynque habite les
eaux tranquilles et les rives les plus cachées. Sa capture

n'est pas aisée à exécuter, car il est doué d'une prudence excessive que desservent des sens vigilants et très-impressionables. Il est difficile à tuer, parce que le plomb glisse sur son pelage dru, sa tête étant le seul point vulnérable qui s'offre au chasseur. Lorsqu'il est atteint par un coup de feu, il plonge et cherche à gagner son trou, ou bien il se cache au milieu des herbes aquatiques. Sa défiance est telle qu'il vient respirer à la surface de l'eau, et même il est rarement paisible et plonge fréquemment. Le meilleur moment pour le tirer est celui où l'on voit se former sur l'eau paisible un léger remous, indice certain qu'il va apparaître; alors il faut saisir ce seul moment opportun, car sa tête va s'élever au-dessus du liquide pour replonger aussitôt. C'est le cas d'avoir le doigt aussi prompt, pour faire partir l'arme, que le coup-d'œil qui perçoit l'image de ce fantasque quadrupède.

En définitive, l'intelligence des ornithorhynques doit être obtuse, car elle n'est servie que par des organes ambigus. Les terriers qu'ils habitent ne doivent même pas être creusés par eux, car leurs ongles ne pourraient opérer cette œuvre, et leur bec n'en a pas la force. Vivre de frai de poisson, de petits vers, sortir pendant la nuit, comme des êtres frêles et débiles, n'avoir ni chair ni fourrure utiles aux hommes, voilà ce qui rendrait ces animaux fort peu intéressants, si la science n'avait pas vu ses méthodes et ses systèmes détruits par leur découverte; et leur réputation, c'est elle qui l'a faite en cherchant à réédifier l'échafaudage qu'ils étaient venus renverser.

31. LE DELPHINORHYNQUE SAINTONGEOIS.

(*Delphinorhynchus Santonicus*, Lesson.)

Ce cétacé a été pris dans la rade de l'île d'Aix, presqu'à l'embouchure de la Charente, et a de grands rapports avec le *delphinus frontatus* de G. Cuvier (*Oss. foss.*, t. V, p. 278). Il avait cinq pieds huit pouces de longueur, le corps fusiforme, la dorsale recourbée, placée un peu au-delà du milieu du corps, l'œil situé à toucher la commissure de la bouche, le museau mince, arrondi, séparé du front qui s'élevait en bosse pour se continuer avec la ligne du corps sans saccade. Toutes les parties supérieures étaient d'un noir intense, les inférieures d'un blanc satiné.

Il avait cent quarante-deux dents côniques, petites, régulières, symétriquement rangées; c'est-à-dire, à la mâchoire supérieure et de chaque côté, trente-trois; et à l'inférieure et de chaque bord, trente-huit.

32. LES CACHALOTS.

(*Physeter*, Linné.)

Les espèces du genre cachalot sont très-mal connues des zoologistes, et leur histoire ne se compose que de faits épars, contradictoires ou incomplètement observés, de sorte qu'on ignore si l'on doit admettre plusieurs espèces dans ces grands cétacés ou se borner à une seule, comme l'ont pensé quelques écrivains. Tout porte à croire cependant qu'en étudiant avec soin le système dentaire de ces grands mammifères aquatiques, on arrivera à des résultats plus certains que ceux obtenus jusqu'à ce jour par des descriptions de formes extérieures, de dimensions et de coloration. J'ai donné à ce sujet des détails précis dans mon

Traité de Cétologie, mais dans cette note j'ai le projet de fournir quelques faits de détails sur les caractères que peuvent fournir les dents comme moyen de distinguer les espèces.

Le grand cachalot ou macrocéphale (*physeter macrocephalus*) a les dents implantées dans le maxillaire inférieur, toutes semblables et de même forme. Ces dents, dont j'ai vu de nombreux échantillons entre les mains des pêcheurs de sperma-ceti, sont d'une forme identique dans le jeune âge comme à l'époque adulte et chez les vieux individus. C'est un cylindre d'un ivoire très-dense et très-épais, comprimé sur les côtés, couvert verticalement de rides ou sillons d'accroissements verticaux. Cette dent, comprimée à la base, a les bords de cette base amincis, et sa racine creusée profondément à l'intérieur. Le sommet est cônique, mousse à la pointe, lisse sur la circonférence du cône qu'il décrit et qui est recourbé en arrière. Les dents des adultes ont vingt-trois centimètres de longueur sur huit de largeur, et sont enfoncées dans les alvéoles jusqu'à quatorze centimètres de hauteur, où s'arrête le rebord de la gencive. La partie libre de la dent n'a que sept centimètres au plus. Le cachalot macrocéphale vit entre les tropiques, dans l'Océan Pacifique plus particulièrement.

La deuxième espèce est le cachalot à tête courte, de M. de Blainville (*physeter breviceps, Ann. d'anat.,* t. II, pl. 10), dont les dents sont étroites, grèles, côniques, parfaitement lisses, aiguës, un peu arquées en dedans et longues au plus de douze à seize millimètres. Ce cachalot est des mers australes, au sud du cap de Bonne-Espérance.

La troisième espèce sera le cachalot à dents bordées (*physeter pterodon,* Lesson), de la Mer du Sud, et dont mon frère m'a rapporté une seule dent, de forme aussi caractéristique que remarquable. Longue de moins de six centimètres sur deux de largeur, cette dent est profondément creusée à son intérieur en cône, et cet évidement part des bords minces de la racine et va presque jusqu'au sommet. La portion gengivale, longue de deux centimètres et demi, est parfaitement cylindrique et garnie d'ondulations circulaires. La partie libre de la dent est cônique, légèrement recourbée en arrière et bordée de chaque côté d'une carène saillante et à tranchant aigu. Cette partie libre mesure quatre centimètres et le sommet en est émoussé.

OISEAUX.

ACCIPITRES.

1. LES CARNIFEX.

(*Carnifex*, Lesson.)

Vieillot a créé le genre *herpetotheres* pour les accipitres de l'Amérique méridionale, qui sont vraiment distincts des autours, parmi lesquels les rangeaient Savigny et Vigors. Ce genre répond à celui de *cachinna* créé par Flemming.

Le type des *herpetotheres* est l'*h. cachinnans* de Vieillot, figuré pl. 19 de sa galerie, le même que le *macagua* de d'Azara (*Apunt.* 1, 84, nº 16), le *falco cachinnans* de Linné.

La deuxième espèce ajoutée par analogie, est l'oiseau de proie que d'Azara a nommé *gavilan* (*Apunt.* 1, 84), et que Vieillot nomme *herpetotheres sociabilis* (*Encycl.*, t. III, pag. 1248). La première espèce est de la Guyane et de la Plata, et la deuxième du Paraguay.

Un oiseau de proie qui se trouve aux alentours de Realejo, dans la république du Centre-Amérique, nous paraît devoir former un nouveau genre près des *macaguas* ou *herpetotheres*, dont il a les principaux caractères, mais dont il s'éloigne par ses longs et robustes tarses, et par la brièveté de ses ailes relativement à la longueur de la queue.

Notre nouveau genre a le bec très-comprimé, élevé, très-robuste. La mandibule supérieure est fortement recourbée, très-crochue, à bords très-coupants, non dentés, mais profondément incisés à la pointe. L'inférieure est plus courte, tronquée et échancrée au sommet, convexe en dessous. Les narines sont orbiculaires et présentent un opercule tuberculé à leur milieu. La cire est couverte de soies. Les tarses sont longs, robustes, nus, réticulés; les doigts sont armés d'ongles très-robustes, très-acérés : les ailes sont courtes ou dépassent à peine le croupion; elles ont les trois premières pennes graduées, mais les quatrième et cinquième les plus longues. La queue est fort longue, composée de pennes larges et étagées.

Par la longueur de la queue et la brièveté des ailes, l'oiseau type se rapproche des autours brachyptères, mais ses tarses alongés, ses doigts robustes et longs l'en distinguent.

L'espèce que nous nommons *carnifex naso*, par rapport à la forme camuse du bec, forme qui n'est pas sans une certaine analogie avec celle de quelques cacatoës, est un oiseau long de cinquante-huit centimètres; la queue entre dans ces dimensions pour vingt-sept centimètres; le bec est noir; la cire est noirâtre, recouverte de soies noires et luisantes; les joues et le tour des yeux sont emplumés; les tarses sont de couleur de chair et les ongles sont noirs; tout le dessus de la tête est noir intense, séparé par un collier jaune ferrugineux du noir profond qui colore le dos et les grandes couvertures alaires; les joues sont noires et le menton est blanc, mais une teinte uniforme rouille règne depuis le gosier jusqu'aux couvertures inférieures de la queue; on remarque quelques taches brunes transversales sur les plumes des flancs et des tarses; les couvertures des ailes sont noires, mais les rémiges et les pennes tertiaires sont d'un brun roussâtre traversé par des raies d'un jaune ocreux ; les pennes moyennes sont noires rayées de blanc pur en dedans ; les rectrices, étagées, sont fort larges, raides, d'un beau noir-bleu luisant que relèvent d'espace en espace d'étroites barres d'un blanc pur ; les pennes, arrondies à leur extrémité, ont aussi un liseré de cette dernière couleur ; en dessous, toutes ces pennes sont grisâtre sale avec des barres brunâtres.

Cet oiseau, par ses doigts robustes et par ses ongles acérés et fort gros relativement à sa taille, doit être un destructeur puissant de gibier. Il chasse dans les forêts équatoriales de l'Amérique méridionale que baigne l'Océan Pacifique. Il a été tué par M. Adolphe Lesson, chirurgien de la marine.

2. LE CHONDROHIERAX A FRONT ROUGE.

(*Dædalion erythrofrons*, Lesson. *Jeune âge.*)

Des vingt-deux espèces connues d'autour, celle qui nous occupe, bien que voisine du *falco magnirostris* de Latham, figuré enl. 464 (l'adulte), et pl. 86 de Temminck (le jeune âge), a beaucoup d'analogie de formes avec les cymindis de la Guyane et du Brésil, qu'elle remplace sur la côte d'Amérique baignée par l'Océan Pacifique. Mais ce qui caractérise cette espèce et la distingue facilement de toutes les autres, sont : la cire qui est nue et renflée à la base du bec jusqu'au front et aux narines ; cette cire est rouge vif ; plus deux rebords sourciliers cartilagineux qui recouvrent les yeux. Le bec est recourbé, assez fortement crochu, légèrement dilaté sur le rebord, bien que ses côtés soient comprimés. Le bord coupant est lisse. La mandibule inférieure est légèrement échancrée sur les côtés, mais arrondie en dessous. Les narines sont nues, ouvertes, subarrondies. La cire entre

l'œil et les narines est couverte de poils sétacés. Les tarses
sont assez gros, scutellés sur l'acrotarse, aréolés sur le reste
de leur étendue. Les doigts sont robustes, armés d'ongles
très-acérés et très-forts. Les ailes atteignent le tiers supérieur de la queue. Les trois premières pennes sont étroites,
la première courte, la deuxième étagée et la troisième la
plus longue de toutes, la quatrième est très-courte, la cinquième et la sixième sont larges et aussi longues que la
deuxième. La queue est alongée, arrondie à pennes larges
et fermes.

L'individu que nous avons sous les yeux mesure qua-
rante-quatre centimètres. Les ailes atteignent le tiers supérieur de la queue. Celle-ci est alongée et égale. Le bec est
noir; la cire frontale rouge; les tarses sont jaunes à ongles
noirs. Le plumage est sur le corps d'un gris-brunâtre sale,
et les plumes sont cerclées d'une légère frange roussâtre :
le dessus de la tête est légèrement ardoisé; un rebord blanc
occupe l'angle antérieur du sourcil; les côtés du cou sont
gris ardoisé; le devant du cou, à partir du menton jusqu'au
thorax, est gris ardoisé avec des maculatures blanches, dues
au duvet qui est de cette dernière couleur; le cou, le thorax
sont gris avec des taches rouges de rouille et des taches
ocreuses; sur les flancs et sur le milieu du ventre, ces taches
se régularisent et se transforment en bandelettes transversales et alternantes, d'une couleur rouille relevée par des
bandelettes jaune ocreux; les plumes tibiales sont d'un blond
doré que relèvent des barres régulières d'un jaune ocreux
foncé; les couvertures inférieures et les plumes de la région anale sont d'un jaune clair avec quelques maculatures
rouille.

Les ailes sont d'un gris brunâtre assez uniforme, mais les
plumes tectrices sont légèrement frangées à leur bord par

du jaune ocreux; les rémiges sont brunes, mais elles sont
en dedans d'un rouge de fer très-vif, avec des barres d'un
noir profond; le dessous de l'aile ne laisse paraître sur chaque penne qu'un fond blanchâtre barré de noir.

Les rectrices sont larges et toutes colorées de la même
façon, c'est-à-dire qu'elles sont gris de lin tendre coupé
d'espace en espace par de larges barres noires; ces barres
sont elles-mêmes liserées faiblement d'une frange rouge
ferrugineuse.

L'autour à fraise rouge sur le bec, a été tué par M. Adolphe Lesson, dans les forêts de San-Carlos, dans la république du Centre-Amérique, sur les rivages de l'Océan
Pacifique.

3. L'AUTOUR DE RAY.
(Astur Rayii, Vig.)

Cet oiseau me semble être une livrée particulière, soit
d'âge, soit de sexe, du *Falco novæ Hollandiæ* de Latham et de
Gmelin; on en jugera par la description suivante.

L'autour de Ray, qui vit à la Nouvelle-Galles du Sud,
mesure cinquante-trois centimètres de longueur totale. Son
plumage doux, mollet, est d'un gris cendré ou gris clair ardoisé sur la tête, le dos, le croupion; d'un gris foncé et assez
uniforme sur les ailes, bien que celles-ci soient en dedans
bordées de blanc; tout le dessous du corps, à partir du
menton jusqu'aux couvertures inférieures, est d'un blanc
sale, rayé de barres transversales peu marquées d'un roussâtre clair; le dedans des ailes est blanc, barré de brun clair,
et les épaules sont également blanches; les rémiges sont
brunes en dehors, et les pennes caudales sont grises barrées
de brunâtre; le bec est noir, mais la cire est d'un beau jaune;
les tarses sont dans l'état de vie d'un jaune assez vif.

Cet oiseau est, par la forme, parfaitement semblable au *Falco albus,* figuré par Wite, pl. et pag. 250, de l'édition anglaise, et qui a pour phrase : *Falco albus, rostro nigro, cera pedibusque flavis.* Ce dernier a le plumage entièrement blanc de neige.

4. L'AUTOUR A PLUSIEURS RAIES.

(*Astur multilineatus*, Lesson.)

Cet autour rappelle par sa coloration le *Falco unduliventer* de Ruppell (*Deux. Voy.* pl. 18, t. 1). Il mesure cinquante et un centimètres de longueur totale. Les ailes atteignent au plus le milieu de la queue ; le bec est bleuâtre, les tarses sont nus à larges scutelles jaunes. Un brun noir assez uniforme colore le dessus du corps, la tête, le manteau, le dos, le croupion et les ailes ; les joues et les côtés du cou sont également bruns ; le gosier et le devant du cou sont brun tiqueté de blanc ; mais à partir du milieu du cou, le thorax, le ventre, les côtés et les couvertures inférieures sont d'un roux couleur de rouille, léger et sinuolé de bandelettes transversales rapprochées et flexueuses, blanches, bordées de lignes brunes qui les encadrent finement ; les plumes tibiales sont rousses avec des bandelettes blanches plus étroites et moins apparentes.

Les pennes alaires sont brunes en dehors et d'un brun à teinte uniforme ; elles sont en dedans brunes à l'extérieur, blanches dedans, avec des barres brunes qui partent du rachis ; la queue est longue, égale, à pennes larges, brunes en dessus, avec barres plus foncées ; le dessous des pennes est blanc, sans barres sur les deux externes, avec barres incomplètes sur toutes les autres. Ce rapace, d'assez forte taille, paraît provenir de l'Amérique équatoriale ; on ignore toutefois au juste sa patrie.

5. LA BUSE BRACHYURE.

(*Buteo brachyurus.*)

Je suis forcé de reconnaître, dans l'espèce nommée par Vieillot, et très-mal décrite, l'oiseau du Brésil que j'ai sous les yeux.

La buse qui nous occupe a les formes lourdes et ramassées, et les ailes un peu moins longues que la queue ; le bec est noir, mais la cire et les tarses sont d'un beau jaune. Ces derniers sont vêtus jusqu'à moitié et leurs ongles sont noirs ; deux seules teintes se partagent la livrée de cet oiseau ; un noir profond et luisant colore les plumes de la tête, du cou, du dos, des ailes et du croupion, et un blanc pur s'étend depuis le menton jusqu'aux couvertures inférieures de la queue ; les ailes d'un noir intense en dehors, sont blanches au coude et en dedans ; les rémiges d'un noir mat sont bordées de blanc sur leurs barbes internes et dans le haut seulement ; les plumes des côtés du cou présentent quelques flammèches noires sur un fond blanc ; le duvet et la base de toutes les plumes noires sont blancs.

Le front a un rebord blanc qui caractérise assez cette espèce dont les paupières sont garnies de cils épais ; la queue courte et carrée est barrée de raies noires grises, et est marquée de blanc en dedans ; en dessous, la queue est blanche, barrée de noir.

Cette buse mesure quarante et un centimètres de longueur totale. Elle vit au Brésil.

6. L'ÉPERVIER DE SAN-BLAS.

(*Nisus pacificus*, Lesson.)

Cet épervier répandu sur les bords de l'Océan Pacifique, depuis Acapulco jusqu'à la Californie, a les formes élancées

de ses congénères. Il mesure trente centimètres de longueur
totale ; le sinciput est recouvert d'une calotte brune plus
foncée que le reste du plumage, qui est brun ardoisé sur
tout le dessus du corps, le dos, le cou, les ailes et le croupion ; toutes les plumes des ailes, des épaules et de la tête
sont blanches dans leur moitié inférieure et cachée ; chaque
plume brune a une strie plus foncée à son centre ; le rebord
du front est grisâtre ; le gosier est blanchâtre avec des lignes
brunes sur le rachis ; les joues sont lavées de roussâtre ; le
thorax, les flancs et le ventre sont ondés de bandelettes
blanches et roux-doré alternantes ; les zones des plumes tibiales ont la nuance roux-doré plus vive et les zones blanches plus étroites ; la région anale, les couvertures inférieures de la queue sont d'un blanc pur.

Les ailes fort longues, ont leurs rémiges brunes, barrées
de bandes d'un brun plus intense ; des taches blanches marquent leurs barbes internes dans les parties cachées ; la
queue est égale, grise en dessus avec trois bandes brunes
espacées, la dernière simplement liserée de gris au sommet
des plumes ; en dessous, ces mêmes plumes sont blanches
et les barres brunes conservent leurs teintes.

Le bec de cet oiseau est brun ; les tarses sont d'un jaune
pâle brunâtre et les ongles noirs.

7. LA CRESSERELLE PHALÈNE.

(Tinnunculus phalæna, Lesson.)

Cette gracieuse cresserelle habite les rivages de l'Amérique méridionale, baignés par l'Océan Pacifique. Elle n'a
que vingt-quatre centimètres de longueur totale.

Le dessus de la tête est gris-bleu, s'étendant jusqu'au cou ;
mais une large plaque rouge marron recouvre l'occiput ; le
front est blanchâtre ; tout le dessus du corps et les couver-

tures alaires sont d'un rouge cannelle fort vif, relevé sur ces dernières parties par des losanges d'un noir profond, mais le reste du dos, le croupion et la plus grande étendue de la queue, en dessus, sont aussi rouge cannelle uniforme.

Les ailes ont leur moignon blanc, puis leur partie moyenne d'un cendré bleu relevé par des points noirs et surtout par un miroir noir velours, placé au milieu des pennes moyennes, qui sont de plus frangées de blanc à leur sommet; les rémiges sont noires, mais avec un étroit liseré blanc sur leur pourtour, et en dedans des barbes elles sont largement œillées de blanc pur.

Le gosier, le haut du cou et les joues sont d'un blanc que relèvent deux traits noirs qui descendent sur le gosier et sur le cou; le thorax est roussâtre, ainsi que le ventre, mais des larmes noires petites sont éparses sur les flancs et sur cette partie; les plumes tibiales et les couvertures inférieures sont blanches.

La queue du beau rouge cannelle du dessus est largement barrée de noir velours, puis d'un liseré blanc pur à son sommet; les pennes les plus externes sont blanches avec de larges taches noires œillées; la cire est jaune et le bec bleuâtre; les tarses sont jaunes et les ongles noirs. Cette cresserelle vit à San-Blas et à Acapulco.

8. VARIÉTÉ DU FAUCON D'ALDROVANDE.

(*Falco Aldrovandii*, Temm.)

Je suis forcé de rapporter au faucon d'Aldrovande une peau d'oiseau qu'on m'a dit provenir de la Nouvelle-Hollande, et que je crois être celle d'un jeune adulte. Les formes sont les mêmes; la coloration générale ne diffère pas; mais elle présente entre autres particularités, celles d'avoir un sourcil jaunâtre, un demi-collier s'avançant sur la nuque, et toutes les plumes noires du dessus du corps cerclées de roux. Le reste est semblable. L'aldrovandin de Temminck vit à Java.

9. LE MILAN ANONYME.

(*Milvus anonymus*, Lesson.)

La Nouvelle-Hollande possède plusieurs espèces de milans distinctes, les *M. affinis*, *isurus* et *sphœnurus*. L'espèce dont il s'agit est bien distincte des trois citées, tout en se rapprochant du *milvus ater* qu'elle représente dans l'Australie.

Le milan anonyme a sa queue large et fourchue, le bec et les tarses noir bleuâtre, les rémiges hastées; tout son plumage est sans exception brun roux, émaillé de flammèches jaune pâle et blanchâtre. Les plumes de l'*affinis* sont rousses avec le centre brun. Ici c'est l'inverse, le corps de la plume est brun roussâtre, le rachis noir lustré, mais le centre est jaune très-pâle. Sur la tête et le cou les flammèches sont nombreuses; sur les ailes, le dos, les plumes sont cerclées de roux clair à leur sommet seulement; sur les couvertures des ailes le jaune passe à la nuance rouille, sous le corps, les flammèches sont longues, puis nuancées de roux vif sur le ventre et sur les flancs; un épais duvet blanc revêt le corps de l'oiseau; les rémiges sont d'un noir mat terminées par un petit rebord roux; les pennes caudales sont grises, légèrement barrées de brun et terminées par un rebord blanchâtre; en dessous le fond est plus gris et les bandes plus apparentes.

Ce qui distingue surtout cette espèce sont les deux plaques brunes qui recouvrent les régions oculaire et auriculaire. Ce milan mesure quarante-cinq centimètres de longueur totale, et vit à la Nouvelle-Hollande.

10. LE BLAC DU BENGALE.

(Elanus cœsius, Sav.)

Cet oiseau est regardé comme une de ces espèces cosmopolites répandues en Afrique, en Asie, en Australie et en Amérique. L'individu décrit provient du Bengale ; son plumage cendré en dessus est blanc pur en dessous ; ses épaules sont d'un riche noir violacé et luisant ; les sourcils sont noirs, ainsi que le bec et les ongles ; les tarses sont jaunes. Nous pensons que les diverses variétés de l'*elanus cœsius* auront besoin d'être comparées entre elles aux divers âges, afin d'être étudiées soigneusement, car il doit y avoir des différences d'espèces.

11. LA CHOUETTE MACULÉE.

(Noctua maculata, Vigors et Horsf.)

MM. Vigors et Horsfield ont distingué la *noctua maculata* de la *noctua boubouk* de Latham. On pourrait tout aussi bien faire une espèce de l'individu que nous avons sous les yeux. Il mesure vingt-cinq centimètres de longueur totale ; tout le dessus du corps jusqu'au croupion est brun ; quelques petites taches blanches sont éparses sur les épaules et sur le bas du dos ; les ailes sont brunes, mais couvertes d'yeux blancs ; le front est blanc, ainsi que le menton et les joues ; tout le dessous du corps est varié de flammèches brunes et blanches, dues à ce que les plumes sont toutes brunes au centre et blanches sur leurs côtés ; les rémiges sont barrées de blanc gris sur un fond brun ; le dedans des ailes est brun relevé de bandelettes blanches ; la queue assez longue et égale est barrée de gris blanc, passant au blanc sur les plumes les plus extérieures ; les plumes des tarses sont variées de noir et de blanc; les poils des doigts sont rigides, mais formés de poils réunis en pinceaux ou comme pectinés. Cet accipitre nocturne, qui a des serres d'une grande puissance, a la plante des pieds couverte de verrues très-pressées.

Les taches du boubouk sont ferrugineuses; celles de la noctua maculata sont, sur le ventre, brun ferrugineux, et le dos a des taches blanches. Toutefois, nous regardons le boubouk, la maculata et notre individu, comme ne formant qu'une espèce.

Cet oiseau est de la Nouvelle-Galles du Sud.

12. LA CHOUETTE PERLÉE.

(*Strix perlata*, Vieill.)

Cet oiseau est la chouette perlée de Levaillant, Af., pl. 284. C'est le *Nyctipetes perlatus* de Swainson, W., Af., t. I, pl. 130. Ce rapace de la Sénégambie et du Cap appartient aujourd'hui au genre *Nyctale* de Brehm.

Notre individu a tout le dessus du corps brun roux, avec des larmes peu apparentes sur la tête et le dos, mais très-blanches et nombreuses sur le croupion et les ailes; le ventre et le thorax ont de larges flammes roux-vif ou cannelle sur un fond blanc; le front est blanc; le reste comme dans les descriptions.

13. LE CHAT-HUANT ÉMAILLÉ.

(*Syrnium ocellatum*, Lesson.)

Ce beau et curieux accipitre nocturne a beaucoup des caractères de la chouette des pagodes figurée par M. Temminck, pl. 230, mais s'en distingue suffisamment. Sa longueur totale est de dix-huit pouces; la queue, égale à son extrémité, dépasse les ailes de deux pouces; celles-ci ont leur première rémige la plus courte, la seconde plus longue,

la troisième plus longue encore, mais moins longue que la
quatrième qui est la plus longue de toutes; le bec fort et
robuste, recourbé dès la base, ayant deux narines rondes,
ouvertes, percées sur le rebord de l'arète et dirigées en
avant; les tarses, épais et robustes, sont vêtus de petites
plumes jusqu'aux doigts; ceux-ci sont recouverts de petites plumes, puis de poils jusqu'à la dernière phalange que
protègent en dessus deux écailles; les ongles sont forts,
recourbés, excessivement acérés; celui du doigt du milieu
est renflé en dedans; le disque auriculaire est fort incomplet; les plumes en soie, qui se dirigent en avant du bec,
sont décomposées, blanches et terminées par des fils sim-
ples et noirs; ces disques sont recouverts de petites plumes.
gris-blanc rayé de noir, ce qui fait paraître cette partie
variée de noir et de gris-blanc; derrière l'œil, se dessine
sur le disque une tache roux vif, et sur le rebord de la
conque, en arrière des oreilles, règne une plaque oblongue
d'un noir velouté intense; une large plaque triangulaire,
d'un blanc sans taches, couvre le devant du cou et forme
un large croissant qui s'étend même sur les jugulaires.

Les plumes de la ligne moyenne de la tête, entre les
deux disques, puis celles de l'occiput et du cou sont d'un
roux vif, émaillé et semé de gouttelettes ovalaires neigeuses
ayant pour bordure un cercle noir intense; chaque plume,
en effet, rousse dans le tiers terminal, a deux yeux blancs
au sommet séparés et encadrés dans une bordure d'un noir
profond; la teinte générale du dos, du croupion, des pennes
alaires et caudales est un roux blond, relevé par des ver-
getures blanches zigzaguées de brun, à la manière des ailes
de certaines phalènes; des traits sinueux et plus larges
relèvent le tout; les pennes alaires sont brunes, relevées
sur leur bord externe de ces maculatures zigzaguées blan-

ches et brunes bistrées ; mais au-dedans de la troisième penne se fait remarquer une large tache marron-vif ; les pennes caudales sont en dessus vermiculées de gris de perle, de brun et de bandelettes brun-bistré à leur sommet qui est gris-blanc ; mais à leur bord interne, et vers leur milieu, elles sont oceuses, barrées de brun, et en dessous elles sont dans les deux tiers de leur étendue jaune-pâle avec quelques barres brunâtres.

A partir du thorax jusqu'aux couvertures inférieures règne une teinte roussâtre, quand le duvet paraît, et une coloration blanche régulièrement rayée en travers de brun ; chaque plume en effet a son corps blanc avec cinq ou six rayures transversales brunes régulières ; les flancs, les plumes des jambes, sont rayés de la même manière, et les petites plumes qui recouvrent la base des doigts présentent cette même disposition de coloration.

Le bec est noir ainsi que le nu des phalanges et les ongles.

Cet oiseau vit dans la presqu'île de l'Inde, sur le territoire de Pondichéry, d'où l'a rapporté le docteur Follet.

GRIMPEURS.

14. LA PLATYCERQUE A DOS NOIR.

(Platycercus (psittacus) melanotus, Lesson.)

Je n'ai pas trouvé une bonne description de cette perruche laticaude de la Nouvelle-Hollande, remarquable par l'éclat des vives couleurs qui teignent son plumage ; le bec est rose et le dessus de la tête vert-bleu ; tout le dessous du corps est d'un vert tirant sur le jaune; le dos est d'un noir profond, que relève la nuance rouge-feu des ailes; le croupion est azuré et les couvertures supérieures de la queue sont vertes; on remarque sur le fouet de l'aile une tache noire arrondie qui tranche sur le rouge de cette partie; les pennes caudales sont en dessus vertes et œillées de jaune, mais en dessous elles sont noires et terminées par une bordure blanche : la taille de cette espèce est celle de la *rose-hell* et de la Pennant.

15. LA PLATYCERQUE A TÊTE PALE.

(*Platycercus palliceps*, Vig.; *Lear parrots*, pl. 19; *Pl. cœlestis*, Lesson, *Écho*.)

Cette belle et rarissime espèce doit prendre place à côté de l'omnicolore dont elle a les formes et le même système de coloration dans son plumage, bien que les couleurs soient autres.

C'est de la Nouvelle-Hollande que provient cette perruche laticaude, qui mesure trente-deux centimètres, et a le bec blanc-bleuâtre dans le haut, et les tarses noirs.

Un jaune-serin très-frais et sans tache recouvre la tête, l'occiput et le haut des joues; le bas des joues et le gosier sont blancs, lavés de bleuâtre sur les côtés du cou; le dessus du cou, à partir de l'occiput, le dos, les couvertures des ailes ont leurs plumes noires largement bordées de jaune d'or; le bas du dos et les couvertures supérieures de la queue sont d'un vert-aigue-marine glaucescent; tout le dessous du corps, depuis le milieu du cou en avant, le thorax, les flancs, le bas-ventre et la région anale sont d'un glauque lavé de bleu azur; les couvertures inférieures de la queue sont d'un rouge de sang; les ailes ont leurs couvertures variées de bleu-clair, de bleu-noir et de quelques plaques noir-mat; les secondaires sont brunes et lar-

gement frangées de vert, puis de glauque ; les rémiges, fortement échancrées sur leurs bords, sont brunes avec un
rebord bleu-lapis dans le haut ; la queue formée, de rectrices étagées, a les quatre pennes moyennes brunes bordées
de bleuâtre ; les latérales sont bleues dans leur première
moitié, blanc-bleuâtre à leur extrémité et terminées de
blanc.

16. LE TRICHOGLOSSE ENSANGLANTÉ.

(*Trichoglossus (psittacus) cruentus*, Lesson, *Écho*, 1844, 126.)

La jolie perruche que nous décrivons ici nous semble
bien distincte des cinq espèces admises par les auteurs,
soit parmi les *nanodes*, soit parmi les *euphema*.

Long de trente-trois centimètres, cet oiseau a le bec d'un
noir luisant et les tarses de même couleur ; son plumage
est vert, mais avec des nuances différentes : ainsi il est vert-
foncé sur le dos et sur les ailes, vert-jaune sur le cou, vert
plus clair nuancé de rouge sur le croupion, vert-gai sur les
couvertures supérieures de la queue ; le devant du cou est
verdâtre ; mais ce vert général est çà et là relevé par du
rouge de sang ; le front et un large trait sur les joues et
sur les oreilles est rouge fulgide ; ce rouge s'affaiblit et devient aurore sur le sommet de la tête, et du rougeâtre terne
se mêle au vert du menton et du cou, s'étend sur le devant du cou, sur le thorax, et devient rouge de sang sur le
ventre et sur les flancs ; le bas-ventre, la région anale et
les couvertures inférieures sont d'un vert-pré assez uniforme.

Le bas du dos est aussi rouge de sang, puis les couvertures supérieures sont d'un vert moins foncé que celui du
dos.

Les ailes sont d'un vert franc et lustré, et une bande bleu-indigo en marque le milieu; les rémiges, bleues à leur première moitié, sont noires, excepté leur bord externe, qui est encore bleu-indigo.

Les rectrices, étagées, raides et atténuées à la pointe, sont vert glacé de jaune sur les pennes médianes; vertes terminées de bleu-indigo sur les latérales; toutes sont en dessous jaune glacé d'or, puis brunes à leur terminaison.

Le pourtour de l'œil est dénudé. Le dedans des ailes est vert au rebord de l'épaule, puis rouge de sang.

On ignore la patrie de cette belle perruche.

17. LE STYLORHYNQUE A FRONT ROUGE.

(*Stylorhynchus crythrofrons*, Lesson. *Arara erythrofrons*. Less. *Revue zool.* 1842, p. 210.)

Ce perroquet a les mandibules du bec fort inégales, car la supérieure est longue, étroite, carénée, terminée en pointe acérée et fort aiguë; l'inférieure est convexe et arrondie; les narines sont entièrement cachées par les plumes du front, et non ouvertes dans la cire, qui, dans ce genre, n'existe pas; les ailes sont alongées, à rémiges étroites, lancéolées; la queue est aiguë, pointue, composée de rectrices étroites et alongées; les tarses courts, à doigt du milieu fort long. Ce genre habite l'Amérique méridionale et orientale.

Le stylorhynque type du genre est assez commun aux alentours de Valdivia, dans le Chili méridional. Il est remarquable par les caractères insolites qu'il présente. Son bec est couleur de corne brunâtre sale; les tarses et les ongles qui arment les doigts sont noirs.

Un bandeau étroit et plus épais en avant des yeux, d'un pourpre noir, traverse le front et la région oculaire. Le corps est entier coloré en vert, mais le vert du dessus est plus foncé que le vert du dessous, et des teintes rouille se

manifestent sur le thorax et deviennent d'un rouge de sang
sur le bas-ventre et au pourtour de la région anale.

Les ailes sont vertes, excepté au coude, où apparaît une
nuance bleue, et les pennes primaires sont bleu-aigue-marine en dehors et brunes en dedans.

La queue est d'un rouge de sang, plus foncé en dessus,
plus clair en dessous; les tiges des plumes sont brun lustré,
et le sommet des pennes médianes est terminé de vert.

Ce perroquet mesure trente-cinq centimètres de longueur
totale, et la queue entre seule pour dix-sept centimètres
dans ces proportions. Il a été découvert par M. Adolphe
Lesson.

18. LE PSITTACARA A TÊTE ÉCARLATE.

(Psittacara (Psittacus) erythrogenys, Lesson, *Écho,* 1844, n° 34, p. 486) (1).

Cette jolie perruche-ara a le pourtour de l'œil dénudé
ainsi que les autres espèces de la même tribu; elle mesure
vingt-et-un centimètres; son plumage est d'un riche vert-pré
sur le corps, sur les ailes et sur la queue, et d'un vert plus
jaunâtre sur toutes les parties inférieures. Un masque d'un
rouge cramoisi encadre la face, les joues, la région auriculaire, et revêt le sinciput; ce rouge fulgide n'est interrompu
que par le jaune pâle de la membrane qui entoure l'œil;
quelques plumes rouges, implantées sur le cou, semblent
indiquer qu'il se forme à un certain âge soit un demi-collier de cette couleur, soit simplement quelques plaques
isolées.

Les ailes sont bordées de ce même rouge de feu aux
épaules sur le rebord, aussi bien qu'en dedans; les articu-

(1) P. **rostro eburneo; pedibus sordidis; corpore viridi; sincipite,**
genisque coccineis; pteromatibus, alarum pogonio, igneis.

lations du tarse portent elles-mêmes au rebord des sortes de jarretières de ce même rouge de feu.

Les grandes pennes des ailes sont d'un vert glacé, mais leurs tiges sont d'un noir lustré, et les barbes de leur bord interne sont d'un jaune glacé et nuancé de brun à leur terminaison; les rectrices étagées et effilées, à rachis très-luisant, sont en dessus d'un beau vert lustré, et en dessous d'un jaune brunâtre.

Cet oiseau a le bec gros, fort et couleur d'ivoire jauni; les tarses sont d'un jaune livide et sale tirant au brunâtre sur les doigts; les ongles fort alongés, recourbés et acérés, sont brunâtres.

Cette perruche-ara habite les alentours de Guayaquil.

Les aras, les psittacaras et les aratingas sont des perroquets exclusivement américains. On connaît onze espèces du groupe des psittacaras, et celle que nous décrivons sera la douzième.

19. L'ARARA A BEC D'IVOIRE.

(*Aratinga eburnirostrum.* Lesson, *Rev. zool.* 1842, p. 210.)

Cette gracieuse espèce de perroquet a été rapportée d'Acapulco (Mexique) par M. Adolphe Lesson; elle mesure vingt-et-un centimètres de longueur totale.

Son bec est couleur de corne, marqué de noir à la base de la mandibule inférieure; le pourtour des yeux est nu.

Le front et le devant de la tête sont d'un orangé velouté et suave, que relève un assez large bandeau bleu traversant tout le sinciput; la nuque, le dessus du cou, le dos, les épaules, le croupion et le dessus des ailes sont d'un riche vert-pré; le devant du corps, à partir du menton jusqu'au thorax sont d'un jaune gris sale, mais le ventre, le thorax, les flancs et les couvertures inférieures de la queue sont d'un vert tirant au jaune presque pur.

Les tarses et les ongles sont brunâtres.

Les ailes ont leurs pennes vertes à la base et bleues dans le reste de leur étendue ; mais, au rebord interne, le bleu fait place au noir.

La queue assez alongée et cunéiforme est jaune-clair en dessous et vert-foncé en dessus ; toutefois les pennes sont à leur bord interne nuancées de roux.

20. L'ARARA VERT.

(*Arara prasina*, Lesson.)

Le bec est fort gros, bombé, entièrement blanc ; le pourtour de l'œil est complètement dénudé ; les tarses sont courts, faibles, aréolés ; la queue est moyenne, à pennes alongées, lancéolées, étroites.

Cette perruche-ara mesure trente-trois centimètres de longueur totale : son plumage est vert, vert-foncé sur le corps, vert-jaune en dessous ; le vert de la nuque et du dessus du cou est émaillé de noir par ondes ; les rémiges elles-mêmes sont en dehors vertes, mais en dedans elles ont une bordure brune, puis leurs barbes jaune-nankin ; leurs tiges sont d'un beau noir lustré.

Le vert du plumage de cet oiseau est relevé par un point rouge de cinabre derrière les yeux ; un même point rouge borde les plumes tibiales, et le rebord des ailes est d'un rouge de feu très-éclatant ; les ailes en dedans et la queue en dessous sont d'un jaune plus ou moins vif, très-glacé et pur sous les ailes, mêlé de brun sous les rectrices ; les tarses sont noirs.

On ignore la patrie de cet oiseau.

21. LE VINI DRYAS.

(*Vini dryas*, Lesson.)

Les îles Océaniennes ont présenté la curieuse particularité de nourrir des espèces du genre *psittacus*, aussi remarquables par leur petite taille que par leur coloration. Ce sont les *psittacules* (*psittacula*) des auteurs anglais, ou les *vinis* (*vini*) de mon *Traité d'ornithologie*.

Le groupe des phigys ou vinis est si naturel, que les oiseaux qui lui appartiennent, bien que différents par l'éclat vraiment extraordinaire de leur plumage, se ressemblent par la forme du bec et des tarses, celle des ailes et de la queue, la nature soyeuse et lustrée des plumes, la coloration du bec, et surtout par les mœurs et le régime. Ce sont des petits oiseaux criards, colériques, actifs, vivant dans les cocotiers et dans les grands arbres à fruits d'Evy entre autres, des îles Océaniennes.

Les phigys ont le plumage vert, avec du rouge éclatant, et les psittacules fringillaire, écarlate, de Kuhl, sont certes de charmants oiseaux bien connus aujourd'hui. Les *vinis bleus*, dont la connaissance est due primitivement à Commerson, vivent exclusivement dans les îles de la Mer du Sud. Sparmann a fait une espèce des individus, dont le devant du cou est noir, tandis qu'aujourd'hui on admet assez généralement que cette coloration est due à une livrée, soit de jeune mâle, soit plutôt de femelle ; le bec et les tarses sont noirâtres, mais le jaune-orangé commence à apparaître sur le demi-bec inférieur : il est vrai que l'œil est brun, mais plus tard, sans doute, il doit changer de couleur. Les plumes de la tête et de l'occiput sont étroites et luisantes, et partout règne le bleu-azur le plus suave et le plus lustré. Les pennes alaires

sont noires mais frangées d'azur ; le ventre, les flancs sont
azur ; le devant du cou seul, à partir du menton jusqu'au
haut du thorax, est recouvert de plumes d'un noir mat,
grises à leur base, et qui font place sur les vinis adultes au
blanc de neige le plus pur. Les individus, dans cette livrée
complète, ont donc le haut du corps du même bleu-azur
qui règne sur le ventre, sur les flancs, sur les épaules; mais
le devant du cou, les joues, le haut du thorax sont blanc-
neigeux, le bec et les tarses sont orangés, et l'œil est lui-
même orangé avec un iris noir; les ongles seuls sont noirs.
C'est à O-Taïti et à Borabora, que la perruche vini ou *ari-
manou* de Commerson et de Buffon se trouve en grande
abondance.

Nous croyons donc que chaque archipel de l'Océanie a
des tribus de vinis, qui sont différentes. Jusqu'à ce jour,
tout prouve cette loi de géographie zoologique qui serait en
contradiction avec la formation géologique de ces îles, que
l'on suppose être le résultat de la déchirure d'un continent.
Les animaux se seraient donc propagés sur ces terres par
types distincts et variés, bien que semblables par leur organisation intérieure et par une certaine similitude de formes ; un autre exemple est celui fourni par la colombe *ku-
rukuru*, que l'on trouve dans les archipels et partout avec
des variantes.

Les îles Marquises, les îles Fidjis, les îles Gambier doivent
avoir des espèces de perruches vinis ou phigys distinctes ;
cela, pour moi, n'est pas douteux, et pour les îles Marquises
l'espèce que nous allons décrire vient affirmer le fait général que nous avançons ; c'est sans contredit une des plus
gracieuses espèces que l'on puisse citer.

La perruche ou *psittacule dryas* a une taille un peu plus
forte que l'*é-vini* d'O-Taïti; comme cette dernière, son plu-

mage est soyeux, luisant, et les plumes de la tête et de l'occiput sont alongées, étroites, et forment une sorte de huppe : non complètement adulte, et prenant sa parure de noces, cette petite espèce de perroquet, a des plumes bariolées de blanc, de gris et de brun, sur le devant du cou, les joues, le thorax et le ventre, et comme une ceinture d'un riche bleu-azur règne sur le bas de la poitrine, il en résulte que l'oiseau adulte doit avoir tout le dessous du corps de ce même riche bleu-azur, quand il est adulte. Nous devons dire que nous ne connaissons aucun oiseau dans cette livrée, et que tous les individus rapportés sont semblables au type de notre description.

Cette é-vini a de longueur totale dix-neuf centimètres ; sa queue est pointue, et les ailes sont presque aussi longues qu'elle ; son bec est orangé, marqué de noir à la pointe, et entièrement noir à la mandibule inférieure ; les tarses sont orangés, et les ongles noirs; l'œil est brun, bordé d'un cercle orangé ; un bandeau d'un riche vert aigue-marine couvre le front; les plumes effilées et étroites du sinciput sont d'un bleu-azur fort vif et fort lustré, strié de bleu satiné ; ce bleu s'arrête au-delà de l'occiput : tout le dessus du corps, les ailes sont de ce même vert aigue-marine, mais à nuance glacée et plus douce sur le bas du dos et le croupion ; des plumes écailleuses, de plumage de mue, sont blanches et noires et parfois grises, et recouvrent le devant du cou, à partir du menton, les joues et le thorax ; le bas de cette partie est revêtu d'une écharpe bleue ; le ventre et les flancs sont mélangés de stries bleues et de plumes blanches ; enfin, la région anale et les plumes tibiales sont du plus riche bleu-azur, les pennes caudales sont blanches lavées de vert-d'eau clair sur les extrémités, et de brun à leur base ; les rémiges sont noires, mais frangées de bleu-vert sur les bords.

Cette gracieuse espèce de perruche est nommée *petihi* à Nuka-Hiva, sa patrie.

Cette perruche a été décrite en France et à l'étranger presque en même temps. C'est la perruche Goupil (*ps. sma-ragdinus*) de MM. Hombron et Jacquinot (*Ann. sc. nat.,* t. 16 [1841], p. 318), et la coryphylle dryas (*coryphyllus dryas*) de Gould, figurée pl. 26 de la zoologie du Sulphur. Enfin, c'est notre vini de Lesson, publiée dans l'*Écho du monde savant,* d'après un bel échantillon envoyé des îles Marquises par mon frère. Il y avait déjà une perruche du nom de smaragdinus, et par conséquent nous avons dû préférer celui de Dryas.

22. L'AMAZONE A TÊTE LILAS.

(*Amazona lilacina,* Lesson, *Écho,* 1844, t. 2, n° 30, p. 394) (1).

Le perroquet à occiput couleur de lilas, appartient à la tribu des amazones, petite coupe que Swainson a nommée *chrysotis* en 1837, et qui répond à la majeure partie des *androglossus* de Vigors. Les perroquets amazones appartiennent à l'Amérique équatoriale, et celui que nous décrivons ici vit aux alentours de Guayaquil sur les rivages de l'Océan Pacifique.

Ce perroquet mesure trente-trois centimètres de longueur totale ; son bec a le ruban de son arête convexe assez étroit, il est renflé sur le côté, et de nuance brunâtre sale ou de corne.

(1) Corpore viridi, fronte rubro, sincipite lilacino ; abdomine, tectricibusque inferioribus viridiluteis ; speculo igneo super alas, et remigum parte terminali nigro-cœruleo.

Ses tarses courts et robustes sont noirâtres ainsi que les ongles.

La forme du corps ne diffère point de celle des autres amazones, les ailes atteignent le milieu de la queue et celle-ci est courte et légèrement arrondie au sommet.

Le plumage des parties supérieures du corps est d'un vert-pré uniforme, de même que sur les ailes et le croupion; toutefois les couvertures secondaires des ailes sont frangées de jaune assez pur.

Les plumes du sommet de la tête sont d'un rouge de feu sur le devant du front : ce rouge s'éteint successivement et s'affaiblit pour prendre une nuance violette ou même bleuâtre sur l'occiput avec quelques veinules vertes.

Le tour de l'œil est légèrement dénudé, l'iris est noir cerclé de jaune d'or : les joues et les régions auriculaires sont jaunes ainsi que les côtés du cou; mais, sur ces dernières parties, le jaune est nuancé de vert.

Tout le dessous du corps est d'un vert plus foncé sur le thorax, plus jaune sur le bas du ventre et sur les couvertures inférieures de la queue.

La queue a ses pennes moyennes d'un riche vert-émeraude, tandis que les latérales sont vertes dans leur première moitié et puis terminées de jaune dans le reste de leur étendue.

Les ailes ont à leur milieu un large miroir rouge de feu : les pennes, vertes dans leur première moitié et sur les barbes externes, sont noires en dedans et à leur moitié terminale; mais les barbes externes sont glacées de bleu-azur sur leur bord.

Enfin ce qui caractérise cette espèce après la coloration de la tête, est le vert du dessus du cou et des côtés du cou, dont chaque plume verte est frangée par un rebord noir, ce qui dessine plusieurs rangées de collerettes brunes sur ces parties.

Comme nous l'avons dit, ce perroquet se trouve à Guaya-quil.

23. L'AMAZONE A MANTEAU D'OR.

(*Amazona auropalliatus*, Lesson, *Rev. zool.* 1842, p. 210.)

Ce beau perroquet habite la république du Centre-Amé-rique, proche Réalejo ; c'est du moins là qu'il a été tué par M. Ad. Lesson, médecin de la marine ; il mesure de lon-gueur totale trente-six centimètres.

Son bec, fort et gros, est brun excepté sur les côtés où il est couleur de corne ; la cire est pointue et noire ; les na-rines rondes et largement ouvertes ; les tarses sont courts, gros et très-rugueux ; ils sont noirs ainsi que les ongles.

Comme tous les perroquets de la tribu des amazones, ce-lui à manteau doré a le plumage vert, mais ce vert varie suivant les régions : le dessus de la tête, la nuque, les joues sont d'un vert-glaucescent-bleuâtre léger, séparé du vert foncé du manteau, des ailes et du dos, par une écharpe d'un riche jaune d'or, prenant des épaules et traversant le bas du cou ; les couvertures supérieures de la queue sont d'un vert-jaune vif ; tout le dessous du corps est d'un vert-jau-nâtre lavé de rose par places ; les ailes sont vert foncé, mais les rémiges, vertes à leur naissance, sont bleues à leur ter-minaison ; un large miroir rouge de sang occupe le milieu de l'aile et appartient à la coloration des rémiges secon-daires ; la queue est légèrement arrondie, colorée en vert devenant jaune très-frais à l'extrémité ; la base des rec-trices, surtout en dedans, est d'un rouge de sang très-écla-tant.

Ce perroquet a été décrit de nouveau en 1843 sous le

nom de *psittacus flavinuchus* par Gould (Proceed., 1843, 104), et figuré à la planche 27 de la *Zoologie du vaisseau le Sulphur*.

24. LE CAYCA A CRAVATE DORÉE.

(*Cayca chrysopogon*, Lesson , *Rev. zool.*, 1842, p. 210.)

Ce petit perroquet a été tué aux alentours de San-Carlos (Centre-Amérique), par M. Ad. Lesson ; sa taille est de dix-huit centimètres au plus, son bec est blanchâtre, et la cire où s'ouvrent les narines est aussi de cette couleur ; les tarses sont jaunes et les ongles noirâtres ; un vert-bleuâtre colore le dessus de la tête, le dos, le croupion ; un vert-jaune et gai règne depuis le gosier jusqu'au thorax et le colore en vert-bleuâtre sur le ventre et sur les flancs : mais ce qui rend cet oiseau fort remarquable est une touffe d'une couleur orangée fort vive qui règne sous le menton, et cette touffe est formée par quelques petites plumes agglomérées et vivement colorées.

Les couvertures des ailes sont vert uni doré ou vert-roux, les moyennes sont vert-jaune clair, les épaules ont un rebord jaune-soufre, et c'est aussi la coloration de l'intérieur de l'aile ; les rémiges sont vert-bleu à tiges lustrées et noires ; la queue, courte et aiguë, est formée par des rectrices, les moyennes vert-pré, les latérales frangées de jaune en dedans ; les couvertures inférieures sont de ce même vert-jaune du thorax et des côtés.

25. L'AGAPORNIS CÉLESTE.

(*Agapornis cœlestis*, Lesson, *Écho*, 1844, t. 2) (1).

Cette jolie petite perruche se rapproche du *psittacus ca-pensis* de la Guyane (enl. 455 f. 1.) et de l'*agapornis cyanop-terus* de Swainson, qui vit au Brésil. L'*agapornis cœlestis* re-présente ces deux espèces sur les rivages de l'Amérique méridionale que baigne l'Océan Pacifique : c'est aux alen-tours de Guayaquil qu'on la rencontre principalement.

L'agapornis céleste mesure au plus douze centimètres : les ailes sont aussi longues que la queue ; celle-ci est très-aiguë ; le bec est d'un blanchâtre couleur de corne, les tarses sont blanc-jaunâtre ; la femelle est un peu plus petite que le mâle ; le bec est noirâtre dans les deux sexes, au-dessus des narines, et le fond du plumage est généralement d'un vert plus ou moins clair ou foncé.

Le mâle a le sommet de la tête vert très-clair : ce même vert colore les joues, le gosier et le devant du cou ; le dos, le dessus des ailes est d'un vert lavé de gris ; tout le des-sous du corps est d'un vert gai, tirant au jaune sur le milieu du ventre et légèrement au gris sur les côtés du thorax.

La nuque et les côtés du cou sont lavés de bleu de ciel ; un riche bleu-azur règne sur le bas du dos et sur le crou-pion ; les couvertures supérieures de la queue sont vert-aigue-marine.

Les ailes ont leurs grandes couvertures vert-roussâtre, les pennes moyennes bleu-indigo, frangées de jaune, les pennes primaires brunes en dedans, bordées de vert-pré ; la queue est verte.

(1) Ps. viridis ; alis maculâ cœruleâ ; dorsi medio uropygioque azureis ; sincipite lætæ viridi ; occipite cœrulescenti. Fœmina : viridi unicolore.

La femelle est généralement verte, mais une sorte de bandeau vert-jaune règne sur le front, et ce même vert-jaunâtre colore le devant du cou, les côtés de la tête, tandis qu'un vert gai domine sur le ventre, le thorax et les flancs.

Cette perruche a été tuée aux alentours de Guayaquil.

26. LE PSITTRICHAS DE PESQUET.

(*Psittacus Pesquetii*, Lesson, *Illust.* pl. 1.)

Je donne la figure de ce beau et rarissime perroquet déjà représenté dans mes *Illustrations zoologiques*, où il a été longuement décrit d'après la peau mutilée conservée au Muséum. On ne possède aucuns nouveaux détails sur ce curieux oiseau dont on ignore même la patrie. Je renvoie le lecteur au texte de la planche 1re des *Illustrations*.

27. LE PIC ORIFLAMME.

(*Picus (Tiga) labarum*, Lesson) (1).

La rare espèce de pic que nous nommons pic oriflamme appartient à la section des pics à trois doigts, non pas à ceux types du genre *picoïdes* de Lacépède, mais aux pics tridactyles du sous-genre *tiga* de Kaup (1836), ou *chrysonotus* de Swainson (1837). Les picoïdes sont d'Europe et de l'Amérique septentrionale, et les tigas sont des îles asiatiques de la Malaisie. Ni Horsfield ni Rafles n'ont mentionné cette belle espèce dans leurs catalogues des oiseaux de Java et de Sumatra, et Wagler, dans sa révision des pics, l'a également ignorée.

(1) **Picus, cristâ coccineâ**; corpore suprà luteo, brunneo olivaceo infrà; **gulâ ferrugineâ**; genis nigris, cum duabus vittis niveis et vittâ atrâ sub collum decurrente.

Le pic oriflamme habite l'île de Sumatra. Il mesure vingt-cinq centimètres de longueur totale; son bec et ses tarses sont noirs; le bec est droit, comprimé sur les côtés sans sillons, et les narines sont cachées par les plumes du front; une longue huppe d'un rouge de feu couvre tout le dessus de la tête, et s'étend jusque sur le dos en se terminant en pointe.

Le cou, le dos, les ailes sont d'un jaune-mordoré et olivâtre sur les ailes; le thorax, le ventre et les flancs sont d'un brun-olivâtre foncé, avec des larmes blanchâtres et arrondies sur les côtés; les couvertures de la queue, en dessus comme en dessous, sont d'un brun olivâtre assez intense.

La tête, caractérisée par sa longue huppe rouge, présente la coloration suivante : les côtés des joues et du cou sont d'un noir intense, mais deux bandelettes blanc-pur partent de derrière les yeux, l'une en dessus et l'autre en dessous; celle-ci de manière à traverser la région auriculaire et joindre l'épaule; une large plaque occupe la gorge à partir du menton, et est jaune-ferrugineux.

Les ailes ont leurs pennes d'un jaune-mordoré à l'extérieur et sont brunes en dedans, mais les pennes primaires les plus extérieures sont entièrement noires, leur sommet excepté qui tire au blanchâtre; en dedans, elles sont d'un noir-brunâtre émaillé de larmes blanches; les trois premières pennes sont à peu près égales; la queue est noir-vif en dessus, noir-brun en dessous, et ses pennes sont très-rigides.

Les tarses sont courts, à trois doigts, armés d'ongles très-comprimés et très-acérés.

28. LE PIC CARDINAL.

(*Picus (Chloronerpes) Cardinalis,* Lesson, *Écho,* 1845, p. 920.) (1).

L'éclatante vestiture de ce pic le fait distinguer de toutes les espèces connues. Le corps en dessus est d'un rouge-de-sang fort vif et les plumes ont un éclat soyeux et lustré; un noir-brun recouvre le sommet de la tête depuis le front jusqu'à l'occiput, en forme de calotte, car la tête manque de huppe; tout le dessous du corps est blanchâtre, depuis le menton jusqu'aux couvertures inférieures de la queue; les côtés de la tête, les joues et les jugulaires sont d'un roux couleur de café grillé; les rémiges sont d'un brun-roux; les rectrices sont noires en dessus pour les moyennes, quand les latérales sont roux-clair barrées de brun; la tige ou rachis des pennes est blanche; le bec est blanchâtre et les tarses sont plombés.

Cette espèce a un duvet épais et brunâtre et varie suivant les sexes. C'est ainsi que des individus, probablement des jeunes mâles, ont le dessus de la tête recouvert de plumes moitié noires, moitié rouges, et que leur queue est plus brunâtre; sa taille ne dépasse pas quatorze centimètres.

Ce pic a son bec droit, très-comprimé, très-acéré; les ailes atteignent la moitié de la queue; celle-ci a ses pennes raides et pointues.

Cet oiseau habite l'Amérique du Sud, aux environs de Guayaquil.

---

(1) P. pileo nigro; corpore sanguineo suprà, albo infrà; remigibus rufis; caudâ brunneâ suprà; rostro albido; pedibus plumbeis.

29. LE PIC DE GUAYAQUIL.

(*Picus Guayaquilensis*, Lesson, *Écho*, 1845, p. 920) (1).

Les pics *lineatus*, *principalis*, *anaïs*, etc., tous de l'Amérique chaude, forment une petite tribu bien distincte dont les espèces ont été confondues entre elles. Ces pics ont un bec droit, à trois arêtes en dessus, à arête longitudinale en dessous, à pourtour de l'œil nu, à cou grêle, à ongles très-robustes et très-comprimés, à pennes caudales très-rigides.

Le pic qui nous occupe a la tête jusqu'à la nuque, les joues et une cravate sur la gorge, d'un rouge de sang; ce rouge est interrompu sur les joues par des points blancs, et sur les oreilles par une plaque brunâtre; le menton jusqu'à la cravate rouge, puis le devant du cou, sont d'un noir profond; un rebord blanc frange ce noir sur les côtés du cou et descend sur le haut de la poitrine; le dos et le manteau sont variés de brun et de taches blanchâtres; le croupion est roux-ferrugineux avec des bandelettes horizontales brunâtres; tout le dessous du corps est roux traversé de bandelettes régulièrement espacées noires; les ailes et la queue sont noirâtres, mais les pennes externes alaires sont frangées de brun-chocolat, et les deux rectrices moyennes sont également brun-chocolat sur leurs barbes, et les latérales sont blondes; les tiges des pennes sont blanches, et les ailes en dedans sur leurs barbes sont jaunâtres; le bec est brunâtre et les tarses sont plombés; les ongles sont cornés.

(1) P. capite coccineo; mento colloque antici nigerrimis; auriculis albidis; dorso nigro; albo variegato. Uropygio rufo, nigro lineato; collo antici atro; thorace et abdomine rufis, nigro lineatis. Rostro et pedibus plumbeis.

Ce pic, qui mesure trente-trois centimètres, provient de Guayaquil.

30. LE PIC DE LESSON.

(*Picus Lessonii*, Lesson, *Écho*, 1844, p. 921.) (1).

Ce pic qui vit dans la république du Centre-Amérique à Realejo, et à San-Carlos, d'où l'a rapporté M. Adolphe Lesson, auquel je le dédie, ressemble beaucoup au précédent, et, comme lui, il appartient au même groupe. Le pic de Lesson, comme le pic de Guayaquil, mesure trente-trois centimètres; il a toute la tête d'un rouge-fulgide éclatant; les plumes de l'arrière de la tête s'alongent et forment une sorte de huppe tronquée; le cou est noir, mais deux traits blancs suivent longitudinalement ses côtés, et vont se perdre sur le dos; tout le dessus du corps, le croupion compris, est d'un noir-lustré; tout le dessous, à partir du thorax jusqu'aux couvertures inférieures est rouille traversé de barres régulières noires; les ailes sont brunes, mais en dedans elles sont d'un riche jaune-nankin, dû à ce que toutes les pennes sont à moitié de cette couleur dans leur partie cachée; les rectrices sont brunes, excepté leur sommet qui est roux; leurs tiges sont noires et très-fortes; le bec est blanc et les tarses sont noirs, les ongles cornés.

Le pourtour de l'œil est nu et noirâtre.

31. LE PIC D'ANAIS.

(*Picus anaïs*, Lesson.)

Cette espèce est voisine du *picus boiei* de Wagler, n° 3,

(1) P. capite coccineo; mento et gulâ coccineis; collo antici aterrimo; colli lateribus lineâ albidâ delineatis; dorso et uropygio nigris, corpore infrà rufo, nigro lineato; rostro albo; pedibus nigris.

mais elle en diffère par la coloration des parties inférieures. Elle est longue de trente-trois centimètres.

Son bec est de couleur de corne, avec trois arêtes en dessus; les tarses sont noirs, avec des ongles cornés très-robustes.

La tête, ayant une huppe occipitale très-fournie, présente le front, le dessus du crâne et le prolongement de la huppe d'un bleu-noir profond; les côtés de la tête, les joues et l'occiput sont rouge-de-feu; une large bandelette neigeuse part des narines, côtoie les joues, s'étend sur les côtés du cou jusqu'aux épaules, remonte sur le dos et va s'unir à la bandelette du côté opposé en formant un chevron blanc, sur le noir du cou et du dos; menton, devant du cou et haut du thorax de ce même noir bleu; ailes, queue et croupion aussi noir-bleu; thorax, ventre, flancs et couvertures inférieures de la queue gris-roussâtre-clair, rayé de bandelettes transversales noires; dedans des ailes d'un jaune-soufre très-clair.

On ignore de quelle partie de l'Amérique provient ce pic.

32. LE PIC SEMBLABLE.

(Picus similis, Lesson.)

Il est indispensable de comparer les pics entre eux et de tenir compte des localités pour les séparer d'après leurs différences spécifiques, souvent légères, car on ne peut se refuser à admettre des groupes géographiques parmi ces oiseaux. Celui que nous décrivons ici, et que nous adressons à M. Malherbe, pour sa belle *Monographie des pics*, ressemble singulièrement au lineatus, à l'érythrocephalus et à l'anaïs, et cependant, en le comparant à ces trois espèces, il offre des dissemblances. Comme les précédents, il a le dessus du corps noir, le dessous jaune ondé de brun; la tête et la huppe rouge-de-feu, les joues grises, le rebord de la mandibule inférieure rouge-brun, et un trait blanc très-étroit qui part des narines et descend sur les côtés du cou; le gosier est tiqueté de brun et de gris; le devant du cou a une écharpe longitudinale blanc-pur; le rebord du manteau, de chaque côté, est frangé de blanc; l'épaule est blanc-soufré; la queue, brune en dessus, est terminée de jaune en dessous à l'extrémité de chaque penne; le bec est couleur de corne, et les tarses sont bleus. Ce pic a été tué par M. Adolphe Lesson, à San-Carlos, dans la république du Centre-Amérique. Il est de la taille du pic anaïs.

33. LE PIC A PLAQUE NOIRE.

(*Picus subocularis*, Lesson.)

Ce pic, voisin du picus carolinensis qu'il représente sur la côte d'Amérique baignée par l'Océan Pacifique, a le bec et les tarses plombés, le dessus du corps ondé de gris et de noir, et le milieu du dos lavé de roussâtre; le croupion et les couvertures supérieures de la queue sont gris-blanc avec rainures noires; le devant du cou est gris-clair, et le thorax est gris-cendré; le bas de la poitrine, le ventre est jaune-mordoré sale avec une large tache rouge-de-sang au milieu de cette dernière partie; les flancs sont rayés de blanchâtre et de brun.

Les narines, le sinciput et la huppe occipitale, sont rouge-de-feu; un croissant blanc velouté sépare le rouge du front de la plaque rouge de l'occiput qu'il entame; une large plaque noire surmonte le sourcil et se dirige en arrière de l'œil.

Les pennes alaires sont noires avec un large miroir blanc à leur milieu, et les rectrices, également noires, sont œillées de blanc-roussâtre sur les barbes des pennes moyennes et des plus externes.

Ce joli pic a été rapporté de la Mer du Sud, de Realejo, par mon frère.

34. LE PIC SUBÉLÉGANT.

(*Picus subelegans*, Ch. Bonap., *Proc.*, 1837, p. 109.)

Ce joli pic, que nous possédons depuis longtemps, puis-qu'il a été rapporté de San-Carlos dans la république du Centre-Amérique, par M. Adolphe Lesson, alors chi-rurgien-major d'un navire de guerre de la France, en station dans ces parages, se trouve décrit brièvement par le prince de Musignano.

Le dessus du corps est brun, finement rayé en travers de blanc par petites lignes étroites ; le croupion est d'un blanc de neige ; la tête, les joues, le dessus des sourcils est gris enfumé, relevé par une nuance mordorée sur les na-rines, et le rouge-de-feu de la plaque du sinciput, passant au rouge-orangé au sommet de la huppe ; le ventre, le thorax sont gris-olivâtre, lavé de jaune-orangé sale sur le milieu du ventre ; les ailes sont brunes œillées de blanc, et il en est de même des rectrices ; le bec et les tarses sont noirs.

La taille de cette espèce est celle de l'épeiche de France.

35. LE PIAYE A AILES COURTES.

(*Macropus caixana*, Spix, pl. 43, C. Cayanus, Var. Gm.) (1).

Ce piaye, long de treize pouces et demi (la queue com-

(1) Rostro corallino ; sincipite plumbeo ; corpore suprà, alis, caudâque cinnamomeis ; collo, gulà, thorace badiis ; ventre, lateralibus nigro-fuligi-nosis ; cingulo fuliginoso super thoracem ; alarum remigibus brunneo marginatis aut terminatis ; caudæ rectricibus nigro et albo terminatis.

prise pour sept pouces et demi), a le bec rouge de corail,
les tarses noirs, le dessus de la tête gris-bleuâtre clair ou
plombé, et toutes les parties supérieures rouge-cannelle
vif; le devant du cou, à partir du gosier jusqu'au thorax,
est cannelle claire, séparée du noir fuligineux sale du ventre, des flancs, par une écharpe brun-gris roussâtre; couvertures inférieures noir fuligineux intense; ailes cannelle,
à pennes primaires légèrement lavées au bout de brun clair;
rectrices rouge-cannelle, terminées par une double bordure d'abord noire, puis blanche. Cet oiseau habite le
Brésil et la Guyane. Je penche comme Spix à en faire une
espèce distincte.

36. LE COUCOU SIMPLE.

(*Chalcites simplex*, Lesson.)

Ce petit coucou provient de la Nouvelle-Hollande. Il appartient à ce petit groupe dont le plumage est ou très-brillant ou simplement lustré, groupe qui a des points de contact avec les vrais coucous. Il est bien distinct des coucous
inorné, strié de blanc, cendré, incertain, varioleux, luisant et métallique, qui vivent aussi à la Nouvelle-Galles du
Sud.

Voisin du coucou non orné de MM. Horsfield et Vigors,
notre coucou simple mesure vingt-neuf centimètres. Sa
queue est alongée, arrondie, et les ailes atteignent les deux
tiers de sa longueur; le bec est brun, excepté à la base, où
il est pâle; les tarses sont courts et noirâtres; la première
rémige est brève, et la troisième est la plus longue de toutes, ce qui donne à l'aile une forme aiguë.

Le dessus de la tête est brun avec flammèches grises,
rousses et brun clair; les taches de rouille deviennent plus
nombreuses sur la nuque et le haut du cou; deux traits

bruns partent des yeux et longent le cou; le manteau, le dos, les ailes, sont d'un gris marqueté de taches rousses; le bas du dos et le croupion sont gris; les plumes de ces parties ont des reflets lustrés ou soyeux; les ailes sont piquetées de blanc sur un fond brun; les pennes alaires et caudales sont brunes, largement dentées de blanc, ce qui, en dessous des ailes et de la queue, fait paraître ces parties émaillées.

Tout le dessous du corps, le menton, le devant du cou, le ventre et les flancs, sont d'un gris doux et soyeux. Le bas-ventre et les couvertures inférieures de la queue sont d'un blanc pur.

37. LE COUCOU LINÉOLÉ.

(*Cuculus lineatus*, Sw. W. Af. t. 2, p. 178, pl. 18.)

M. Swainson a donné une excellente figure du mâle de cette espèce, et sa description est exacte. Mais je vais décrire l'individu femelle, que n'a pas connu l'auteur anglais.

Les deux sexes ont le bec jaune à la base, noir à la pointe; les tarses et les ongles jaunes, tout le dessus du corps grisbleu ardoisé, la queue brune avec des maculatures blanches.

Le mâle a le bec et le thorax gris; la femelle a ces parties gris mélangé de roux assez foncé sur le thorax. Le mâle a le ventre, la poitrine et les couvertures inférieures gris barré de brun; la femelle a ces mêmes régions buffle avec des rayures horizontales très-espacées et très-fines brunâtres; les couvertures inférieures sont blanc-jaunâtre unicolore. La queue du mâle est brune, avec des larmes plus ou moins larges au milieu sur le rachis et espacées avec régularité; la femelle a ces mêmes larmes plus rapprochées, mais en même temps bordées de noir; les pennes caudales sont grises en dessus, barrées de noir et oculées de blanc au sommet; les rectrices latérales sont zigzaguées de noir et de blanc pur et terminées de noir.

La femelle diffère donc notablement du mâle et par ses parties antérieures et par sa queue. A examiner ces parties seules, on serait tenté de créer une espèce distincte. Ce coucou rappelle tout-à-fait les formes du coucou commun. Les individus étudiés par nous provenaient de la Gambie.

PASSERI GALLES.

38. LA PTILINOPE DUPETIT-THOUARS.

(*Columba Dupetithouarsii*, Neboux, *Rev.*, 1840, p. 289, *Favorite*, pl. 7) (1).

Cette gracieuse colombe appartient à un petit groupe fort naturel répandu sur les îles de la Mer du Sud, et comme chaque archipel a des variétés constantes, force est de les décrire comme espèces distinctes. Hombron et Jacquinot ont même figuré l'oiseau qui nous occupe sous le nom de *columba kurukura purpureo leucocephalus*. Le nom de M. Neboux, étant le plus ancien, doit avoir la priorité. La colombe Dupetit-Thouars mesure vingt-trois centimètres; sa taille est un peu plus forte que la variété d'O-Taïti. Le dessus du crâne est d'un blanc satiné très-soyeux, blanc qui se nuance d'une teinte purpurine sur l'occiput. Un liséré jaune-mordoré encadre cette calotte et passe au jaune-soufre en avant de l'œil. Le pourtour de l'orbite est nu; le bec

(1) *Ptilinopus leucocephalus*, Gray ; *Pt. Æmiliæ*, Lesson, *Echo*, 18 p. 873.

est noir et de nuance cornée à la base; le cou est d'un vert légèrement lavé de jaune, et cette dernière nuance est surtout manifeste sur le gosier, le devant du cou et le thorax. Toutes les plumes de ces dernières parties sont étroites et lancéolées. Un vert pruineux ou grisâtre domine sur les côtés du cou à son attache au tronc. Un vert frais colore le dos, le croupion et les couvertures supérieures de la queue. Les épaules et les tectrices alaires sont d'un vert très-légèrement bronzé; les pennes moyennes supérieures sont frangées de jaune sur un croissant alongé de l'azur le plus vif; les autres pennes moyennes sont bordées de jaune d'or; les grandes rémiges sont noires en dedans et vert-bleu au bord externe; le milieu du ventre est d'un rouge vermillonné assez crû, mais les flancs sont vert-olivâtre; le bas-ventre et les couvertures inférieures de la queue sont jaune d'or; la queue est courte et arrondie; les pennes sont vert-doré, largement bordées de jaune-citron ou même de blanc sur les pennes latérales; en dessous ces pennes sont brunes avec le rebord moins jaune. Les tarses sont rouge-carmin, avec du gris au tibia.

Cette jolie colombe n'est pas rare aux îles Marquises, et notamment à Nuka-Hiva.

39. LA TOURTERELLE ANAÏS.

(*Columba (Chamæpelia) anaïs*, Lesson.)

L'Amérique nourrit un assez grand nombre de petites colombes qui se ressemblent par des caractères communs, et que les auteurs nomment *c. passerina, talpacoti, picui, minuta*, etc., et qui vivent aux Antilles, au Brésil, au Paraguay, au Pérou et au Mexique. L'espèce nouvelle que nous décrivons est des plus remarquables dans ce genre, qui compte encore trois ou quatre autres espèces inédites qui vivent à

San-Carlos, à Realejo, dans l'Amérique du centre, et à Acapulco, sur la côte du Mexique baignée par l'Océan Pacifique.

Cette colombe est longue de dix-sept centimètres au plus de la pointe du bec au sommet de la queue. Toutes les parties supérieures sont d'un gris de lin tendre, ondé de maculatures blanchâtres dues à ce que chaque plume est terminée de gris-blanc sur son bord. Le dessus de la tête est gris-vineux.

Le cou en dessus est rose-vineux, et cette nuance s'étend en dessous, mais le gosier est gris-blanc. Le thorax, le ventre, les flancs sont d'un blanc tanné ou roussâtre clair; les ailes et la queue ont leurs plumes tectrices grises bordées de blanchâtre, ce qui forme d'assez larges maculatures; les rémiges sont uniformément brun clair, mais les plus extérieures sont échancrées à leur bord, qui est finement liseré de blanc; la queue est égale, à rectrices moyennes gris de lin, les latérales noires, et les plus externes largement terminées de blanc pur.

Une caroncule oblongue, comme cartilagineuse, d'un jaune d'or orangé, fort vif entoure l'œil; le bec est noir, et les tarses sont d'un jaune orangé; leurs ongles sont noirs. Cette gracieuse espèce vit au Pérou. Elle est dédiée à mademoiselle A. Rand. Nous l'avons décrite pour la première fois dans l'*Écho du monde savant* de 1845, p. 8, avec cette phrase (1).

40. LE COLOMBICOLIN INCA.

(*Chamœpelia inca*, Lesson.)

L'Amérique méridionale nourrit diverses petites espèces

---

(1) C. corpore suprà griseo, albido maculato; gulâ griseâ; collo antici vinaceo; thorace et abdomine rufis; oculis carunculâ aureâ circumdatis; rostro nigro; pedibus luteis.

de colombes qui diffèrent suivant les contrées, tout en
conservant des caractères communs qui semblent les réunir
en une seule espèce quand on ne les compare pas entre
elles. Le Brésil possède les colombes cannelle, griséole,
cendrée, talpacoti et minule. Ces deux dernières sont plus
particulièrement abondantes au Paraguay. Le picui ne se
trouve que dans cette dernière région, et le Pérou possède
la minule et aussi la passerine, qu'on retrouve aux États-
Unis. Enfin, nous avons décrit la colombe anaïs du Pérou,
qui appartient encore à ce petit groupe.

Sous le nom de colombicolin inca, nous indiquerons
une jolie espèce du Mexique, à bec noir et à tarses jaunes.
Son plumage est gris de lin en dessus, et chaque plume est
cerclée de brun, ce qui donne au plumage un aspect écaillé;
le devant du cou est d'un rose-vineux frais et satiné; le thorax est rose cerclé de brun, et le bas-ventre est couleur de
buffle avec des rayures brunes.

Trois espèces sont encore à mentionner : 1º le colombicolin péruvien, à tête et joues grises, à corps gris en dessus et vineux en dessous, avec une écharpe rouge de fer
sur l'épaule et des taches de fer spéculaire sur les ailes;
2º le colombicolin de San-Carlos (Centre-Amérique), un
peu plus grand que le cocotzin, gris-roux sur le corps avec
des taches semées sur les ailes, rouge de fer, le gosier et le
bas-ventre gris-blanc, le thorax gris roussâtre, le bec et les
tarses jaunes, les couvertures supérieures de la queue d'un
beau rouge-cannelle. La troisième est voisine de la Denise de
Temminck. Elle vit aux alentours de Callao. Le dessus de
la tête est rosâtre vineux et gris, de même que le dos; des
plaques unies d'acier bruni sont éparses sur les ailes; les
joues, le devant du cou et le thorax sont d'un beau rouge
vineux; le ventre et le bas-ventre sont blanc lavé de rose

sale très-faible. De chaque côté du cou sont des plaques violettes métallisées, et le croupion est lui-même à reflets luisants. Les tarses sont rouges. Ce sera le colombicolin Laure.

41. LE TRÉRON SPHÉNURE.

(*Vinago sphœnura*, Vig., *Proc.*, 1830, 173.)

M. Vigors n'a fait connaître ce colombar ou tréron que par une courte phrase latine, peu satisfaisante, pour bien faire apprécier cette espèce des montagnes de l'Himalaya. Toutefois le sphénure est bien distinct de ceux déjà décrits par les nuances qui colorent son plumage. La tête, le cou, sont d'un vert jaunâtre qui est franchement jaune sur le front, et mordoré sur le sommet de la tête; tout le dessous du corps, du menton au ventre, est d'un jaune légèrement verdâtre, mais ce jaune passe à l'orangé sur le bas du cou et la poitrine; les plumes tibiales sont jaunes maculées de longues flammèches vertes; les tectrices inférieures de la queue sont jaune-citrin; le haut du dos est gris-bleuâtre, mais une teinte rouge-vineux domine bientôt et s'étend sur les ailes où ce rouge prend une teinte lustrée; le rebord des épaules est noirâtre; le reste des couvertures alaires, du dos, du croupion et des tectrices supérieures est vert; les pennes primaires et secondaires sont brunes, finement liserées de jaune d'or à leur bord externe.

La queue est légèrement arrondie ou cunéiforme par la dégradation des rectrices externes plus courtes que les moyennes; ces dernières sont glacées de verdâtre en dessus; mais les latérales sont grises barrées de noir proche leur sommet; toutes sont gris-de-perle en dessous.

Ce colombar a le tour des yeux dénudé, le bec noirâtre,

les tarses d'un beau jaune, les ongles cornés; il mesure trente centimètres de longueur totale.

GALLINACÉES.

42. L'ITHAGIN SPADICÉ.

(*Ithaginis spadiceus*, Lesson.)

Le bel individu parfaitement adulte que nous avons sous les yeux, est remarquable par la dénudation du pourtour de l'œil, qui est rouge et papilleux; le bec est jaunâtre', bordé de rouge à la commissure; les tarses sont de cette dernière couleur; le sommet de la tête est brun, le cou gris-brun; le reste du plumage d'un rouge-brun-cannelle assez vif; le duvet du ventre est épais, touffu, comme poilu et gris; les deux ergots à chaque tarse sont droits et forts; les couvertures inférieures de la queue d'un brun-roux tabac d'Espagne foncé; les rectrices sont en-dessous d'un noir-luisant à nuance capucin.

Le reste est comme dans les descriptions que nous avons données de cet oiseau dans la partie zoologique du *Voyage de Bélanger*. L'ithaginis spadicé appartient à l'Asie, et habite l'Inde, et surtout les environs de Pondichéry et de Calcutta (1).

43. L'ITHAGIN LUNULÉ.

(*Ithaginis lunulatus*, Gray.)

Cet oiseau indien a été décrit sous plusieurs noms : car

(1) C'est le *Francolinus spadiceus*, Less., *Voy. de Bélanger*, p. 272 ; *perdix spadicea*, Lath.; la perdrix rouge de Madagascar, de Buffon et de Temminck, t. II, p. 315.

c'est la *perdix Hardwickii* de Gray (*Zool. ind.*, pl. 39), et le *francolinus nivosus* de M. Delessert (*Mag. zool.*, 1840, pl. 18).

Il est remarquable par la manière dont son plumage est émaillé. La tête, le cou sont semés de points blancs; le dos est couleur de tabac d'Espagne, avec des gouttes blanches encadrées de noir; le thorax et le ventre, de couleur nankin, sont parsemés de taches noires triangulaires; le bas-ventre, les flancs, sont de même nuance que le dos, avec des barres blanches encadrées de noir; le bec et les tarses sont de couleur plombée. Cet oiseau mesure trente centimètres; il vit aux environs de Pondichéry.

14. LE COLIN A MENTON BLANC.

(*Ortix leucopogon*, Lesson, *Rev. zool.* 1842, p. 175) (1).

Les colins rappellent en Amérique les cailles qu'on ne trouve que dans l'ancien monde et dans l'Australie. On les a divisés dans ces derniers temps en trois petits groupes : les *ortyx*, *lophortyx* et *callipepla*, auxquels nous avons ajouté dans notre *Sp. Ms.*, celui des *colinus*, dont le type est l'*ortix cassena*, remarquable par ses ongles très-développés.

Les *ortyx* (Stephens) ont huit espèces, les *lophortyx* (Bp.) dix espèces, les *callipepla* (Wagler) une, et les *colinus* (Lesson) trois, ce qui porte à vingt-deux le nombre total des colins décrits.

Le colin à menton blanc appartient à la tribu des *lophortyx*, bien que sa huppe soit peu développée. C'est un oiseau de la forme et de la taille de la caille d'Europe; son bec est gros, bombé et plus élevé que chez quelques autres es-

(1) Fronte gulâque albidis; cristâ parvâ, griseâ; corpore griseo, rufo vermiculato suprà; alis variegatis; collari antici, rufo; pectore, abdomine, lateribusque rufis, cum guttis albis nigrocinctis; pedibus et rostro nigris.

pèces; il est d'un noir intense; ses tarses sont robustes, garnis de larges scutelles et d'un brun noir; les ongles sont peu prononcés; les ailes dépassent à peine le croupion et ont leurs rémiges étagées, de manière que les quatrième et cinquième sont les plus longues; elles sont aussi plus larges que les première, deuxième et troisième, qui sont rétrécies, surtout la première.

Le pourtour des yeux est nu, et les narines sont percées sous une écaille voûtée et proéminente qui les recouvre.

Le plumage de cette espèce est épais, abondant et soyeux; deux ou trois plumes élargies sont implantées sur le vertex; la queue est alongée, cônique et formée de rectrices molles, étagées et réunies en faisceaux, forme de queue que la plupart des *lophortyx* ne présentent pas, et qui rapproche notre espèce des vrais *ortyx*.

Le front est blanchâtre; le bas des joues, le menton et le devant du cou sont également blanchâtres; les plumes de la huppe sont de nuance rouille; le dessus du cou et du dos est vermiculé de légères ondulations rousses sur un fond gris; une sorte de collier tabac d'Espagne occupe le devant et le bas du cou.

Le thorax, les flancs, le bas-ventre sont couverts de larmes, ou de gouttes blanches relevées par une bordure noire sur un fond tabac d'Espagne: le dessus des ailes, le dos, le croupion et les couvertures supérieures sont nuancés de gris vermiculé de roux du plus agréable effet; mais sur les ailes se dessinent de petites plaques noires avec des traits roux-cannelle, et des lignes ou des points blancs.

Les pennes alaires sont uniformément roux-brunâtre clair; celles de la queue sont brunes tiquetées de gris-clair en dessus, et par linéoles légères.

Cet oiseau a été tué aux alentours de San-Carlos, dans la

république du Centre-Amérique, par mon frère, alors chirurgien-major du brick de guerre le *Pylade*. Je ne possède aucuns détails sur ses mœurs, qui doivent être celles des autres colins.

45. LE GUAN A VENTRE BLANC.

(*Penelope albiventer*, Lesson, *Rev. zool.*, 1842, p. 174.)

Cet oiseau a le bec noir, mais sa pointe et ses bords sont nacrés; les joues sont nues et la peau est colorée en bleu autour des yeux. La partie dénudée du cou est d'un rouge assez vif, mais on remarque à sa partie moyenne une ligne de poils sétacés; les tarses sont bleuâtres; le plumage est olivâtre uniforme sur le corps et sur le croupion, mais nuancé de brun sur la tête et sur le cou; les ailes sont olivâtres; la queue est alongée, arrondie, à pennes brun-olivâtre terminées d'un liseré blanc; le thorax est roux-olivâtre avec des bordures blanchâtres aux plumes qui le recouvrent; le bas de la poitrine, le ventre, les flancs et les couvertures inférieures sont d'un blanc sale. Cet oiseau mesure quarante-huit centimètres.

Le guan provient de la république du Centre-Amérique, à Realejo. Il a été décrit longtemps après nous par M. Gould, sous le nom de *penelope leucogastra* (*Proc.*, 1843, 104), et a été figuré dans la *Zoologie du Sulphur*, à la planche 31.

46. LE TALÉGALLE DE CUVIER.

Nous ne ferons qu'indiquer ici les genres talégalle, mégapode, alecthélie et thinocore, que l'on range parmi les oiseaux gallinacées, bien que leurs espèces aient été décrites par nous et par d'autres ornithologistes dans plusieurs ouvrages. Ces genres, fort remarquables, sont aujourd'hui

bien connus, mais nous avons reproduit dans ce volume,
par des gravures en bois, les figures du talégalle de Cuvier, du mégapode d'Orbigny, de l'alecthélie d'Urville et du
thinocore de Swainson, le premier et le deuxième de la
Nouvelle-Guinée, le troisième des Moluques et le quatrième
du Chili.

ÉCHASSIERS.

---

47. L'APTERYX AUSTRAL.

*(Apteryx australis, griseo ferruginea; rostro pedibusque fusco flaves-
centibus, Shaw.)*

La Nouvelle-Zélande possède deux oiseaux des plus remarquables et des plus curieux, l'un aujourd'hui parfaitement connu par de beaux individus et par des travaux de
savants du premier ordre; l'autre qui reste à découvrir et
qu'on ne connaît que par des débris. Le premier est l'apteryx austral, et le second est l'oiseau de Mowie dont M. Owen
a formé son genre *dinornis* (*Ann. and mag.*, t. XII, p. 444) en
donnant à l'espèce type le nom de *dinornis Novæ-Zelandiæ*.

Depuis, les ossements de cinq autres espèces de dinornis
ont été rencontrés à la Nouvelle-Zélande; mais le genre
paraît être décidément éteint.

Il ne s'agira ici que de l'*apteryx austral* et plus particulièrement de la place que doit occuper cet oiseau dans une
classification ornithologique naturelle.

Le capitaine Barcley, commandant le vaisseau *La Provi-
dence*, se procura pendant une relâche à la Nouvelle-Zélande
un oiseau de forme insolite qu'il rapporta à Londres. La-

tham, dans un supplément anglais à son *Index*, le décrivit superficiellement sous le nom d'*apterous penguin*; mais c'est à Shaw que l'on doit les premières figures et une bonne description de ce singulier être pour lequel il créa le genre *apteryx* (sans ailes) en donnant à l'espèce le nom d'*apteryx australis*. C'est en 1812, dans le tome 24 des *Naturalist's miscellany*, qu'on trouve deux planches assez bonnes de cet oiseau, portant les nos 1057 et 1058; dans la volumineuse compilation de cet auteur, d'ordinaire peu difficile sur les matériaux qu'il employait, le travail sur l'apteryx est peut-être ce qu'il a fait de mieux, et cependant telle a été la défiance à cet égard, que l'apteryx figuré par Shaw n'a été pendant plus de vingt ans cité nulle part. L'apteryx, pour beaucoup de savants, était un oiseau fabuleux, ou du moins un être dont on suspectait l'authenticité, et que l'on pensait avoir été formé de toute pièce. Je crois pouvoir m'attribuer la plus grande influence sur l'attention apportée sur l'apteryx dans ces dix dernières années.

Mais revenons au travail de Shaw : ce zoologiste en créant très-judicieusement le genre *apteryx*, lui donne les caractères suivants : « Un bec long, grêle, très-droit, recouvert à la base par une sorte de cire; une rainure tubuleuse en occupe toute la longueur sur chaque côté, et la pointe de cet organe se renfle à son extrémité en se recourbant légèrement; les narines ont leur ouverture linéaire et peu apparente, et sont basales; les ailes à l'état rudimentaire sont terminées par un ongle recourbé et garnies de quelques plumes décomposées; les pieds sont courts, épais, analogues à ceux des gallinacées, couverts de scutelles en avant et sur les doigts, qui sont au nombre de quatre, entièrement libres et munis d'ongles acérés; le pouce est très-court; la queue manque complètement. »

Telle est la caractéristique de ce genre, tracée par Shaw; et cependant, malgré la précision et la netteté de ces caractères accompagnés de dessins assez exacts, Cuvier, dans la deuxième édition du *Règne Animal*, ne classe pas l'apteryx. Temminck seul, dans son essai d'une classification des oiseaux, publiée en 1820, admet le genre apteryx, et le range avec le dronte dans son ordre XVI, celui des *inertes*. La place assignée par l'ornithologiste hollandais paraît très-logique, et l'on ne peut se dissimuler que cet ordre des *inertes*, rejeté à la fin de la série ornithologique après les palmipèdes et comme chaînon avec les manchots, ne soit fondé sur de bonnes idées. Temminck ajoute : « Je n'ai
» trouvé à placer convenablement les apteryx et les drontes
» qu'en les associant en quelque sorte avec les sphénisques
» et les aptenodytes, sans égard à leurs doigts divisés par
» lesquels ils se rapprochent des coureurs.»

Il n'est pas question de ce genre dans les écrits de Vieillot, et sa méthode publiée en 1816 en une brochure séparée de 70 pages n'en parle pas. Il en est de même dans ceux du prince Bonaparte; et, dans son *Prospetto del sistema generale di Ornitologia*, qui porte la date de 1834, il n'en fait nulle mention.

Pour la première fois, en France, il a été question de l'apteryx austral, que l'on trouve décrit au tome 2, p. 210, de notre *Manuel d'Ornithologie* publié en 1828, sous le nom d'*emou kivi-kivi, dromiceius Novæ-Zelandiæ,* Lesson. Dans cet ouvrage, nous avons parlé (p. 211) de l'apteryx d'une manière fort erronée; mais l'espèce que nous pensions être nouvelle d'*emou,* est décrite d'après des notes que nous avions prises à la Nouvelle-Zélande même, sur une peau mutilée, privée de tête, de pattes et d'ailes, qui servait de manteau à un chef zélandais. « Les naturels, disions-nous,

aiment la chair de cet émou qu'ils nomment kivi-kivi et qu'ils chassent avec des chiens. Puis dans le texte du *Voyage de la Coquille* (in-4., t. 1, p. 418) publié en 1829, nous disions : « Les naturels nous parlèrent fort souvent d'un oi-
» seau sans ailes, dont ils apportèrent les débris qui nous
» parurent être ceux d'un émou. M. Kendall nous confirma
» dans cette pensée, en nous affirmant l'existence de ca-
» soars analogues à ceux de l'Australie dans les bois de la
» Nouvelle-Zélande. Nous ne doutons pas aujourd'hui que
» ce ne soit l'apteryx. »

Dès le commencement de l'année 1829, nous publiâmes le tome VII de notre *complément à Buffon*, et, dans ce volume (page 525), se trouve le travail entier de Shaw, et la copie des deux gravures qu'il avait données de l'apteryx. Dans cette reproduction, nous insistâmes sur la nécessité pour les voyageurs d'étudier de nouveau cet oiseau et de l'apporter en Europe pour qu'il soit possible de l'examiner dans les collections publiques.

Cuvier, en publiant la deuxième édition du *Règne Animal* en octobre 1829, ne pouvait plus passer sous silence l'apteryx ; toutefois ce n'est qu'en note (t. I, p. 498) qu'il lui consacre quelques lignes entièrement empruntées à Shaw, et comme il en parle après avoir traité des *brevipennes*, dans l'ordre des *échassiers* ou *grallæ*, on doit penser que pour lui cet oiseau doit être classé à côté des *casoars*.

Tous ces doutes, en mettant en lumière la description de Shaw, portèrent le comte de Stanley, possesseur de l'individu décrit et peint par Shaw, à le présenter en 1833 à la Société zoologique de Londres. Yarrell (*Proceed.*, 1833, p. 24) ajouta de nouveaux détails et en publia une bonne figure nouvelle ; Yarrell dit : « *Doubts having been expressed by some continental writers,* etc. » Plus tard (*Proc.*, 1833, p. 80),

Yarrell joignit quelques nouvelles notions à celles qu'il avait données (*Trans.* 1, pl. 10).

L'attention des voyageurs, éveillée sur ce sujet, les porta à se procurer ce rarissime oiseau. Plusieurs individus bien conservés arrivèrent à Londres, et le Muséum de Paris a reçu deux magnifiques individus que le capitaine Dumont d'Urville se procura à la Nouvelle-Zélande, et qui ne sont pas un des moins précieux ornements des riches galeries du Jardin du Roi.

De nombreux travaux vinrent chaque année ajouter des faits précis et nouveaux à ceux précédemment connus. Ainsi en 1835, M. Mac-Leay (*Proc.*, 1835, 61) transmit à la Société zoologique de Londres deux peaux d'apteryx et des renseignements fournis par le missionnaire Yate. En 1836, Thomas Short donna sur les mœurs de cet oiseau quelques renseignements utiles (*Proceed.*, 1837, 24). En 1837, Swainson (*Gen.*, t. II, p. 346) se borna à changer le nom d'apteryx en celui d'apternyx, et plaça cet oiseau à côté des émous.

En 1838, M. Owen publia des détails anatomiques importants sur l'apteryx; il l'étudia dans son aspect extérieur, ses appareils et son squelette (*Proceed.*, 1838, p. 48, 71, 105).

En 1839, la Société zoologique de Londres reçut des peaux avec des notes de M. Cunningham, botaniste anglais célèbre, et pour la première fois on eut sur les habitudes de l'apteryx des renseignements nombreux et satisfaisants.

Enfin, en 1822, le professeur Owen compléta son premier travail par une étude complète de la myologie de cet oiseau (*Proceed.*, 1842, p. 22).

Aujourd'hui l'apteryx est bien connu et cependant tout n'est pas dit sur la place que doit occuper cet oiseau anomal. Aux figures de Shaw, reproduites par nous, ont succédé de bonnes figures. Dans le *Voyage au pôle* de d'Urville, les planches 24 et 25 de l'*Atlas* sont consacrées à l'apteryx; la pl. 1re du *Supplément au Dictionnaire des Sciences naturelles* accompagne un mémoire de M. Paul Gervais (*Suppl.*, t. i, p. 293) reproduisant en grande partie un article anglais copié dans l'*Écho du Monde savant* (n° 518, 22 fév. 1840, p. 116).

M. La Frenaye a publié un bon article sur l'apteryx dans le *Dictionnaire d'Hist. nat.* (t. ii, p. 44). Notre notice est destinée elle-même à accompagner un vélin original peint par M. Prêtre sur un des individus les mieux conservés du Muséum. Il n'est pas jusqu'au *Magasin pittoresque* (1842, n° 50, p. 303) qui n'ait donné une bonne figure d'après Werner, gravée sur bois, de l'oiseau qui nous occupe, en reproduisant dans le texte les renseignements de Cunningham.

J'ai reproduit tous les titres des divers travaux sur l'apteryx qui sont parvenus à ma connaissance; c'est que les compilateurs oublient trop facilement les écrits de leurs devanciers et qu'ils s'approprient sans façon, aux yeux du public, les idées émises par leurs prédécesseurs.

Si l'on se bornait à des aperçus sommaires, nous dirions avec la plupart des écrivains que l'apteryx joint au bec d'un échassier (*ibis* ou *bécasse*) les tarses d'un gallinacée, le port d'un émou, la nature et la coloration des plumes du casoar de la Nouvelle-Hollande; mais rien de cela n'est vrai, les différences de ces divers organes ou appareils avec ceux avec lesquels on les a comparés sont des plus grandes. L'apteryx s'éloigne de tous les autres oiseaux autant et plus peut-être que l'ornithorhynque et l'échidné ne s'éloignent des autres mammifères, c'est même le représentant le plus réel de l'échidné sur le patron duquel il semble avoir été mo delé, pour le représenter parmi les oiseaux ; son bec, ses tarses, ses plumes même sont organisés d'après une loi d'évolution qui semble identique, et ses mœurs viennent corroborer cette analogie éloignée.

Par son squelette, par certains de ses muscles, par les divers organes tels que le bec, les yeux, les tarses; l'apteryx est un oiseau à part, placé sur les confins des oiseaux et des mammifères. M. Temminck avait montré une grande sagacité en l'éloignant des autruches et des casoars auxquels on persiste à l'associer, et créant pour lui et pour le dronte la famille des *inertes*, qu'il rejette à la fin de sa liste des oiseaux. Yarrell, Gray, en rangeant l'apteryx dans la famille des *struthionidæ* de l'ordre des *cursores*, se sont fondés sur des analogies générales, mais non sur un examen détaillé. Ils placent dans ce même ordre les outardes, et en vérité il y a plus de différences organiques entre ces divers oiseaux qu'il n'y en a entre les mammifères monodelphes et les marsupiaux. Cuvier, en établissant sa famille des brevipennes dans son cinquième ordre, ou celui des oiseaux de rivages, n'a pu commettre une telle erreur qu'en se fondant sur un caractère secondaire, la nudité du bas de la jambe ; or, l'apteryx échappe à ce caractère de peu d'importance d'ailleurs et qui appartient à bien des oiseaux placés parmi les accipitres ou parmi les gallinacées.

En 1829, parut la 1re livraison de mon *Traité d'Ornithologie*, et pour la première fois furent émises des idées que je regarde comme fondamentales pour l'ornithologie philosophique ; c'est la distinction des oiseaux normaux, et ceux qui tiennent autant de l'organisation des vrais mammifères que des oiseaux, ou les *anormaux*. Le squelette et divers appareils des autruches, casoars, placent entre eux et les outardes qu'on persiste à leur associer, un immense intervalle ;

l'apteryx ajoute encore une nouvelle lacune, et tôt ou tard il faudra en venir à séparer en deux ordres des êtres aussi distinctement créés sur un type de transition. Dans mon traité, les oiseaux anormaux comprennent les *brevipennes* de Cuvier, ou les genres *struthio*, Linné; *rhea*, Brisson; *casuarius*, Brisson; et *dromaïus*, Vieillot; et ce que j'appelle les *nullipennes*, n'ayant que le genre *apteryx*.

Aujourd'hui l'apteryx doit, d'après tout ce que nous en connaissons, être placé beaucoup plus près des mammifères que les autruches et les casoars ou émous, et nous allons successivement en développer les raisons.

Le squelette de l'apteryx a été parfaitement figuré dans la planche 25 du *Voyage au pôle* de d'Urville, et M. Owen en a donné une description complète (*Proceed.*, 1835, p. 105). Or, les traits les plus saillants de cette partie fondamentale de l'organisation sont : la compacité des os, opposée aux perforations et à la pneumaticité de ceux des oiseaux, la largeur des côtes, et celle des fausses côtes articulées avec le sternum, des clavicules courtes et élargies, une série d'apophyses épineuses soudées, un sacrum alongé, les os des îles développés en demi-bassin, en un mot, des os tenant plus de ceux des mammifères que des oiseaux. Le sternum surtout est remarquable par l'absence absolue de toute trace de bréchet, par une sorte d'appendice xyphoïde cónique et libre, et par deux prolongements latéraux formant, entre la partie médiane et les deux latérales, deux profondes échancrures. Le squelette de l'autruche, qui semble le plus rapproché de celui de l'apteryx, est loin de présenter une conformation zoologique aussi franchement rapprochée de celle des mammifères. Le sternum de l'autruche (L'Herminier, *Rech.*, pl. 1, f. 2) est très-convexe en dessus; ses prolongements latéraux inférieurs sont simplement cóniques : il a des

tubercules sur la ligne du bréchet. Chez les casoars cette ligne existe, car le bord supérieur est convexe, tandis qu'il est
concave dans l'apteryx. Les côtes, les apophyses épineuses
sont plus celles des vrais mammifères que de l'autruche et
des autres oiseaux anormaux ; les os des extrémités inférieures présentent les mêmes différences. Ici nous ne par-
tageons pas les vues de M. Owen, qui pense que l'apteryx
est par son squelette *connected closely with the struthious group;*
certes il se rapproche plus de celui de ces demi-oiseaux,
plus que des oiseaux vrais; mais il s'en éloigne encore
beaucoup, et doit avoir une place à part. (Voyez *Squelette
d'autruche*, Daudin, t. ı, pl. 6).

La myologie de l'apteryx a été faite par M. Owen avec
la sagacité qui caractérise ses travaux (*Proceed.*, 1842, p. 22).
Les muscles n'étant que l'expression relative des organes
dont ils sont les moteurs, doivent varier suivant les causes
finales pour lesquelles les oiseaux semblent avoir été créés.
De là, de nombreuses différences suivant les ordres. Les
muscles du système locomoteur doivent donc offrir des
variations relatives dans chaque groupe de grimpeurs, de
marcheurs, de grands voiliers, etc., etc.

Chez l'apteryx fixé sur la surface du sol, et n'ayant pas
de bras faits pour le vol, les jambes ont dû concentrer toute
la puissance musculaire à l'effet de produire une plus grande
somme d'action. Les anomalies des muscles des appareils
n'ont donc rien que de rationnel et que n'expliquent les
formes du type spécifique. Toutefois on remarque un grand
développement des peauciers ou de l'enveloppe tégumen-
taire, et les muscles de la périphérie du corps, assez analogues à ceux de certains pachydermes, semblent avoir une
action prédominante.

Les oiseaux n'ont pas de diaphragme complet. L'apteryx

seul partage jusqu'à présent avec les mammifères un muscle organique séparant complètement les cavités thoracique et abdominale, et ne donnant passage qu'au tube digestif, aux nerfs et aux vaisseaux artériels et veineux. Pour compléter cette analogie, le professeur Owen (*Proc.*, 1838, p. 71) n'a trouvé aucunes traces de sacs pneumophores. La trachée, formée de cent vingt petits anneaux, est simple et assez analogue à celle des struthionidées. La langue (Owen, *Proc.*, 1838, p. 48) est courte, simple, de forme triangulaire, et comme revêtue d'un couche membraneuse à sa partie libre. L'estomac est petit, de nature membraneuse, et n'a rien retenu de la densité du gésier des oiseaux. C'est un ventricule où apparaissent des traces d'ouvertures pylorique et duodénique. Le tube digestif n'a de particulier que de nombreux cœcums et une grande longueur, appropriés à une nourriture plus particulièrement animale.

Par ces principaux viscères, l'aptéryx, on le voit, tend à s'éloigner du type des oiseaux, et partage avec les autruches et les casoars quelques particularités d'organisation, tout en s'éloignant déjà considérablement de ces oiseaux anormaux.

Mais si les organes fondamentaux offrent des modifications de premier ordre, les organes des sens et les appareils locomoteurs tendent aussi à faire rejeter cet oiseau des ordres admis jusqu'ici en ornithologie.

En examinant les diverses parties extérieures de l'aptéryx, nous arrivons au bec, dont les anomalies sont aussi nombreuses qu'importantes, et dont nul autre oiseau ne présente d'exemple. Cet organe de préhension alimentaire, fort alongé, est uniformément arrondi en dessus comme en dessous. La mandibule supérieure s'épate ou se dilate à son extrémité, où s'ouvrent deux narines en scissures, et les nerfs olfactifs se prolongent jusqu'au cerveau sous deux rainures qui côtoient les bords de cette même mandibule. L'apteryx est le seul oiseau qui offre des narines percées au sommet même du rostre, absolument à la manière des narines de mammifères, et il n'échappera à personne de reconnaître une grande conformité entre ce cylindre corné et les maxillaires soudés et tubuleux du museau de l'échidné, que M. Laurent, par rapport à sa disposition, a nommé museau rostriforme. Ce bec présente une autre anomalie, c'est d'être muni à sa base d'une cire échancrée en avant, cire qui n'est pas sans analogie avec celle des nandus ou autruches d'Amérique. Le bec, dans l'état de vie, est couleur de chair. Cette cire, garnie de poils, présente de longues soies noires accumulées sur le rebord du front et à la commissure du bec, sortes de moustaches analogues aux soies de ces parties chez les mammifères, et auxquelles M. Owen attribue, avec raison sans doute, des fonctions tactiles. Il est de ces soies qui sont fort longues et qui atteignent souvent les deux tiers du bec.

Le devant de la tête jusqu'au sinciput est revêtu d'une sorte de duvet ras. Les plumes de la tête et du cou sont décomposées et presque poilues.

Les yeux sont revêtus de sortes de sourcils ayant des cils courts, et ne sont pas parfaitement ronds comme chez les oiseaux. L'oreille externe est fermée par une véritable conque obarrondie couleur de chair, évasée. Cette forme, plus appropriée aux animaux de la première classe qu'à ceux de la seconde ou aux oiseaux, est très-propre à percevoir les sons avec une sensibilité exquise.

La nature des plumes qui recouvrent l'apteryx diffère notablement de celle des autres oiseaux. Elles se rapprochent, par la forme, la coloration et la disposition lâche en recouvrement, de celles du casoar, et plus particulièrement de l'émou de la Nouvelle-Hollande. Toutefois les plumes ont une forme insolite qui consiste en barbes latérales serrées, duveteuses, terminées par des prolongements piliformes. Chez les autruches comme chez les casoars, les plumes sont à barbules lâches et distantes.

L'aile, réduite à un moignon rudimentaire caché sous les plumes scapulaires, est la moins aile que puisse offrir un type d'oiseau abâtardi. Ce moignon cônique se termine en un long ergot recourbé, dolabriforme, et quelques pennes policiales prennent naissance au rebord supérieur de ce moignon. Ces plumes sont faibles, molles, à rachis portant des barbules serrées, et les barbules elles-mêmes sont garnies de poils distiques, absolument à la manière de ce qu'on appelle en botanique des folioles bipinnées.

Par l'appareil rudimentaire du vol, ou plutôt par son oblittération, l'apteryx est essentiellement terrestre comme l'émou. Mais le casoar a des baguettes qui conservent les relations de l'aile, et l'autruche a ces parties assez développées pour lui servir comme moyen d'accélération de course. Les manchots ont leurs ailes en rames pour la natation, mais l'apteryx est le seul oiseau où les membres supérieurs se trouvent autant annulés. Toute la puissance de locomotion est donc concentrée dans les jambes : aussi l'apteryx, à peine de la taille d'une poule, a-t-il des tarses d'une grosseur peu en rapport par leur exagération avec le volume du corps de l'oiseau. Ces tarses, ainsi que les doigts qui les terminent, s'éloignent de tous ceux des ordres généralement reconnus parmi les oiseaux. Les jambes sont grosses, aréolées, vêtues jusqu'au talon. Elles diffèrent beaucoup de celles des autruches et des casoars par leur raccourcissement et par leurs écailles aréolées. Les doigts, à plante renflée, sans replis interdigitaux, les éloignent des tarses des gallinacées, dont les rapproche un pouce surmonté, armé d'un ongle presque droit et assez semblable à l'ergot d'un francolin. Des scutelles revêtent le dessus des doigts seulement.

Ces tarses diffèrent donc notablement de ceux des brevipennes et même des gallinacées, car ils sont courts, à doigts libres et à ongles presque droits.

Sans rien connaître des habitudes et des mœurs de l'aptéryx, il est possible de les indiquer *à priori*. Demi-mammifère, demi-oiseau, cet être, placé comme chaînon intermédiaire, doit nicher dans des trous, y laisser des œufs dont l'incubation est presque abandonnée aux seuls soins de la nature. Coureur par excellence, doué d'un tact exquis, son odorat doit principalement servir à le diriger sur sa proie, qui doit consister en vers, en insectes et en petits mollusques.

Voyons maintenant ce que nous disent de ses habitudes les voyageurs qui ont été assez heureux pour les étudier sur la nature vivante.

Des renseignements précieux sont dus au missionnaire Short, qui, en 1837, observa deux aptéryx vivants que l'on avait transportés de la Nouvelle-Zélande à Lanceston (terre de Diémen). Dans sa lettre, M. Short cite la rapidité de la marche de ces individus et rapporte que les naturels l'informèrent qu'ils se livraient à la chasse de ces oiseaux à l'aide de chiens légers à la course et qui finissaient par épuiser leurs forces par une poursuite active. Une seconde manière aussi très-employée par les insulaires consiste à imiter le cri de l'aptéryx pour le porter, pendant la nuit, à s'approcher de ce qu'il croit être un oiseau de son espèce ; puis, lorsqu'il s'est assez approché, à faire luire brusquement une torche à ses yeux. L'apteryx, ébloui, se laisse alors capturer à la main.

La position la plus naturelle de cet oiseau est d'avoir la tête un peu enfoncée entre les épaules et le corps oblique, et c'est dans cette position, dessinée par M. Lebreton dans l'expédition de M. d'Urville, que l'on a monté les beaux individus du Muséum. Cette position est bien éloignée de la forme droite et guindée que lui donne la figure de Shaw. De plus, l'apteryx a presque toujours le bec dirigé vers la terre.

M. Short ajoute : « L'apteryx se nourrit de vers et d'insectes ; il a des habitudes essentiellement nocturnes, car il ne vague que pendant la nuit. » Quant à ses œufs et à son nid, M. Short n'a pu donner aucun renseignement.

Dès 1825, M. Yate, missionnaire anglais établi à la Nouvelle-Zélande, avait conservé des apteryx en vie, et, en faisant parvenir leurs dépouilles au célèbre Mac-Leay, il y joignit quelques notes succinctes. Ces oiseaux, qu'il avait conservés à Waïmati, mangeaient des vers de terre qu'ils cherchaient dans la terre humide et fraîche en fouillant avec leur bec et les engloutissant tout entiers. Ils semblaient dirigés dans cet acte par la finesse de leur odorat ; car ils ne fouillaient jamais en vain, et, partout où on les voyait labourer le sol, on était certain de leur voir retirer de ces annélides. M. Yate ajoute : « L'apteryx est assez rare dans le nord de la Nouvelle-Zélande, mais il est très-commun aux alentours du cap de Hiku-Rangi. » Yarrell avait déjà dit que c'était au pourtour du mont Ikou-Rangui, cap oriental des îles zélandaises, que provenaient les peaux reçues à Londres.

C'est toutefois à Allan Cunningham, botaniste, mort si misérablement dans l'intérieur de l'Australie, que l'on doit à peu près tout ce que l'on sait sur les mœurs de l'apteryx.

Dans une lettre, en date du 26 novembre 1838, il rend compte des observations qu'il a faites pendant son excursion à la Nouvelle-Zélande.

Le kiwi, car c'est ainsi que les Nouveaux-Zélandais nomment l'apteryx, en doublant le plus ordinairement ce nom, kiwi-kiwi, suivant le génie de leur langue, habite les forêts les plus obscures et les plus épaisses. C'est près des stations des missionnaires, à Kirikiri et à Waïmati, à quelques milles seulement de la Baie des îles, qu'on le rencontre le plus ordinairement, bien qu'on en ait tué dans les bois des rives de la Hokianga. Toutefois, il ne paraît pas exclusivement confiné dans tel ou tel district, mais se rencontrer indifféremment dans tous les cantons boisés de l'île nord. Dans ces forêts humides, il se tient caché pendant le jour, sous les touffes d'une longue graminée du genre carex, excessivement commune dans ces forêts, et se garantit de la lumière du jour qu'il fuit en se blotissant au fond des taillis de *rata* (*metrosyderos robusta*, Cunningh.). Dans ces gîtes, il établit son nid, qu'il construit très-simplement, et dans lequel il dépose, au dire des naturels, un seul œuf de la grosseur de celui d'un canard, ou de la taille de celui d'une oie, d'après d'autres dires, et que quelques Européens ont essayé en vain de faire couver dans leurs basses-cours. Les Nouveaux-Zélandais n'ont rien pu dire sur la durée de l'incubation.

Il ne quitte les profondeurs des bois que pendant la nuit, et va alors, guidé par la subtilité de son odorat, chercher sa nourriture, se servant de son bec pour tirer les vers dont il se nourrit, et en grattant le sol avec ses robustes tarses. Mais les vers seuls ne servent pas uniquement à sa pâture, car on a trouvé dans tous ceux qu'on a ouverts d'abondants fragments d'insectes coléoptères.

L'apteryx vit apparié le plus ordinairement, jamais en troupes, et les couples sont espacés les uns des autres par des distances qu'on évalue à un quart de mille.

Le cri du kiwi pendant la nuit imite ces coups de sifflets que les enfants d'Europe poussent à l'aide de leurs doigts mis dans la bouche. C'est en l'imitant que les Nouveaux-Zélandais l'attirent près d'eux, et puis, en frappant sa vue faible et débile par l'éclat d'une lumière, ils peuvent s'emparer de l'oiseau en vie en le saisissant par le cou. Ce n'est jamais que dans les nuits les plus obscures que les insulaires se livrent à cette chasse. Ils y joignent la précaution d'imiter le cri du mâle ou de la femelle, et savent parfaitement distinguer l'un de l'autre aux différences que présente leur voix. Lorsqu'il est alarmé, le kiwi fuit avec rapidité dans ses profondes retraites, et sa course est d'une vitesse incroyable, tant ses jambes, malgré leur brièveté et leur grosseur, ont de puissance pour la course, bien qu'en apparence elles puissent paraître plus façonnées pour fouiller le sol. Les jambes sont aussi pour eux une arme défensive dont ils se servent avec avantage contre les chiens ou contre les naturels au moment de leur capture.

Avant l'arrivée des Européens, les Zélandais leur faisaient une chasse active, et passaient les nuits tempêtueuses dans les forêts pour s'emparer d'un oiseau dont ils prisaient beaucoup la chair, et avec la peau duquel ils confectionnaient ces petits manteaux de plumes destinés à recouvrir les épaules des chefs. On le sait, les chefs de race océanienne ont toujours porté des manteaux de plumes; à O-Taïti, avec les plumes de l'ouba; aux Sandwich, avec les plumes d'héterohaires; à la Nouvelle-Zélande, avec l'apteryx.

Ces chasses répétées ont détruit le kiwi dans certains districts où il était jadis commun. Les habitants de la partie du Cap oriental, sur la côte méridionale de la Baie des îles, à Paihia, disent que leurs kiwis sont plus gros et plus forts que ceux de la rivière Hokianga. Il se pourrait que ce fût une deuxième espèce.

Tels sont les détails circonstanciés fournis par M. Cunningham. Ils ont été reproduits dans une foule d'articles dont il serait peu utile de citer les titres.

M. D'Urville a vu comme nous, dans son voyage comme dans celui de la *Coquille*, où nous étions ensemble, des chefs vêtus de manteaux de phormium avec des bordures en poils de chien ou en plumes de kiwis ; mais j'avais pu acheter de l'un d'eux un petit manteau exclusivement fait en plumes de l'apteryx, auquel le propriétaire avait mis un haut prix et qui semblait être un vêtement d'un luxe peu commun. Peut-être provenait-il d'un chef tué, auquel cas le vainqueur est fier de porter la dépouille du vaincu.

Je crois avoir signalé tous les faits connus dont se compose aujourd'hui l'histoire de l'apteryx. Tout n'est pas dit encore, et nous aurons sans doute de nouvelles observations à constater un jour, et des habitudes plus curieuses peut-être à apprendre.

Il résulte, qu'à moins de renverser les idées saines et logiques puisées dans les véritables caractères fondamentaux, l'apteryx ne peut être placé parmi les oiseaux ordinaires ; qu'il s'éloigne, par beaucoup de points, même de ceux dont il semble le plus voisin, tels que les autruches, les casoars, les nandus et les émous ; que l'apteryx est le type d'une nouvelle classe d'oiseaux, distincte de toutes les autres, et qu'il doit être placé dans une méthode naturelle entre les mammifères et les oiseaux ; qu'enfin, il est la preuve la plus réelle que la division que j'ai précédemment faite des oiseaux normaux et anormaux est basée sur des caractères fondamentaux qu'il n'est pas permis de négliger si l'on veut que l'ornithologie devienne une branche philosophique des sciences naturelles.

48. L'OUTARDE DU SÉNÉGAL.

(*Otis Senegalensis*, Vieill. *Encycl.*, I, 333.)

Cette outarde, de la taille de la cannepétière, mais plus haute sur jambes, a le bec corné, les tarses jaunes ; le front et les plumes alongées de la tête sont d'un noir profond, tandis que le milieu de la tête est gris-de-perle ; les joues, les côtés de la tête, la gorge, les oreilles sont d'un blanc légèrement roussâtre, arrêté dans le devant du cou par une cravate noire ; le cou est d'un gris-de-perle descendant jusque sur le devant du thorax ; les côtés de celui-ci et les flancs sont blond-vif ; le dos, les couvertures des ailes, le croupion, les couvertures de la queue sont roux-vermiculé de traits noirs ; les pennes primaires sont noires ; les rectrices sont brunes barrées de brun et vermiculées de noir ; les parties inférieures sont d'un blanc pur.

La femelle a le dessus de la tête brunâtre, le plumage vermiculé de roux et de traits bruns, la gorge blanche.

Cette outarde habite le Sénégal. Le cabinet d'histoire naturelle de Rochefort en possède deux beaux individus, et le mâle et la femelle sont figurés dans ma collection de vélins.

49. L'ORÉOPHILE A BEC DE CHEVALIER.

(*Oreophilus totanirostris*, Jardine et Selby, *Ill.*, pl. 151.)

Ce genre a pour caractères zoologiques : un bec grêle, aussi long que la tête, recourbé, finissant en pointe aiguë, légèrement renflé en dessus et au milieu ; les mandibules étroites, minces, atténuées, toutes les deux parcourues sur le côté par un sillon creusé dans les quatre cinquièmes de leur longueur ; les narines en scissure étroite sous le sillon; les ailes longues, aiguës, atteignant l'extrémité de la queue ; la première rémige la plus longue , la deuxième et les suivantes graduellement plus courtes ; les tarses longs, grêles, à demi nus, garnis d'écailles aréolées; pieds tridactyles, le pouce manquant complètement, les trois doigts antérieurs inégaux, tous recouverts de scutelles rangées régulièrement; les ongles latéraux très-petits, recourbés, creusés en dessous ; le médian élargi, renflé , dentelé sur le bord externe; la queue courte, conique , formée de douze pennes légèrement étagées.

L'oiseau qui sert de type à ce nouveau genre est des plus intéressants par les anomalies d'organisation qu'il présente ; par le bec c'est un *numenius,* mais ce bec est grêle et graduellement aminci à l'extrémité , et ne ressemble point à cet organe chez les oiseaux de la famille des *tringa ;* par ses tarses, c'est une outarde : et, en effet, la forme des jambes, celle des écailles, des doigts, des ongles et du talon , est tout-à-fait celle des *otis* de petite taille ; par la coupe des ailes, c'est tout-à-fait un oiseau voisin des *cursorius,* dont notre type a aussi le port et la coloration de plumage.

L'oréophile est donc le véritable représentant, dans l'Amérique méridionale et dans les terrains nus et stériles du Chili, des *cursorius* qui ne se trouvent que dans l'ancien continent.

Je ne sais si cet oiseau ne serait pas le *pipis heteroclitus* de Lichsteinstein, fort mal connu , car on n'en trouve l'indication nulle part dans les ouvrages français, et que Wagler seul mentionne (*g. charadrius,* n° 5).

La seule espèce décrite quant à présent, est l'oréophile à bec de chevalier, dont un bel individu a été tué par

M. Lesson, chirurgien en chef des îles Marquises, aux alentours de Valparaiso. C'est un oiseau long de vingt-neuf
centimètres, et le bec entre dans ces proportions pour trois
centimètres et demi ; les tarses mesurent neuf centimètres
à partir de la portion dénudée de la jambe jusqu'au bout
des ongles ; le dessus de la tête est gris-brunâtre, excepté
le front qui est roux ; le dos est également gris-brun ; le
manteau, le milieu du dos, les épaules sont variés de
flammèches noires, bordées de roux et de jaune mordoré ;
les tectrices supérieures sont blondes ; le gosier est blanchâtre ; tout le devant du cou est d'un ferrugineux-clair ou
rouille, s'étendant sur les côtés du cou et jusqu'au milieu ;
le thorax, les épaules sont gris légèrement ondé de jaune-
clair sur le rebord des plumes ; le ventre et les flancs sont
jaune-rouille ; une large plaque d'un noir très-profond occupe le milieu du ventre ; la région anale est blanche ; les
couvertures inférieures sont blondes ; les rémiges ont leur
baguette blanche, et les barbes sont noires, et puis blanches au sommet de celles intérieures ; les pennes caudales
sont gris-de-perle, barrées de noir vers l'extrémité, et
celle-ci est gris-clair ; le bec est noir et les tarses sont
jaunes. Cet oiseau se tient dans les lieux rocailleux et dénudés des environs de Valparaiso.

Je n'avais pas l'ouvrage de MM. Jardine et Selby, lorsque
j'ai décrit cet oiseau pour la première fois ; aussi, en avais-
je fait le genre *Dromicus*, et nommé l'espèce, *dromicus Lessonii*,
ainsi qu'on peut s'en assurer dans l'*Echo du monde savant*
de 1844, p. 616. Il est juste de restituer aux premiers des-
cripteurs le nom qu'ils ont proposé.

50. LE LOBIPÈDE ANTARCTIQUE.

(*Lobipes antarcticus*, Lesson.)

Doit-on distinguer cet oiseau du *lobipes hyperboreus* de Cuvier, ou *phalaropus lobatus* de Latham, qui vit dans le Nord? Cette question ne me paraît pas facile à résoudre, bien que je penche pour une séparation des deux espèces.

Les individus qui proviennent du Chili sont assez uniformément en plumage d'hiver. J'en ai vu plusieurs revêtus de la même livrée, offrant le dessus de la tête gris-de-perle, le cercle noir qui part des yeux et contourne l'occiput, pour descendre sur le milieu du cou, variant en intensité et mélangé de grisâtre; le dos gris avec des flammèches noires et brunes éparses; le devant du corps, du cou, le thorax blancs avec des maculatures de couleur rouille; le milieu du ventre est d'un ferrugineux mélangé de blanchâtre; il en est de même des couvertures inférieures de la queue; les flancs sont mélangés de gris et de blanchâtre avec quelques flammèches brunâtres; le croupion a des flammèches d'un beau roux et des plumes d'un blanc pur; les ailes aussi longues que la queue sont brunes, un rebord blanc des tectrices forme une écharpe étroite blanche sur le milieu de l'aile; la queue conique est composée de rectrices brunes à rachis blanc, et les rectrices latérales sont bordées de blanchâtre; les tarses sont jaunes, mais les articulations et les ongles sont noirs; les lobes de la membrane interdigitale sont séparés et dentelés sur les bords; le bec a bien la forme aplatie qu'indique M. Temminck. Ce bec est spatuliforme, c'est-à-dire élargi et arrondi à son extrémité; il est brun en dessus et jaune en dessous, à la base; les deux sillons des narines se prolongent presque jusqu'au sommet; il n'est pas comprimé à sa pointe ainsi que l'indique M. Temminck à sa deuxième section (*Manuel* 2, p. 712).

J'ai été porté à faire de l'oiseau du Chili une espèce distincte ; il me paraît avoir des caractères propres, tirés de la forme du bec, de celle des lobes des doigts et de quelques particularités de sa coloration insolite aux livrées de l'espèce hyperboréenne.

51. L'ERYTHROGONE A CEINTURE.

(*Erythrogonys cinctus*, Gould, 1837, pl. 17; *Vanellus rufiventer*, Less., *Echo*.)

Ce petit vanneau de la Nouvelle-Hollande a le facies d'un pluvier à collier; il est monté sur des tarses alongés et fort grèles, et le pouce est rudimentaire ; les ongles sont très-petits et les jambes sont recouvertes de scutelles, de même que le dessus des doigts; les ailes sont de la longueur de la queue et aiguës.

Le bec est droit, légèrement renflé au bout, à narines longitudinales dans le sillon qui s'étend jusqu'au renflement; un deuxième sillon ou rainure longe le côté de la mandibule inférieure; il est noir en-dessus et à la pointe, jaune à la base et en-dessous.

Un gris uniforme colore le dessus de la tête, le dos, les ailes et le croupion; ce gris prend du noir sur les joues, au milieu du cou et sur le rebord du plastron, et forme sur la poitrine et sur le haut des flancs une large surface d'un noir bistré.

Un blanc de neige naît au menton, descend sur le devant du cou et puis s'évase en un demi-collier, bordé de noir assez vif, noir qui forme un liseré avant de se confondre avec le gris des parties supérieures ou le bistre du thorax.

Le ventre, les flancs, les couvertures inférieures de la

queue sont d'un blanc pur, mais les côtés du ventre sont marqués de deux bandes longitudinales ferrugineuses et des flammèches brunes et roussâtres se mêlent au blanc des plumes tibiales et des couvertures inférieures de la queue.

Les ailes sont grises en-dessus, brunes sur les rémiges, avec un rebord blanc au milieu et toutes les pennes moyennes primaires et les secondaires d'un blanc pur; la queue elle-même, courte et cônique, a deux pennes moyennes grises, mais toutes les autres sont blanches.

Les tarses sont brunâtres dans le bas et rouges dans la partie dénudée de la jambe.

52. LE VANNEAU COMMUN, SORTANT DU NID.

(*Vanellus cristatus*, Auct.)

Les jeunes vanneaux quittent leur nid du 1er au 10 juin; leur bec est noir; les pieds sont brunâtres; toutes les plumes du corps, d'un vert pâle, ont chaque plume frangée ou cerclée de rouge vif; un sourcil roux traverse l'œil en dessus et une plaque rousse occupe le devant de l'œil; les côtés des joues et le bas du même roux; ailes et queue d'un vert frangé de roux; devant du cou blanc roussâtre; large collier vert sur le thorax; parties inférieures blanc pur; duvet abondant; les rectrices qui commencent à pousser sont noires, bordées de roux vif avec les couvertures inférieures roux vif.

Dans les environs de Rochefort on fait la chasse aux jeunes vanneaux, au moment de leur sortie du nid, dans les marais de Brouage. Des chiens battent ces marais et font lever les jeunes vanneaux qui courent avec célérité, mais qui sont bientôt pris, soit par les chiens, soit par les enfants. On dit leur chair très-délicate à cet âge; les vanneaux pondent de deux à trois œufs dans des dépressions du sol ou de vieux pas de bétail, et choisissent les lieux entourés d'eau, et des sortes d'îlettes dans les marécages ; les père et mère fuient à la moindre approche de danger qu'ils peuvent découvrir de très-loin.

J'ai cru devoir donner ces particularités que je n'ai trouvées nulle part indiquées d'une manière précise.

53. LE HÉRON JUGULAIRE.

(*Ardea jugularis*, Forster.)

Le héron jugulaire est bien distinct de l'*ardea gularis* de Bosc, et c'est ce dernier héron qui a été figuré sous le nom d'*ardea jugularis*, par Vieillot (*Gal.*, pl. 253). Le gulaire est du Sénégal et le jugulaire des îles océaniennes de la Mer du Sud, à Taïti, aux îles Tonga et Marquises.

1º Le héron jugulaire, *ardea jugularis*, Forster, *Ic.*, pl. 114 ; Wagl., *Sp.*, nº 18 ; *ardea matook*, Vieill., *Ency.*, p. 118 ; *ardea cœrulea*, Var. B. Latham.

Le mâle adulte a le bec fort, droit, couleur de corne, le lorum, le tour des yeux nu et jaune, le plumage en entier brun bleuâtre, le devant du cou tacheté de plumes blanches : les plumes occipitales de la ligne dorsale du cou sont fines et soyeuses ; celles du dos alongées, terminées en longues palettes bleu cendré ; les ailes d'un brun bleuâtre en dessus sont bleu cendré à rachis blanchâtre en dedans ; ses rectrices bleu noirâtre en dessus, gris perlé en dessous ; le ventre est brun mat ; les jambes et les tarses sont noirs ; longueur totale, soixante-deux centimètres.

Le jeune a le plumage brun ardoisé uniforme ; les plumes effilées du cou et du dos manquent complètement ; le ruban neigeux du devant du cou est très-arrêté et s'étend du menton jusqu'au haut du cou ; les tarses sont verdâtres, le

reste comme chez l'adulte. Longueur totale, trente-six centimètres.

Ce héron n'est pas rare à Nuka-Hiva, une des îles Marquises.

54. LE BIHOREAU OCÉANIEN.

(*Nycticorax oceanicus*, Lesson.)

Ce bihoreau ressemble, au premier aspect, à l'*ardea sex-
setacea* de Vieillot (*Ency.*, p. 1182), ou *ardea callocephala* de
Wagler (*Syst.*, esp. 34), l'*ardea violacea* (Wilson, pl. 61, fig.
1; Buff., *Enl.* 899), et l'*ardea Cayennensis* des auteurs.

Le bihoreau à six brins est répandu sur les rivages de
l'Amérique et des îles Caraïbes, et le bihoreau océanique
sur les grèves et dans les vallées des îles Marquises.

L'espèce que nous regardons comme nouvelle mesure
quarante-cinq centimètres depuis la pointe du bec jusqu'au
sommet de la queue. Ses ailes sont fort longues et dépassent
cette dernière, et, comme chez l'espèce d'Amérique, les
tarses sont longs et grêles ; son bec est très-épais et très-
robuste ; le devant des yeux est dénudé, et sur le sujet sec
la couleur de la peau a disparu.

Le bec est d'un noir luisant, mais couleur de corne sur
les branches et le rebord de la mandibule inférieure ; les
tarses, de nuance claire, ont dû être verdâtres, et leurs ongles sont noirs.

A partir du front, une large calotte recouvre tout le dessus de la tête, et se trouve largement encadrée par le noir-
bleu profond des côtés du crâne et des joues. Cette calotte
est formée de plumes blanches à leur base, mais variée de
filaments noirs et de couleur de rouille à leur sommet. Un
trait blanc borde le front, et une bande plus large et blanchâtre traverse la joue et va jusqu'à la nuque. Tout le des-

sous du cou, c'est-à-dire le gosier, est mélangé de brun et de gris; le noir-bleu des côtés de la tête s'arrête à l'occiput d'où partent quatre plumes blanches, effilées et inégales en longueur, entremêlées à leur base de plumes noires alongées et très-grêles.

Le dessus du cou est brun fuligineux uni, mais à l'attache de cette partie avec le dos commencent les plumes brunes liserées de gris clair qui recouvrent le dos et les épaules. Sur le haut du dos, les plumes s'alongent, deviennent étroites, et une longue flammèche brune-noirâtre se trouve bordée de barbes fines et décomposées d'un gris cendré bleu. Ces plumes ont beaucoup d'analogie avec celles de quelques aigrettes. Le croupion est gris cendré uni.

Le devant du cou est gris ardoisé avec flammèches blanches et des taches rouille. Les côtés du cou sont gris-ardoise; mais le ventre et les flancs ont leurs plumes blanches au centre et bordées de brun-gris sur les bords.

Les épaules ont leurs tectrices alaires brunâtres avec de légères taches gris-blanc; les pennes moyennes sont largement frangées de gris de perle; le rebord de l'aile est blanc pur; les rémiges sont uniformément bleu cendré avec leur rachis noir luisant; la queue a ses rectrices bleu cendré uni, mais les tectrices sont longues et variées de bleu cendré.

Ce bihoreau vit aux îles Marquises.

55. LE RALE ÉLÉGANT.
(Rallus pulcher, Griff., an. Kingd.) (1).

Ce râle provient des bords de la Casamance, dans la Sénégambie. Il est de la taille de la marouette. Son bec, légè-

(1) Rostro et pedibus nigris; capite, collo et thorace cinnamomeis. Dimidia corporis parte, alis brunneis luteo rufescenti, lineatis; remigibus brunneis; caudâ cinnamomeâ.

rement comprimé, est brunâtre corné ; les tarses sont longs,
brun-rougeâtre. Un riche marron ou une couleur cannelle
franche colore la tête, le cou, le thorax et le haut du dos.
Le dos, les ailes, le ventre et les flancs sont noirs, mais des
bandelettes jaune-mordoré sont disposées par rayures régulières sur ces parties. Les rectrices sont rouge-marron, et
les pennes primaires alaires sont d'un brun uniforme.

Cet oiseau mesure seize centim. Il a été nommé par Smith
(S. af., pl. 22) *gallinula elegans ;* par Gray, *corethura elegans,*
et par nous *rallus cinnamomeus* (*Rev. zool.,* 1840, p. 99).

56. LE CHEVALIER OCÉANIEN.

(*Totanus oceanicus,* Lesson.)

Nous avons rapporté une peau de cet oiseau de l'île
Oualan, et depuis lors, il a été rangé dans les galeries de
Paris à côté du *totanus brevipes* de Cuvier. Depuis, nous en
avons reçu des individus des îles Marquises, et des doutes
se sont élevés dans notre esprit sur l'identité de ces deux
espèces, car notre oiseau paraît distinct du *brevipes.*

Ce chevalier a le bec noirâtre et les tarses brun verdâtre ;
il mesure de longueur totale vingt-quatre centimètres ; tout
le dessus du corps est gris-brun, seulement les couvertures
alaires et les pennes sont très-finement frangées de gris clair
très-peu apparent, mais plus dessiné sur le rebord de l'aile ;
le menton et le gosier sont gris-blanc, le thorax gris franc ;
le milieu du ventre blanc, ainsi que les couvertures inférieures de la queue ; les flancs sont gris ; les ailes et la
queue sont gris-brun ; les premières dépassent notablement
les rectrices. Nous avons fait peindre cet oiseau qui paraît
vivre sur les rivages des îles océaniennes de l'Océan Pacifique.

PALMIPÈDES.

57. LE NETTAPUS A PENNES BLANCHES.

(*Nettapus albipennis*, Gould, Birds of Aust., pl. 16; *Nettapus bicolor*, Lesson, *Echo*, 1844.)

Les cinq espèces de *nettapus* ou *microcygna* forment une tribu très-naturelle dans la grande famille des *anatidées* ou canards. La Nouvelle-Hollande a le *nettapus pulchellus* décrit par Gould, et cette sixième espèce vit aussi dans l'Australie.

Le nettapus albipenne a la taille et les formes de la sarcelle de Madagascar, ou *nettapus auritus*; sa longueur totale est de trente-six centimètres; ses tarses sont nus au-dessus du talon et très-noirs; le bec, si caractéristique dans ce petit genre, est brunâtre en dessus avec des maculatures verte sur le bord de la mandibule supérieure à sa base; la mandibule inférieure est jaunâtre.

La tête, le cou, les joues, le gosier sont d'un blanc tiqueté de gris, mais le blanc est presque pur sur le menton, et une large calotte brun-vert recouvre la tête et descend sur le haut du cou; un trait noir traverse la joue en passant sur l'œil, et se trouve bordé dans le haut d'un sourcil blanc tiqueté de gris.

Le dessus du corps à partir de la ligne médiane du cou, le dos, les ailes sont d'un brun glacé de vert luisant, mais peu intense; toutes les pennes secondaires se trouvent terminées de blanc, ce qui forme sur l'aile, quand elle est ouverte, une bande neigeuse; les rémiges sont brunes terminées à leur pointe de gris.

Le croupion est gris tiqueté finement de brun ; les couvertures supérieures de la queue sont grises tiquetées.

Le devant du cou et le thorax sont variés de gris et de roussâtre, mais des rayures fines, serrées et nombreuses coupent transversalement ces parties ; le thorax, le ventre, les flancs sont blanchâtres ondés de roussâtre et de gris-brun ; le gris-brun est plus intense sur la région anale, et les couvertures inférieures de la queue sont rousses à leur base et blanches au sommet ; les flancs sont largement ondés de blanc et de gris ; les tarses sont noirs.

Cet oiseau habite la Nouvelle-Hollande.

58. LE MALACORHYNQUE A OREILLES VIOLETTES.

(Malacorhynchus iodotis, Lesson ; *Anas membranaceus*, Latham ; *Anas fasciata*, Shaw?)*

Les deux canards à bec largement membraneux aux bords, l'un de la Nouvelle-Zélande, et l'autre de la Nouvelle-Hollande, forment deux petits genres. Le premier est le type du genre *hymenolaimus* de Gray, et le second du *g. malacorhynchus* de Swainson. Ce dernier n'avait eu jusqu'à présent qu'une espèce, l'*anas membranacea* de Latham. Nous ajoutons une deuxième espèce, bien voisine de la précédente, mais remarquable par les deux taches violettes circonscrites placées sur les oreilles.

Le malacorhynque à oreilles violettes habite la Nouvelle-Hollande. Il est à peu près de la grosseur de la sarcelle d'été de France, et mesure trente-sept centimètres du bout du bec à l'extrémité de la queue ; le bec et les tarses sont noirs, mais la mandibule inférieure du premier est jaune en dessous.

Le front et tout le pourtour du bec est gris-blanc ; une plaque gris-brun recouvre le sinciput ; une large plaque brune occupe les joues et encadre les yeux; toutefois un cercle blanc forme un rebord à la paupière en dessous; la tache violette ou de nuance d'iode marque l'angle, sur les oreilles, de la plaque brune des joues à celle du sinciput qui se continue sur la ligne moyenne du cou.

Le cou est gris, finement vermiculé et linéolé de brun, et à mesure qu'on avance vers le thorax, le haut du ventre et les flancs, les rayures deviennent plus régulières et plus manifestes; ce sont des bandelettes brunes ou noires légèrement ondulées, et qui sur les flancs et les côtés du bas-ventre, deviennent de larges bandelettes noires; le croupion est brun, coupé par une barre blanche.

Les ailes et le milieu du dos sont gris-brun; les pennes alaires sont brunes; les rémiges secondaires sont terminées de blanc.

La queue courte et cônique est brune, mais les couvertures inférieures sont rousses; le milieu du ventre est blanc pur ou sans tache.

Le dedans des ailes est blanc barré ou rayé de noir.

59. LE CANARD INNOMINÉ, FEMELLE.

L'individu que nous avons eu sous les yeux était femelle, et nous avons été tenté de le rapporter à l'*anas superciliosa* de Latham (n° 5), qui vit à la Nouvelle-Zélande. Toutefois des doutes assez fondés nous font hésiter à regarder notre oiseau comme identique avec le canard à sourcils.

Notre espèce appartient donc au groupe des *querquedula*, et a la taille de notre sarcelle d'Europe. Le bec et les tarses sont noirs; le dessus de la tête est varié de gris et de brunâtre assez intense; le front, les joues sont ponctués de gris-brun sur un fond gris roussâtre; le devant du cou est

presque blanc ; tout le dessus du corps est brun, mais chaque plume est cerclée de roux clair ; tout le dessous du
corps est roux avec des ondes brunes, dues à ce que les
plumes sont brunes, mais frangées de blond ou de roux sur
le thorax, les épaules, le bas du cou ; les couvertures des
ailes également brunes sont liserées de blond à leur bord ;
les épaules sont brunes ; la portion moyenne de l'aile présente deux bandes obliques d'un blanc pur, encadrant une
plaque noir velours assez large, relevée à son centre par
une tache vert doré émeraude très-chatoyante, la queue légèrement cônique, à pennes aiguës, est brune en dessus et
d'un blanc-clair en dessous, les tarses sont rouge-brun.

On ignore sa patrie.

60. LE CANARD GLAUCION.

(*Anas glaucion*, Linné; Gm. *Syst. esp.*, 26.)

Les froids d'un hiver assez rude ont rendu très-commune
au marché de Rochefort, dans les mois de janvier et de fé-
vrier 1838, une espèce de canard qu'on n'y voit point d'ordinaire, et dont tous les individus portaient la même livrée.
Ce canard, que nous avons étudié avec soin, et dont les
deux sexes ont une livrée identique, est le *glaucion*, sur
l'existence duquel les naturalistes sont loin d'être d'accord.
On ne peut se dissimuler, en effet, que, de toutes les espèces
d'oiseaux, les canards sont, sans contredit, les moins bien
connus, et que leur synonymie est surtout fort embrouillée.
Buffon, Brisson, et autres ornithologistes fourmillent d'erreurs à leur égard.

M. Temminck a dit : « Il est incontestable que les descriptions latines de l'*anas glaucion* de Linné, indiquent
très-exactement le plumage de la vieille femelle ou du
jeune mâle du canard garrot. Mais il est évident, que

toutes les indications françaises et quelques indications anglaises, citées comme synonymes avec cette espèce nominale d'*anas glaucion*, doivent être énumérées dans la nomenclature de l'anas fuligula, et que ce sont des descriptions de doubles emplois, faites sur des femelles ou sur des jeunes mâles du canard morillon. »

Après une indication si précise d'un ornithologiste aussi habile que M. Temminck, nous avons dû recourir à la description de Gmelin, que nous avons trouvée très-fidèle et qui peint parfaitement les nombreux individus que nous avons sous les yeux, et qui diffèrent notablement des femelles ou des jeunes des canards garrot (*anas clangula*, *L.*) et morillon (*anas fuligula*, *L.*).

Le canard glaucion ne serait donc pas un être imaginaire. C'est une espèce intermédiaire au garrot et au morillon, car elle tient des deux, et s'en distingue suffisamment par la coloration de son plumage.

Gmelin caractérise ainsi ce canard : *anas corpore nigricante, pectore nebuloso, speculo alarum albo lineari : caput ferrugineum; irides aurea; torques alba et alia latior grisea; dorsum et tectrices alarum obscuræ paucis striis, majores maculis albis majoribus insignitæ. Cauda, remigesque primariæ nigræ; secundariæ cum pectore et abdomine albæ; pedes flavi.*

Linné, dans sa *Fauna suecica* (p. 37), avait assez exactement décrit le glaucion ou glaucus de Belon en ces termes : *anas oculorum iridibus flavis; capite sordide nigro; collari albus, ni alis loco maculæ pennæ quinque distinctæ albæ. Rostrum nigricat; iris oculorum glauca; collare album, pectus ad sternum usque nebulosum. Cauda et alæ nigræ; dorsum fusco-nigrum. Pedes et tibiæ sordida; palmæ atræ. Habitat in maritimis Sueciæ, frequens.*

Or, cette description convient parfaitement à notre es-

pèce, et nous ne saurions l'appliquer, ainsi que le veut
M. Temminck, ni à la femelle ou aux jeunes mâles du garrot, ni à la femelle ou aux jeunes mâles du grand et petit
morillon. Notre description minutieusement exacte, et re-
posant sur plus de vingt individus, aura pour but d'éclaircir
cette question si controversée, et si l'on doit être en garde
contre la création d'espèces purement nominales, on doit
aussi s'empresser de restituer à certaines espèces leur indi-
vidualité lorsqu'elle est démontrée.

Le glaucion a quinze pouces de longueur totale, et son
bec mesure quinze lignes.

La phrase spécifique de cet oiseau serait celle-ci : bec entièrement noir ; iris jaune verdâtre; tarses et doigts d'un
jaune-ocreux brunâtre; palmure brune; tête et haut du
cou garnis de plumes touffues et abondantes, uniformément d'un brun-ferrugineux luisant; un demi-collier gris-
de-perle bordé d'un large collier gris-de-cendres au devant
du cou; poitrine et partie inférieure du corps, blanc satiné,
nuancé de gris-brun à la région anale et sur les plumes tibiales; derrière du cou gris roux, côtés du cou et du
thorax gris ondés de blanc; ailes et dos brun ondé de brun
clair, croupion noir, rémiges et rectrices brun foncé, un
miroir blanc neigeux coupé d'une raie brune sur le milieu
de l'aile.

Le glaucion a le bec assez élevé à la base, arrondi et peu
ongulé à la pointe; les narines sont latérales et percées plus
près de son sommet que de sa base; la mandibule supérieure déborde l'inférieure qu'elle recouvre entièrement;
toutes les deux ont leurs bords garnis de lamelles serrées
et saillantes, plus particulièrement sur cette dernière où
les dentelures forment une lame verticale; les ailes sont
longues et pointues et dépassent la moitié de la queue;

celle-ci, composée de quatorze rectrices, est légèrement arrondie, par le raccourcissement successif des quatre pennes
latérales ; les tarses sont courts, et le pouce est assez largement bordé par un repli de la membrane qui s'étend entre
les doigts antérieurs jusqu'aux ongles ; des épines bordent
l'intérieur du pharynx.

Les plumes de la tête et du haut du cou sont assez alongées et touffues, et donnent à cette partie une certaine ampleur : ces plumes sont d'un roux-brun marron ou ferrugineux foncé et luisant, de nuance uniforme et intense ; un
assez large collier gris-de-perle sépare ce roux-brun marron
de la tête et du haut du cou, d'une plus large écharpe grise
ondée de gris plus foncé et lustré qui règne au bas du cou :
à partir de ce collier gris, coupé carrément avant le thorax,
règne un blanc pur très-satiné qui couvre la face et les
côtés de la poitrine, le ventre, les flancs et les couvertures
inférieures de la queue ; du gris-brun ondé de gris règne
sur les côtés du bas-ventre, sur les plumes tibiales, et traverse la région anale d'une barre brunâtre.

Les parties supérieures présentent les particularités suivantes : du gris-roux sur le cou à toucher le roux-ferrugineux de la tête, du gris ondé de gris-de-perle sur le bas du
cou et sur le haut des ailes : le dos est brun ondé de gris ;
les petites couvertures des ailes sont brunes ondées de gris-
clair; les plumes du croupion et les couvertures supérieures
de la queue sont du même brun ondé de gris sombre et
peu marqué : ces ondes tiennent à ce que chaque plume
est d'une nuance plus claire à son pourtour, et se trouve
frangée de gris plus ou moins foncé quand le reste de sa
surface est brun plus ou moins clair.

Les grandes couvertures alaires sont brun-noir luisant
dans leur moitié supérieure, et blanches ou à moitié blan-

ches dans leur partie inférieure : il en est de même des pennes bâtardes, qui sont ou totalement d'un blanc neigeux mat, ou marquées de brun à leur milieu. Lorsque l'aile est fermée, le blanc ne forme qu'une simple raie sur le milieu de l'aile, ou un miroir quadrilatère quand elle est ouverte : l'aile est uniformément brun clair en dedans, et de la même nuance que le dessous de la queue ; le dessus de celle-ci est brun-foncé, à baguette de la penne noir lustré ; les tarses sont jaune ocreux tirant au brun très-clair, et les doigts sont en dessus, ainsi que leurs rebords, d'un jaune-pâle rayé de lignes brunes ; la membrane, au contraire, est en dessus comme en dessous d'un brun-noir foncé et uniforme.

Ce canard n'a point de renflements à sa trachée-artère ; son gosier est fort, musculeux, et ne contenait chez quelques individus que des graines, des baies de lantana, de l'herbe et du gravier.

61. LE GRAND HARLE ou LE MERGANSER.

(*Mergus merganser*, Lesson.)

Notre description repose sur une étude minutieuse et entièrement originale faite sur nature.

CARACTÈRES COMMUNS AUX DEUX SEXES. Bec alongé, rétréci, échancré en cœur sur le front, échancrure bordée de rouge, se continuant sur l'arête en une bandelette noire ; plaque terminale recourbée en cuiller crochue également noire ; les côtés d'un rouge-carmin foncé et tirant au noir ; branches de la mandibule inférieure noires, côtés rouge-carmin ; dents des mandibules dirigées d'avant en arrière, très-fortes, rangées en scie et d'un noir intense ; voûte palatiale garnie sur les côtés de deux rangées de dents osseuses ; œsophage et gosier garnis de dents spinescentes nom-

breuses; langue simple à la pointe, qui est aiguë, garnie
sur sa ligne moyenne ou le raphée de deux rangées d'épines, et sur chaque bord d'une rangée spinescente; yeux
bruns cerclés d'orangé vif; pattes du rouge-corail le plus
vif, à membranes d'un rouge tirant au brun; ongles cornés;
queue légèrement tronquée ou à peine arrondie, faisant la
pointe dans le repos; ailes atteignant le milieu de la queue,
à première et deuxième rémiges les plus longues et les plus
fortes; plumage d'une excessive douceur, garni d'un duvet
très-abondant, gris clair, et très-fourni de plumes mollettes.

MALE ADULTE. *Enl.* 951. Plumes de la tête très-fournies,
formant une couche épaisse sur l'occiput, et d'un vert bronzé
à reflets métalliques, tirant au bronze noir sur la gorge :
cette teinte colore la moitié supérieure du cou; le reste du
cou, de même que toutes les parties inférieures du corps,
les couvertures de la queue comprises, les flancs et les dedans des ailes, sont d'un jaune-beurre-frais de la teinte la
plus douce et la plus suave; le manteau et la portion
moyenne du dessus du cou et la moitié des grandes couvertures sont d'un noir foncé et lustré, terminées, les plus
grandes, d'un point blanc; les côtés du thorax et la moitié
des grandes couvertures sont de la même nuance que le
dessous du corps; le milieu du dos est gris cendré; le bas
du dos, le croupion sont d'un blanc gris de perle ondulé de
gris plus foncé; les couvertures supérieures de la queue, de
même que les rectrices, sont d'un gris cendré relevé par le
gris-brun luisant de la tige de la plume; les ailes ont leurs
petites couvertures de l'épaule grises et brunes, cerclées de
blanc; toute la face externe de l'aile est blanc glacé de
jaune rosé; les pennes moyennes sont blanc lavé de jaune-
beurre-frais et finement liserées à leur bord externe d'un
filet noir profond; les rémiges sont raides, noir-brun lui-

sant, celles du fouet de l'aile exceptées, qui sont ou frangées ou terminées de gris-blanc. Longueur totale, du bout du bec à l'extrémité de la queue, deux pieds et quelques lignes.

FEMELLE ADULTE (*Mergus castor*, Gm., *Enl.*, 953). Plumes de la tête très-fournies et s'alongeant successivement sur l'occiput pour former une huppe comprimée longue de deux pouces ; la tête et le haut du cou sont d'un brun de rouille, plus foncé sur le devant de la tête, plus roux sur le haut du cou et sur les côtés ; la gorge est blanc-jaune, se conti-nuant légèrement en ligne moyenne sur le roux du cou ; toutes les parties supérieures du corps sont d'un gris lui-sant, mais sur le cou et sur le croupion les plumes grises sont cerclées de gris blanc de perle, ce qui rend ces parties émaillées ; les épaules et les rémiges secondaires, de même que les rectrices et leurs couvertures, sont uniformément grises, avec leurs tiges lustrées et luisantes ; les rémiges sont brun-noir ; un large miroir blanc pur occupe la partie moyenne des ailes et se trouve coupé au tiers supérieur par un trait brun ; les pennes bâtardes sont brunes à leur base et en dedans, et seulement blanches à leur sommet et en dehors ; le cou en devant est varié de gris et de blanc, puis apparaît une teinte pure jaune-beurre-frais qui s'étend du cou aux couvertures inférieures de la queue, en se mêlant sur les flancs au gris qui forme des cercles sur chaque plume, ainsi que les tibiales. Sa longueur totale, du bec à l'extrémité de la queue, est de vingt-deux pouces.

Les harles mâle et femelle ont été très-communs dans les environs de Rochefort, dans le courant de janvier 1838, pendant les froids qui régnèrent du 10 au 20 de ce mois (9° 5' du thermomètre centig. sous zéro), et même les jours suivants, par une température de 9° au-dessous de zéro. Ils s'étaient abattus dans les prairies que la Charente arrose, depuis Fichemore, à la porte de Rochefort, jusqu'à Bords et à Saint-Savinien. Tous les individus observés ont présenté un plumage identique et sans variations. L'estomac de l'un d'eux était rempli par du gravier, des ossements de grenouilles, des poissons presque entiers, des pousses d'herbes.

62. LE PETREL A MASQUE.

(*Procellaria larvata*, Lesson; *Echo*, 1845, 971) (1).

Plus gros que le pétrel damier, le pétrel à masque a les tarses fort longs, le pouce surmonté et les trois doigts fort alongés; sa queue est courte et cônique, et ses ailes sont très-longues.

Son plumage en entier est d'un noir plus ou moins luisant, plus clair ou plus fuligineux sur le ventre; mais ce qui le rend remarquable est l'encadrement de sa face, qui est d'un blanc pur : cet encadrement se compose d'une écharpe blanche élargie sur le crâne et descendant en chevron entre la commissure et l'œil, pour s'unir à une large cravate qui naît sous la gorge, contourne la tête presque jusqu'à la nuque sans se relier à celle du côté opposé.

Le bec a les parties saillantes de ses mandibules nacrées et celles rentrées ont leur partie supérieure noire; les tarses, la palmure et les ongles sont noirs.

Il habite le Cap de Bonne-Espérance.

63. LE NODDI DE L'HERMINIER.

(*Anoüs L'Herminieri*, Lesson.)

Nous avons reçu du docteur L'Herminier cette jolie espèce de noddi qui vit sur les mers des Antilles, et qui est connu

(1) P. corpore nigerrimo, rostro nocuo et nigro, vittis duabus niveis transversè et supernè junctis; pedibus atris.

des créoles de la Guadeloupe par le nom de *minime doré*.
Le Muséum possède un individu de cette espèce, mais inon-
miné ; aussi avons-nous cru devoir lui imposer le nom du
médecin savant qui le premier nous l'a fait connaître.

Cet oiseau mesure, de la pointe du bec à l'extrémité de
la queue, vingt-quatre centimètres. Son bec est ren-
forcé, renflé en dessous, noir en dessus, rouge à la mandibule inférieure ; ses tarses sont de cette dernière couleur ;
son plumage est noir fuligineux uni sur les parties inférieures, excepté le bas-ventre et les couvertures inférieures
qui sont d'un blanc lavé de gris ; toutes les parties supérieures sont d'un noir brun, foncé et uni sur la tête et le
cou, mais émaillé de gouttelettes transversales blanches sur
les grandes couvertures alaires, et rayé de liserés roux sur
le sommet des plumes du dos, du croupion, et des couvertures des ailes ; les rémiges et les rectrices sont noires.

64. LA STERNULE DES ANTILLES.

(*Sternula Antillarum*, Lesson.)

La petite sterne des auteurs a plusieurs espèces congénères que l'on a confondues avec elle, et parmi les plus
distinctes est sans contredit celle des Antilles, que nous devons à M. le docteur L'Herminier. Notre sternule diffère de
la vraie *minuta*, par un bec plus court, de couleur orangée,
excepté la pointe qui est noire, et par une plus grande étroi-
tesse du bandeau blanc qui, du front, va passer sur les
yeux ; ses formes sont d'une extrême délicatesse, et le noir
du sommet de la tête est profond ; le gris-de-perle du corps
est clair, satiné ; tout le dessous est blanc-d'argent ; la queue
est profondément fourchue ; les deux rémiges externes
sont bordées de noir ; les tarses sont orangés. C'est princi-

palement sur les rivages de la Guadeloupe que vit cette jolie espèce, facile à confondre avec la *sterna minuta* des auteurs.

65. LA STERNULE A BEC NOIR.

(*Sternula melanorhynchus*, Lesson.)

Cette sternule, un peu plus forte que la précédente, peut être aussi confondue avec la *sterna minuta* des auteurs. Comme la précédente, elle vit dans le golfe des Antilles, et m'a été envoyée de la Guadeloupe par le docteur L'Herminier.

Elle est différentiée des *sternes minuta* et *Antillarum* par un bec plus droit, presque entièrement noir ; la plaque blanche du front a peu d'étendue ; le noir du dessus de la tête descend jusqu'au milieu du cou. Dans l'individu placé sous nos yeux, le noir du sinciput est mélangé de blanc, le bas du cou en dessus est blanc, le gris du dessus du corps est lavé de brunâtre, la queue est courte, peu fourchue, et les pennes latérales sont terminées par des filaments peu alongés et très-grèles : tout le dessus du corps est blanc lacté ; la queue est gris-blanc clair, et les rémiges externes sont largement bordées de brun.

La *sterna minuta* habite l'Europe, l'Asie, et le Bengale notamment. Nos deux espèces la représentent dans les Antilles.

PASSEREAUX.

66. L'ŒGOTHÈLE A COLLIER.

(*Œgotheles lunulatus,* Jard. et Selby.)

Le genre œgothèle est un excellent genre faisant le passage des podarges aux engoulevents. Notre espèce est bien
celle que M. Lafresnaye a figurée dans le *Magasin de zoologie*
(année 1837, pl. 82), sous le nom d'*œgotheles Novæ Hollandiæ,*
mais nous ne pensons pas que ce soit l'*œgotheles Novæ Hollandiæ* de Vigors et Horsfield, celui figuré par White, pl. et
pag. 241. Il est probable que c'est l'*œgotheles lunulata* de
MM. Jardine et Selby. L'oiseau que nous décrivons a en effet
l'occiput encadré de noir et traversé par une bande noire,
de plus un demi-collier noir-velours sur le bas du cou bordé
d'un demi-collier roux ; les tarses sont jaunes, et le bec
noir ; le bas-ventre et les couvertures inférieures sont
blancs.

67. L'ENGOULEVENT A PETIT BEC.

(*Caprimulgus exilis,* Lesson.)

Le genre engoulevent a été divisé dans ces derniers temps
par les naturalistes anglais en une foule de petits genres
qu'il est impossible de conserver comme genres, mais qui
peuvent servir à une bonne étude du groupe, étant admis
comme sections. Ces tribus sont les suivantes :

1 Antrostomus,	1 espèce.	Amérique N.
2 Eurostopodus,	2	—	Australie.
3 Lyncornis,	1	—	?

4 Nyctidromus,	1 espèce.	?	
5 Chordeiles,	2	—	Amérique N.
6 Caprimulgus,	38	—	Cosmopolite.
7 Microrhynchos,	1	—	Pérou (Am. équat.)
8 Lucapripodus,	2	—	Amérique équat. pacif.
9 Tetrura.	1	—	Amérique équat. atl.
10 Creapyga,	1	—	Afrique australe.
11 Amblypterus,	1	—	Amérique équat. atl.
12 Pydropsalis,	2	—	*Idem.*
13 Scotornis.	2	—	Afrique occid.
14 Podager,	1	—	Amérique S.
15 Semeiophorus.	1	—	?
16 Macrodipteryx,	1	—	Afrique occid. et N.

L'engoulevent à petit bec est le type de la septième tribu, celle des *microrhynques*. C'est en effet par son bec excessivement petit que cette espèce se distingue ; ce bec à peine apparent est lisse sur les bords , et n'a que des soies fort courtes sur les narines ; les tarses sont grêles, courts, emplumés jusqu'aux doigts ; celui du milieu est, comme chez la plupart des espèces, le plus long, et a son ongle dentelé en peigne sur le rebord ; les ailes sont aussi longues que la queue, et celle-ci est légèrement échancrée au sommet.

Le plumage de cet engoulevent est en dessus d'un gris glacé varié de traits noirs veloutés de linéoles légères, de petites taches blanchâtres nuancées de rouille ; les épaules sont bordées soit de blanc, soit de rouille, suivant les sexes.

Une large plaque blanche occupe tout le devant du cou, et s'étend depuis le menton jusqu'au haut du thorax ; la poitrine, le ventre, sont rayés de gris, de blanc, et le bas-ventre a du roussâtre-clair ; les couvertures inférieures de la queue sont de nuance rouille uniforme ; les pennes alaires sont brunes, largement barrées de blanc au milieu.

Les pennes caudales sont brunes, vermiculées et linéolées de blanc à leur naissance, marquées de demi-taches blanches en dedans, mais surtout coupées par une large raie d'un blanc pur vers leur sommet.

Le bec est noir, et les tarses sont noirâtres.

Cet oiseau habite le Pérou. Il mesure dix-neuf centimètres de longueur totale.

J'en ai eu plusieurs individus, tous tués par mon frère aux alentours de Callao, non loin de Lima. On trouve cet oiseau décrit dans le catalogue de T. Schudi, sous le nom de *caprimulgus pruinosus*.

68. L'ENGOULEVENT A AILES EN SCIE.

(*Caprimulgus odontopteron*, Lesson.)

Cette espèce a le bec noir, garni de soies beaucoup plus longues que lui, rigidules ; les tarses incarnats, l'ongle du milieu fortement pectiné ; le plumage sur le corps à fond gris-de-perle, mais fortement oculé de brun velouté, encadré ou vermiculé de blond doré ; un demi-collier roux sur le cou ; des taches blanches et des points roux sur les ailes ; le menton et le devant du cou blancs ; le thorax à flancs variés de vermiculé brun, roux et blanchâtre ; le milieu du ventre blanc pur ; les couvertures inférieures teintes de roux ; les pennes alaires brunes, traversées au milieu par une bande blanche ; les deux premières à barbes taillées en dents de scie fort régulières ; la queue est longue, étagée ; les deux pennes moyennes courtes, gris-de-perle, barrées de noir et vermiculées de noir et de roux ; les latérales blanches, bordées sur leur rebord externe d'un liseré brun, qui contourne leur extrémité ; les deux plus externes, grêles et d'un blanc pur. Longueur totale, huit pouces et demi.

Cet oiseau a été tué à la Martinique (Antilles), par M. Adolphe Lesson.

69. LE DENDROCHÉLIDON VOILÉ.

(*Dendrochelidon velatus*, Lesson. *Hirundo coronata*, Tickel.)

Cette belle espèce d'hirondelle, du sous-genre des *dendrochelidon* (Boié) ou *macropteryx* (Swainson), est complètement identique par les formes avec l'*hirundo klecho* d'Horsfield, ou *cypselus longipennis* de Temminck (pl. col. 83, f. 1). Elle rappelle jusqu'à la coloration de cette espèce, bien qu'essentiellement distincte.

Le *d. velatus* vit au Bengale. Le *klecho* habite Java. Les auteurs anglais, et Blyth entr'autres, ne la mentionnent pas.

Les ailes sont fort longues et fort effilées ; la queue elle-même est profondément fourchue, et les deux pennes latérales sont excessivement étroites ; le bec est mince, grêle, et légèrement renflé à sa pointe ; les tarses sont vêtus jusqu'aux doigts ; le pouce est long et renflé à l'attache de l'ongle ; les plumes de l'occiput sont lâches et forment une sorte de huppe incomplète, absolument comme chez l'*hir. klecho*.

La coloration de notre espèce est identique avec celle de l'*hir. klecho* ou *longipennis*, avec les différences suivantes :

Un bleu-noir ardoisé colore l'occiput, un ardoisé foncé règne depuis la nuque jusqu'aux couvertures supérieures de la queue, sans partage ; un bandeau noir-velours forme une ligne frontale qui s'élargit en triangle en avant des yeux en s'étendant sur ces parties comme un voile ; le pourtour de l'œil est nu, et bordé d'un cercle noir très-étroit ; les régions auriculaires sont garnies d'une plaque rouge-marron très-luisant ; un trait marron part de la commissure du bec et descend sur les côtés du voile noir, et sur les jugulaires.

Tout le devant du cou est jusqu'en haut du ventre gris bleuâtre glacé ; le ventre et les couvertures inférieures de la queue sont blanc pur ; les plumes tibiales sont noirâtres et les tarses sont noirs ; deux touffes blanches, cachées par les ailes, occupent les flancs.

Les épaules sont bleu luisant ; les pennes sont noires ; les sommets des couvertures moyennes sont blanchâtres.

Les rectrices sont vert doré en dessus ; elles sont d'un brun très-clair tirant au nacré sur les deux longues pennes externes en dessus, le rachis en est blanc. Cette hirondelle mesure vingt-trois centimètres.

70. LES TODIERS.

(*Todus* auct., Lesson. *Ann. sc. nat.* t. IX, p. 166, mars 1838.)

Les todiers ont été étudiés dans ces derniers temps par plusieurs auteurs, qui n'en ont admis qu'une espèce en lui donnant pour caractères un bec dentelé. Quant à Vieillot, ou plutôt à Bonnaterre, il a confondu avec les todiers de véritables moucherolles du genre platyrhynque. En examinant deux oiseaux que nous confondions avec le todier vert, et rapportés de Porto-Rico et de la Vera-Cruz par M. Adolphe Lesson, médecin de la marine, nous nous sommes assuré que ces espèces, bien que semblables par les proportions, variaient suivant qu'elles habitaient les îles ou la terre ferme, et de plus que la dentelure du bec n'était pas constante ; car nos deux espèces, examinées à la loupe, ne nous ont pas présenté ce caractère. Or, la dentelure du bec est donc propre au véritable todier vert de Saint-Domingue.

Les espèces confondues avec le todier vert, dont l'histoire est fort embrouillée, sont les suivantes :

Le todier vert, rose et bleu (1) a été tué à Porto-Rico, par M. Ad. Lesson. Son plumage est vert émeraude en dessus; le front est orangé vif; la gorge a une plaque étroite rouge-carmin, chaque plume frangée de blanc satiné et luisant; cette plaque est bordée d'un blanc surmonté lui-même d'un trait plus large bleu céleste; le thorax est gris nuancé de rose dans le haut; les côtés du thorax sont gris ardoisé; les flancs sont d'un rose vif et pur, le milieu du ventre blanc soyeux, et les plumes anales sont jaune-soufre clair; les ailes sont bordées de blanc; les plumes de la queue sont gris clair en dessous, à peine lavées de vert au milieu en dessus; le bec est jaune lavé de brun en dessus, sans dentelures; les tarses sont jaunes.

Il habite les îles de Porto-Rico et de Cuba, où il est nommé *peorrera*.

Trois todiers ont donc les mêmes formes, la même taille, et au premier examen, une coloration qu'on ne peut distinguer que par des nuances et par une comparaison minutieuse. Ces trois espèces aujourd'hui seront donc nettement distinguées, grâce à la description comparative que nous avons donnée de chacune d'elles.

Le todier vert et jaune (2) a été rapporté de la Vera-Cruz par M. Adolphe. Son plumage est vert foncé brillant en dessus; la gorge est rouge-cramoisi intense; les plumes sont imperceptiblement frangées de gris à peine discernable; deux traits blanc pur bordent cette plaque rouge de feu, frangée dans le bas d'une nuance orangée; le thorax est gris; les flancs sont jaune safrané; les couvertures in-

---

(1) *Todus portoricensis*, Adolphe Lesson, 1838; *todus multicolor*, Gould et d'Orbigny, 1839.

(2) *Todus viridis*, *Atlas du Dict. sc. nat.*, pl. 32, fig. 1? *Todus mexicanus*, *Less. Ann. sc. nat.*, t. IX, mars 1838.

férieures sont jaune-serin ; les côtés du cou sont gris-brun ; les plumes de la queue sont brun foncé en dessous ; le bec est brun en dessus, jaune en dessous, sans dentelures ; les tarses sont roses.

Il habite la côte ferme au Mexique, et à Tampico plus particulièrement.

71. LES MOMOTS.
(*Momotus*, Brisson.)

Ces oiseaux forment une tribu fort naturelle caractérisée par un bec fort, robuste, convexe, recourbé, à arête élevée, à bords profondément crénelés ; narines larges, arrondies ; commissure garnie de soies ; langue longue et grêle ; ailes courtes, concaves, à quatrième et cinquième rémiges les plus longues ; tarses médiocres ; pieds des mérops et des jacamars ; queue très-longue, étagée.

Les momots sont des oiseaux lourds de l'Amérique intertropicale, qui vivent d'insectes et qui poursuivent les petits oiseaux et les souris. Ils nichent dans des creux d'arbres.

Les noms de prionites viennent de *prion*, scie, et *bariphonos*, forte voix.

Les VRAIS MOMOTS (*momotus*) comprennent :

1° Le houtou (*momotus Brasiliensis*, Brisson).

Une calotte bleu céleste sur la tête, avec une large tache noire au milieu ; joues noires ; corps olive éclatant en dessus, olive ferrugineux en dessous ; pennes primaires bleu céleste ; bec et pieds noirs. Longueur, dix-sept pouces. Sauvage, solitaire. Vit d'insectes et sautille sur les branches les plus basses des arbres. Son cri articule *houtou*.

Il habite la Guyane, le Brésil et le Mexique.

2° Le momot de Bahama (*momotus Bahamensis*).

3° Le momot Dombey (*momotus tutu*).

Vertex roux-cannelle, les côtés de la tête noirs, le dessus du corps vert, le dessous bleu; bec noir. Longueur, quatorze pouces et demi. Farouche, se nourrissant de petits oiseaux, de souris, etc.

Il habite le Brésil méridional et le Paraguay.

4° Le momot de Levaillant (*momotus Levaillantii*).

Vertex roux, dos et couvertures des ailes verts, pennes primaires bleues; pennes moyennes de la queue égales et entières à leur extrémité, thorax et ventre roux.

Il habite le Pérou.

5° Le momot mexicain (*momotus Mexicanus*, Swainson).

Tête et cou de couleur cannelle, dos et ailes verts, plumes des oreilles alongées, noires teintées de bleu; une tache azur sous l'œil; parties inférieures du corps d'un blanc-verdâtre; deux touffes de plumes noires alongées sur le thorax. Taille moindre que le momot du Brésil.

Il habite Temiscaltipec au Mexique.

6° Le momot faux houtou (*momotus subhutu*, Lesson).

Rebord frontal noir, haut du front vert-roux, large calotte bleue sur la tête, frangée d'azur et bordée de noir-velours sur le haut du cou; plumage bronze-roux luisant sur le dos, le cou; ailes vertes, pennes primaires bleues en dehors; joues, à partir des narines jusque sur les côtés du cou, noir profond et bordé de bleu-aigue-marine à leur extrémité; dessous du corps vert-roux; les trois longues plumes noires du thorax liserées de vert-aigue-marine; queue très-étagée, d'abord verte, puis bleue en dessus, à rachis noir et terminée de noir, noire en dessous; les deux moyennes terminées par une large palette bleu-azur, frangée de noir velouté; bec et tarses bruns. Longueur totale, quinze pouces.

Il habite le Mexique.

7º Le momot à tête bleue (*momotus cœruliceps*, Gould).

Bec noir, tarses bruns, plumage vert-olivâtre irisé, plus vert aux épaules et sur les rémiges secondaires ; tête bleue, front vert jaunâtre, un trait noir partant des narines et traversant les régions oculaire et auriculaire. Longueur totale, seize pouces et demi.

Habite Tamaulipas.

8º Le momot gulaire (*momotus gularis*, Lafresnaie).

9º Le momot de Lesson (*momotus Lessonii*).

Ce momot curieux, rapporté en 1842 par mon frère Adolphe Lesson, auquel je l'ai dédié, a été tué par lui aux alentours de Realejo, sur la côte de l'Océan Pacifique de la république du Centre-Amérique.

Long de quarante centimètres, son bec est noir ainsi que ses tarses ; le sinciput est noir profond, entouré d'un cercle vert-aigue-marine qui prend au front, passe au-dessus des yeux et se teint des plus riches nuances bleu d'acier sur l'occiput ; un large trait noir traverse les joues au-dessous des yeux ; le menton et le gosier sont teintés de vert-aigue-marine au milieu ; le ventre et les flancs sont roux-verdâtre ; le dos, les ailes sont vert glacé ; les pennes alaires sont bleues, à rachis noir, et brunes en dedans ; la queue est azurée en dessus, noire en dessous, à pennes moyennes alongées, terminées par deux palettes bleues, frangées de noir.

Ce momot fend l'air avec rapidité, s'abat sans bruit sur les arbres, d'où il s'élance après les insectes dont il fait sa pâture en les capturant au vol. En se perchant il pousse un cri sec et bruyant.

Les MOMOTS CRYPTIQUES (*crypticus*) ont la structure générale des momots, mais le bec est élargi, très-dilaté à sa base, à arête arquée, dentée dans le milieu, les bords coupants régulièrement et très-finement dentés.

10° Le cryptique de Martius (*crypticus Martii*, Ch. Bonap.).

Tête, cou, thorax roux-marron; corps vert-jaunâtre; sourcil noir au-dessus de chaque œil; une bande noire en travers sur le thorax; bec très-élargi dans le sens transversal. Cet oiseau a servi à Lichsteinstein à créer le genre *hilomanes*. Il a été décrit par Leadbeater sous le nom de momot platyrhynque.

11° Le cryptique à sourcils (*crypticus superciliosus*, Sw.; *crypticus apiaster*, Lesson).

Ce curieux et rare oiseau a été tué à San-Carlos, Centre-Amérique, en 1842, par M. Adolphe Lesson, chirurgien de la marine royale, embarqué sur le brick *le Pylade*, en station dans la Mer du Sud.

Le bec et les tarses sont noirs; le bec est large, déprimé, à arête vive sur le sommet et à bords très-finement dentelés; les narines sont rondes et nues. Vert-grisâtre en dessus, cet oiseau a sur le manteau une plaque roux vif; le sommet de la tête est vert-brunâtre; deux épais sourcils aigue-marine recouvrent le dessus de l'œil; un trait noir velouté naît au front, passe sur la joue et descend sur les côtés du cou, et se trouve en dessous bordé de quelques plumes aigue-marine; le devant du cou est vert nuancé de chamois, mais sur la ligne médiane un trait noir velouté descend du menton au thorax et se trouve bordé de plumes aigue-marine; le ventre, les flancs et les couvertures inférieures sont chamois; les couvertures des ailes sont vert-gris; les pennes alaires et caudales sont bleu céleste, frangées de noir-velours; les primaires sont presque entièrement noires; les rectrices sont étagées, noires en dessous; les deux moyennes sont alongées, à rachis noir, dénudé, puis terminé par une palette oblongue, mi-partie azur et noir-velours ; le dedans des ailes est chamois.

Ce curieux genre fait le passage des momots au guêpier. L'espèce que nous décrivons vivait d'insectes ailés qu'elle saisissait au vol. Son cri peut se rendre par les syllabes *hou, hou,* fortement accentuées.

Le jeune âge est caractérisé par une calotte vert sale comme le dessus du cou et du dos ; par le manque de rectrices moyennes alongées, et a de plus sur l'oreille une tache rouille très-marquée.

72. LE COUROUCOU ORANGA.

(*Trogon atricollis*, Vieill., Gal., pl. 31.)

Bec corné ; front, joues et devant du cou noir mat ; sommet de la tête, nuque et large écharpe du cou et du thorax bleu d'acier très-brillant ; dos, manteau, croupion d'un riche vert doré ; flancs noir mat ; ventre et couvertures inférieures jaune orangé ; petites couvertures gris vermiculé très-finement ; épaules noires ; rémiges noires, frangées de blanc d'émail à leur milieu ; queue égale, les deux rectrices moyennes blanc-glauque luisant, terminées de noir, les deux latérales à barbes internes noires, les trois plus externes rayées de noir profond sur un fond blanc, et leur sommet blanc pur ; plumes des tarses noires ; ceux-ci plombés. Longueur totale, huit pouces et demi.

73. LE MELITTOPHAGE GULAIRE.

(*Melittophagus gularis*, Lesson. *Merops gularis*, Vieill., *Encycl.*, t. 2. p. 394.)

Il habite la côte ouest d'Afrique, dans les environs du village noir nommé le Grand-Bassa, à 400 lieues au sud du Sénégal, où il a été rapporté par M. Ménétrier, capitaine de corvette, commandant la corvette *la Bayonnaise* (10 décembre 1833).

Ce joli guêpier a de grands rapports avec le malimbe de Levaillant; il a entre six et sept pouces de longueur totale. Ses ailes ne dépassent pas le croupion. Sa queue est élargie, ample, légèrement échancrée; son bec et ses tarses sont noirs, le premier est long d'un pouce.

Le front est aigue-marine, et ce bandeau va en mourant former sur les yeux une sorte de sourcil; un trait aussi aigue-marine, mais peu dessiné, va du menton et traverse les joues; le dessus de la tête, le dos, le manteau sont d'un noir soyeux plein; le croupion est d'un riche bleu aiguemarine; le devant du cou,. à partir du menton, est d'un rouge de sang; le thorax et les flancs sont noirs, avec des gouttelettes oblongues aigue-marine, et le bas-ventre, de même que les couvertures inférieures de la queue, qui sont en entier aigue-marine; les ailes, teintées de vert métallisé sur le haut des épaules, ont les rémiges primaires brun mat, frangées de ferrugineux en dedans; les secondaires sont vert-bleu métallisé; les rectrices sont noir-velours en dessus, noir mat en dessous, les deux moyennes sont frangées de bleu azuré métallisé.

74. L'ALCEMEROPS DU NEPAUL.
(*Bucia Nipalensis*, Hodgson, *As. res.* V, 360, 1836.)

Ce genre renferme deux espèces en tout point semblables par les formes, mais le fanon de plumes lâches qui occupe le devant du cou est rouge de feu chez l'un, et bleu-indigo et azur chez l'autre.

Ce bel oiseau est long de trente-trois centimètres, son bec est de couleur cornée, noirâtre en dessus; ses tarses sont bruns; ses ailes dépassent la queue, et ont leur pre-

mière penne bâtarde ; la queue est longue, égale et formée de rectrices rigides.

Le front est aigue-marine ; puis un vert uni colore tout
le dessus du corps du sinciput au croupion, sur les ailes, et
la queue, les côtés du cou ; les pennes alaires ont leurs baguettes d'un noir vernissé, et sont brunes en dedans; et la
queue, d'un jaune-beurre-frais en dessous, a ses baguettes
d'un jaune doré luisant ; le dedans des ailes est de ce même
jaune carné ; le thorax, le ventre et les couvertures inférieures de la queue sont flammés de vert et de jaune ; sur
le devant du cou, à partir du menton, règne jusqu'au haut
de l'abdomen un fanon de plumes lâches, larges, colorées
en dessus en bleu d'outremer, et à la base de la plume en
bleu-indigo.

C'est au Népaul que ce bel alcemerops a été découvert
d'abord par Hodgson, puis il a reçu successivement les
noms de *Nyctiornis cœruleus* (Sw., cl. 2, 333); *N. Amherstianus,*
Boyle (Illust. ind.); *M. Atherthonii* (Jard. et Selby, pl. 58), et
enfin par nous d'*alcemerops paleazurus* (Rev. zool., 1840, 262).

75. LE SOUI-MANGA A VENTRE JAUNE.

(*Cinnyris flavoventer*, Lesson.)

Cette espèce est voisine du souï-manga (*certhia souï-manga*
L., Gm., Vieillot, ois. dorés, pl. 18); taille, 3. p. 8 lignes.

Bec court, recourbé, noir ; front bleu d'acier ; dessus de
la tête et dessus du corps vert-émeraude foncé et très-brillant ; gosier noir, frangé de bleu d'acier ; devant du cou
vert très-brillant ; ceinture acier violet bordée d'une
écharpe noire sur le thorax ; milieu du ventre, flancs jaune
pâle ; épaules vertes ; ailes brunes ; couvertures supérieures
de la queue bleu métallisé ; pennes noires, tarses idem.
Sa patrie est ignorée.

76. LE SOUI-MANGA CARMÉLITE.

(*Cinnyris fuliginosus,* Vieillot, *ois. dorés,* t. 2, p. 42, pl 20.)

Mâle : front et gorge jusqu'au milieu du cou, couverts d'écailles du plus riche violet; dessus du cou gris clair; dos gris-roux; couvertures supérieures de la queue violet cuivré, ainsi que les petites couvertures des épaules; bas du dos marron; dessus du corps fuligineux soyeux; deux pinceaux jaunes sur les côtés du thorax; ailes noir-velours; queue égale, noir-velours.

Femelle : front sans écailles métallisées.

77. LE SOUI-MANGA BLOND.

(*Cinnyris aureus,* Lesson.)

Front écailleux, violet; riche plastron violet du menton au milieu du cou; tête et dessus du cou blond, passant au blond-chocolat sur le dos et les couvertures alaires; devant chocolat foncé sur le ventre, les flancs, le thorax et les côtés du cou; ailes brun-chocolat velouté; croupion, et couvertures supérieures d'un riche violet; queue égale, noir-velours; bec et tarses noirs. Taille de quatre pouces et demi.

78. LE CINNYRICINCLE A VENTRE NOIR.

(*Cinnyricinclus melasoma,* Lesson.)

Bec et tarses noirs; tête, cou, dos et épaules, gris-roux brunâtre sale; croupion noir profond; joues, devant du cou, thorax, ventre et flancs bleu-noir intense et brillant; région anale et couvertures inférieures de la queue, rouge-cannelle; queue uniformément bleu-noir, luisante et ondée en dessous; ailes brun sale avec un large miroir blanc aux épaules et au milieu. Longueur, seize centimètres (six p.).

Cet oiseau du Sénégal est bien distinct du *cinnyricinclus diadematus,* que nous avons sous les yeux. C'est la *Sylvia cambayensis* de Latham.

79. LE MYZOMÈLE ROUGE.

(*Myzomela rubrater*, Lesson. *Dicœum atripes*, Vieill. *Certhia rubra*, Lath.)

Ce petit oiseau à plumage fulgide paraît répandu dans toutes les îles de la Mer du Sud. L'individu de M. Abeillé provient d'Otaïti. Mon frère me l'a rapporté des îles Sandwich. Je l'ai observé à Oualan. MM. Quoy et Gaimard l'ont rapporté des îles Mariannes.

Le bec est noir, la tête et le cou sont du rouge cramoisi le plus intense ; tout le corps est rouge, mais mélangé à beaucoup de brun ; le ventre est brunâtre, et seulement rouge au milieu ; les couvertures inférieures de la queue sont blanches.

Les ailes sont brunes, mais les tectrices et le rebord des pennes moyennes sont rouges ; la queue est noire. Ce petit sucrier mesure douze centimètres ; ses tarses, dans l'état de vie, doivent être brun rougeâtre ou carné.

80. LE DIGLOSSE A MASQUE.

(*Diglossa personata*, Lesson. *Agrilorhinus personatus*, Fraser,
Proceed., 1840, p. 23.)

Ce gracieux oiseau, décrit par Fraser, est l'oncirostre bleu de Boissonneau. C'est une des espèces ayant tous les caractères du genre, et remarquable par les deux couleurs qui teignent son plumage ; son bec et ses tarses sont noirs ; son plumage, généralement bleu azuré, est relevé par le masque noir-velours qui, encadrant la face, forme un bandeau sur le front, entoure les yeux, couvre les régions auriculaires et la gorge ; les pennes alaires et caudales sont noires, mais leur bord externe est frangé de bleu-azur ; la queue est complètement noire en dessous ; la région anale, bien que bleue, a les plumes qui la recouvrent terminées de blanc ; les couvertures inférieures de la queue sont bleues bordées de blanc ; tout le plumage est soyeux au toucher.

Les soies de la commissure du bec sont assez longues, les pennes de la queue sont acuminées au sommet. Longueur, seize centimètres.

81. LE DIGLOSSE LAFRESNAYE.

(*Diglossa Lafresnayii*, Boiss, *Uncirostrum*, *Rev. zool.*, 1840, 7. *Agrilorhinus humeralis*, Fraser, *Proc.*, 1840, 22.)

Ce gracieux oiseau, d'un genre qui compte neuf espèces, est complètement d'un noir soyeux et luisant, excepté les épaules qui sont légèrement teintées d'ardoisé. La place que les auteurs assignent à ce genre me semble erronée. Par son facies, ses tarses, la coupe de ses ailes et de sa queue, par son bec surtout, le genre diglossa rappelle en en petit les bataras américains. La commissure a de longues soies, et le bec est très-comprimé sur les côtés. Le diglosse de Lafresnaye habite la Colombie.

82. LES CONIROSTRES.

(*Conirostrum*, Lafresn.)

Le genre *conirostrum* de MM. d'Orbigny et Lafresnaye est un bon genre, dont les espèces vivent exclusivement dans l'Amérique centrale ou méridionale. Des espèces jusqu'à ce jour connues, trois appartiennent à la Colombie, et une à la Bolivie et au Pérou. Ce sont les *C. albifrons, cœruleifrons, silticolor* et *cinereum*.

1º Notre cinquième espèce provient de l'intérieur du

Chili. Nous la nommons *conirostrum fuscum*, que Gould paraît avoir décrit sous le nom de *scytalopus fuscus*. C'est un petit oiseau, ayant tous les caractères du genre, bien que dans sa première livrée. Son bec et ses tarses ne diffèrent point de ces parties telles que je les examine sur le *C. albifrons;* seulement les doigts ont un peu plus de longueur. La taille, la queue comprise, ne dépasse pas douze centimètres; son bec est noir, mais les tarses sont jaune brunâtre. Dans les espèces de ce petit genre, les scutelles ont de l'épaisseur, et l'ongle du pouce est recourbé et alongé, ce qui dénote des habitudes grimpantes.

Notre conirostre du Chili a une livrée des plus ternes, tout son plumage est uniformément d'un brun fuligineux ardoisé, plus foncé sur la tête et formant une sorte de calotte brune; toutefois les plumes du bas-ventre et du croupion sont légèrement vermiculées de roux ; les ailes sont d'un brun roussâtre, et les rectrices brunâtres.

Le plumage de cette espèce est identique par sa nature mollette et soyeuse à celui des autres conirostres. Les narines chez tous ces oiseaux sont recouvertes par une lamelle cornée qui est plus saillante et plus voûtée chez notre oiseau.

2° *Conirostrum albifrons,* de Lafresn., *Rev. zool.* 1842, p. 301 et *Mag. de zoologie,* 1843, pl. 35. Ce joli oiseau, qui est de la Colombie, et notre espèce, appartiennent à la variété à calotte blanche sans bordure bleue. Le reste comme chez l'espèce type.

3° *Conirostrum Colombianum* (Lesson).

L'espèce que nous décrivons, et qui est la sixième du genre, a les plus grands rapports avec le *conirostrum fuscum,* décrit plus haut. Toutefois son bec est plus épais, plus fort et plus régulièrement conique. Ce bec simule déjà un bec de bruant, mais atténué, mais plus effilé. Le conirostre de la Colombie est entièrement brunâtre ; mais ce brunâtre, plus foncé sur le corps et plus clair en dessous, est nuancé d'olivâtre sur le dos, sur la tête et sur les ailes ; le brunâtre du dessous du corps est sale, ardoisé ou lavé sur le thorax d'une nuance olive ; le bec est de couleur cornée noirâtre ; les tarses sont rougeâtres ; les ailes sont olivâtres avec une bande ardoisée aux épaules ; toutes les pennes alaires sont brunes avec une bordure olive au rebord de chaque penne ; la queue, médiocre, est brune.

Ce petit oiseau a, au plus, onze centimètres (quatre p. quatre lig.); il provient de la Colombie, ainsi que l'indique son nom spécifique. C'est un oiseau identique avec le conirostre brun au premier examen et par son facies général, seulement son bec déjà fort et cônique pourrait le faire placer parmi les emberizoïdes à bec fin.

4º *Conirostrum sitticolor* (Lafresn.); *C. bicolor* (Lesson).

Ce conirostre sera la septième espèce du genre. Il a son bec parfaitement cônique, grêle, pointu, très-acéré ; les ailes courtes ou dépassant à peine le croupion ; la queue est alongée et égale ; les tarses sont noirs et le bec corné et bleuâtre. La longueur totale est de douze centimètres.

Un roux fort vif colore le front et tout le dessous du corps, et règne sans partage depuis le menton jusqu'aux couvertures inférieures de la queue ; ce même roux, mais plus brun, forme un bandeau sur le front et sur les yeux, et s'étend sur les côtés du cou ; tout le dessus du corps est d'un bleu ardoisé uniforme.

Les ailes sont ardoisé clair, et les couvertures sont frangées de roussâtre ou même de blanc ; les pennes primaires brunes sont très-finement frangées d'un liseré gris clair; les rectrices sont brunes, et les plus externes sont liserées de blanc, mais ce liseré est peu marqué.

Ce conirostre bicolore vit aussi dans la Colombie. C'est un oiseau de la taille, ou plus petit que notre rouge-gorge.

83. LE MYSANTHE OLIVATRE.

(*Myzantha olivacea*, Lesson.)

Les mysanthes sont des philédons ayant des caroncules charnus bordant la commissure du bec. On en connaît sept espèces. Celle-ci sera la huitième.

Ce mysanthe a les plus grands rapports de forme et de coloration avec le *foulehaio* figuré pl. 69 par Vieillot, le *certhia carunculata* de Gmelin. Il s'en distingue par des nuances généralement plus sombres.

Notre oiseau a la taille du foulehaio, c'est-à-dire dix-huit centimètres de longueur, et le plumage entièrement et également brun-olivâtre; le sommet de la tête tire au brun; il en est de même d'un trait passant sur l'œil; les oreilles sont couvertes par une plaque gris de plomb, et derrière elles se trouve de chaque côté une plaque ovalaire, rétrécie dans le bas, d'un jaune citrin pur; le rebord charnu de la commissure est jaune, et à l'angle du bec existe un petit paquet aggloméré de plumes jaunes.

Les ailes sont franchement olive sur toutes les parties extérieures des plumes, et celles-ci sont brunes dans la portion cachée; le dedans de l'aile a du mordoré au rebord de l'épaule, et les pennes sont bordées de jaune très-pâle sur leurs barbes internes.

84. LE STRIGICEPS A MENTON BLANC.

(*Strigiceps leucopogon*, Lesson.)

Il a le bec de la longueur de la tête, entier, légèrement triangulaire à la base, comprimé sur les côtés, arqué, édenté, à bords égaux et lisses ; les narines sont basales, ou-vertes ; quelques crins ou soies naissent à la commissure et aux narines ; les plumes de la tête et de la gorge sont lancéo-lées ; les ailes aiguës dépassent le croupion, leur première penne est rudimentaire, la deuxième courte, la troisième plus courte que la quatrième, celle-ci que la cinquième, les cinquième et sixième égales et les plus longues ; la queue est alongée, deltoïdale, égale ; les tarses sont excessive-ment courts, à doigts courts et faibles, l'externe soudé au médian ; les ongles sont recourbés, faibles, et la langue est *probablement* celle des philédons. Ce sont des oiseaux de la Nouvelle-Hollande.

L'espèce type a le dos, les ailes et la queue vert-olive frais ; les pennes alaires brunes en dedans ; les tiges des rectrices jaune-serin en dessous, brun-roux luisant en des-sus ; le dessus de la tête et du cou marron : chaque plume est étroite et striée de blanc, puis de fauve au sommet ; les plumes de la gorge sont alongées, frangées sur les bords, très-étroites et en languettes, grises à leur base, blanches à leur sommet ; les joues, côtés du cou et thorax ferrugineux, quelques stries blanches sur les plumes thoraciques et ju-gulaires médianes ; flancs, bas-ventre roux clair, passant au jaune-serin sur les couvertures inférieures de la queue. Dessous de la queue jaune-verdâtre ; tarses cornés ; bec brunâtre en dessus, jaunâtre en dessous et brun à la pointe. Longueur, huit pouces et demi (0,23 cent.).

85. LE PSOPHODE CRÉPITANT.

(Psophodes crepitans, Vig. et Horsf.)

Le curieux et singulier oiseau décrit pour la première fois par Latham, et nommé *fouet de postillon,* par la singularité de son cri sec, a appelé l'attention des colons des alentours du Port-Jackson.

Cet oiseau mesure vingt-quatre centimètres. Il a le bec corné, les tarses couleur de chair et les ongles jaunes : les soies de la commissure, sa queue longue et étagée, ses plumes décomposées, ses ailes courtes et arrondies, en font le type d'un genre à part ; les ailes, qui dépassent à peine le croupion, ont la première rémige très-courte, la deuxième et la troisième moins longues que les quatrième et onzième, qui sont presque égales ; les tarses, scutellés en avant, sont entiers en arrière ; les plumes du sommet de la tête sont épaisses, lâches, et forment une huppe ; elles sont d'un vert-olive, ainsi que le dessus du corps, le dos, les ailes et la queue ; le rebord frontal, le pourtour des yeux, une plaque verticale qui part du menton et va jusqu'au thorax, celui-ci et les côtés du ventre sont noirs ; deux larges plaques triangulaires occupant les joues et les côtés du cou, et une ligne sur le milieu du ventre, sont blanc pur ; le bas-ventre est brun-olivâtre et les flancs d'un olive franc ; les rémiges sont brunes, les rectrices olive en dessus, brunes en dessous. Cet oiseau vit à la Nouvelle-Galles du Sud.

86. LE LEGRIOCINCLE MEXICAIN.

(Legriocinclus Mexicanus, Lesson. Petrodroma, *ib. Ann. sc. nat.,* 1838.)

Cet oiseau a été découvert à la Vera-Cruz, par M. Adolphe Lesson. Il a de longueur totale sept pouces et demi, et le bec entre dans ces dimensions pour dix à onze lignes. Son bec est noir, assez robuste, légèrement arqué, garni de quelques légères soies à la base et sensiblement échancré à la pointe ; ses tarses, également noirs, ont leur pouce robuste et terminé par un ongle plus fort de moitié que ceux des doigts antérieurs, ils sont recouverts en devant de larges scutelles lisses. Deux seules couleurs teignent la livrée de cet oiseau. Un brun-noir sale ou roussâtre recouvre toutes les parties supérieures, les ailes et les flancs. Ce brun sale est dû à ce que toutes les plumes sont brunes, mais finement frangées à leur sommet de roussâtre clair. Les rectrices sont égales, garnies de barbes rares et comme usées au sommet ; elles sont brunes, frangées de roux ; les ailes dépassent le croupion ; la première rémige est courte, la deuxième moins longue que la troisième et la quatrième, qui sont les plus longues ; le devant du cou et le thorax, de même que la ligne moyenne du ventre, sont blancs.

87. L'ANABATE TURDOIDE.

(*Anabates Turdoides*, Lesson.)

Cet anabate a la taille d'une grive mauvis et mesure vingt centimètres de longueur totale.

L'oiseau type fait le passage des synallaxes aux anabates, dont il a le plumage, tandis que tous les caractères de forme du bec, des ailes, de la queue et des tarses sont identiques avec ces mêmes parties chez quelques synallaxes.

Notre anabate a beaucoup de rapports avec l'*anabates striolatus* (Temm., pl. 258, fig. 1) du Brésil. Sa queue est longue, étagée, d'un beau rouge cannelle, ainsi que les plumes du croupion.

Le plumage est en entier d'un brun-roux assez analogue à la nuance café grillé, ainsi que le dit M. Temminck, mais

chaque plume a au centre une flammèche longitudinale
d'un jaune-rouille franc. Tout le dessous du corps est sur
le devant du cou et du thorax à flammèches triangulaires
rouille, et le noir de chaque plume est très-peu apparent ;
tout le dessous du corps, sur le ventre et les couvertures
inférieures de la queue, est nuance chamois.

Le bec est brunâtre sale, les tarses sont pâles et les ongles sont blancs.

Les ailes sont rousses avec flammèches rouille, et les
rémiges, brunes en dedans, sont bordées de roux ; le dedans des ailes est d'une jolie couleur nankin.

Cet oiseau habite le Chili. Il représente sur cette partie
de l'Amérique méridionale que baigne l'Océan Pacifique,
les anabates si communs au Brésil, à la Guyane et dans la
Bolivie, sur les côtes de l'Océan Atlantique.

88. LE NASICAN ALBICOL.

(Nasica albicollis, Lesson.)

Nous avons fondé le genre nasican, dans notre *Traité d'or-*
nithologie, sur l'espèce que Levaillant a décrite et figurée
sous le nom de picucule nasican (pl. 24). L'oiseau que nous
avons sous les yeux est bien celui décrit dans notre *Traité*
d'ornithologie (p. 311), mais il nous reste des doutes si c'est
celui de Levaillant.

En effet, le picucule nasican de Levaillant a le dessus de
la tête roux, une bande blanche sur les côtés de la tête et
du cou, et les plumes de la gorge et du cou roussâtres variées de blanc.

Notre nasican albicol a le bec corné, les tarses bleu-noir,
le plumage sur le corps d'un roux cannelle fort vif, mais il
présente en outre : la tête et le dessus du cou noir avec
flammèches étroites rousses ; les joues sont brunes et un

sourcil blanchâtre surmonte l'orbite; la gorge et tout le devant du cou sont d'un blanc de neige, puis les plumes du bas du cou sont blanches, bordées de noir, ce qui forme une sorte de collier émaillé; le thorax et le ventre sont olive-roux ou couleur de bois de gayac, avec larmes blanches cerclées d'un rebord brun; le bas-ventre et les flancs, ainsi que les couvertures de la queue, sont roussâtres; la queue est fortement en toit, à pennes spinescentes, et également d'un rouge cannelle fort vif.

Le nasican albicol vit à Cayenne.

89. LE TALAPIOT A GORGE ROUSSE.

(Dendrocolaptes (Orthocolaptes) rufigula, Lesson.)

Dans la section des dendrocolaptes à bec droit et robuste, la Guyane possède les *d. Cayennensis, guttatus* et *picus.* Notre talapiot à gorge rousse vit aussi à Cayenne et diffère des trois espèces citées.

C'est un oiseau robuste, mesurant vingt-deux centimètres, ayant un bec fort, à mandibule supérieure crochue; sa queue est large, rigide, et les baguettes surtout sont très-dures et se terminent par des pointes résistantes; le bec est noirâtre en dessus, corné en dessous; les tarses sont bleuâtres.

Un roussâtre-brun colore la tête, les joues et le dessus du cou, le manteau et le dos, mais sur le manteau apparaissent quelques petites larmes blanches bordées de noir; le croupion et les couvertures supérieures sont d'un roux-cannelle, et la queue est entièrement de ce roux-cannelle fort vif, les baguettes exceptées, qui sont rouge-noir et lustrées; les ailes sont roux-cannelle, mais les pennes sont brunes en dedans, et ce brun apparaît au sommet des pennes.

Le gosier est roux; le thorax et le devant du cou, d'un

olive-roux, sont semés de larmes obovales d'un blanc éteint et cerclées d'un rebord noir; le milieu du ventre, les flancs et les couvertures inférieures unicolores sont roux-olivâtre; ces dernières sont finement rayées de brun.

90. LE PICUCULE D'ABEILLÉ.

(*Dendrocolaptes Abeillei*, Lesson. *Dendrocolaptes turdinus*, Lichst.)

Bec droit, très-comprimé, blanc corné; tarses courts, bleuâtres, robustes; ailes courtes, à première et deuxième pennes plus courtes que les troisième, quatrième et cinquième, égales et les plus longues. Longueur totale, sept pouces.

Tête et dessus du cou brun-olive, semés de gouttelettes oblongues jaune-roux; les joues, les côtés et le devant du cou jusqu'au haut du ventre à plumes ayant des taches ovoïdes cerclées de noir; menton blanchâtre; dos roussâtre; ailes, queue, croupion rouge-cannelle vif; ventre et flancs couleur de bois de gayac, avec quelques petites taches oblongues jaunâtres dans le haut; bords externes des premières rémiges bruns; pennes de la queue terminées par des pointes dénudées et à baguettes rigides roux-brun lustré.

Cet oiseau provient de Bahia au Brésil.

91. LE PICUCULE A BEC DE PROMEROPS.

(*Dendrocolaptes promerorhynchus*, Lesson.)

Bec long de cinq centimètres (vingt-quatre lignes), très-comprimé, arqué, noir; dessus de la tête noir mat avec une tache oblongue rouille au centre de chaque plume; dessus du cou et du dos olive roussâtre avec ligne jaune-roux au centre de chaque plume; ailes, croupion et queue cannelle; menton blanc; devant et côtés du cou, thorax et flancs jaune-olive avec flammèches longitudinales blanc jaunâtre au centre de chaque plume ; milieu du ventre ayant trois à quatre rangées de points noirs ; couvertures inférieures rousses ponctuées de noir avec flammèche claire au centre ; tarses noirs. Longueur totale, trente-trois centim. (douze pouces).

92. LE PICUCULE A TÉTE NOIRE.

(Dendrocolaptes melanoceps, Lesson.)

Bec presque droit, noir, de la longueur de la tête ; dessus du cou noir avec lignes oblongues blanc-roux au centre de chaque plume ; une sorte de sourcil blanc au-dessus des yeux ; dos olivâtre-roux avec ligne jaune-roux au centre de chaque plume ; croupion, ailes et queue brun-roux ; gorge et devant du cou blanchâtre sale ; gorge olive avec flammèches blanches ; thorax, ventre et région anale jaune-roux rayé finement en travers de brun ; tarses rougeâtres. Longueur totale, vingt-six centimètres (neuf pouces dix lignes).

93. LE XYPHORHYNQUE A VENTRE TACHETÉ.

(Xiphorhynchus maculiventer, Lesson.)

Le Brésil possède une espèce fort remarquable, le *falcularius* des auteurs, et le Mexique deux espèces, les *x. leucogaster* et *flavigaster* de Swainson. Notre quatrième espèce provient du Brésil.

C'est un gracieux oiseau, à formes sveltes, à tarses courts, ayant les deux doigts externes aussi longs que le tarse ; la queue en toît, à pennes rigides, tronquées au sommet et à pointes mucronées ; les ailes sont longues, pointues, à rémiges étroites et étagées ; le bec recourbé, très-comprimé sur les côtés, est rougeâtre-clair en dessus, blanc-jaunâtre en dessous.

La calotte jusqu'à l'occiput, et sur les côtés de la tête, est roux brunâtre parsemé de petites taches jaune-clair; tout le dessus du corps est roux vif, mais le roux devient encore plus vif et plus nuance cannelle claire sur le croupion et sur la queue; les ailes sont entièrement rousses, seulement toutes les pennes, dans leur partie cachée, sont brunes, et ce brun apparaît au sommet des rémiges; le dedans des ailes est roux glacé.

Le menton et la gorge sont blancs, tout le dessous du corps, sans exception, est d'un gris émaillé de flammèches blanches bordées de chaque côté de traits noirs; les tarses sont rougeâtres. Longueur, vingt centimètres.

Ce *xiphorhynque* est du Brésil.

94. LE SITTASOME A GOUTTELETTES.

(*Sittasomus perlatus*, Lesson.)

Le genre *sittasomus* comprend quatre espèces de petits grimpereaux de l'Amérique méridionale, à bec de sylvie et à queue acuminée. Celle-ci sera la quatrième.

Le sittasome à corps perlé habite la Colombie. Il est remarquable par la vive coloration de son plumage, bien que sa livrée ne s'éloigne pas des autres espèces du genre. Sa taille est de treize à quatorze centimètres.

Son bec, court et grèle, est corné en dessus, blanc-jaune en dessous; ses tarses courts et armés d'ongles recourbés, sont brunâtres; ses ailes, fort longues, dépassent de beaucoup le croupion, et la queue, large, a ses rectrices moyennes terminées par des pointes très-fines.

Le sommet de la tête, du cou jusqu'au dos, est d'un olivâtre-roux sale; mais à partir du cou, le manteau, le dos, le croupion, les ailes et la queue sont du rouge-cannelle le plus vif; les ailes sont blanches en dedans, et les rémiges primaires et secondaires sont brunes, mais bordées de roux-cannelle en dehors, et sur leurs barbes internes œillées de jaune-nankin. Cette maculature ne paraît que quand l'aile est ouverte.

Un trait blanc-jaunâtre naît au menton et descend verticalement sur le devant du cou en s'élargissant un peu ; les joues sont olive tiqueté de blanc, et une sorte de sourcil blanc naît derrière chaque œil ; tout le dessous du corps est couleur de gayac, et ce, à partir du cou jusqu'aux couvertures inférieures ; mais cette teinte est semée de larmes oblongues blanc-mat, encadrées d'un rebord noir profond qui les circonscrit ; cette coloration émaillée est des plus agréables, et simule un semis de perles.

95. LE GRIMPIC A NUQUE ROUSSE.

(*Picolaptes rufinucha*, Lesson.)

Le grimpic à nuque rousse a été découvert à la Vera-Cruz, par M. Adolphe Lesson, pendant la station du brick *le Hussard,* dans le golfe du Mexique. Sa longueur totale est de six pouces et demi ; il a le bec et les tarses noirs, les ailes, courtes et concaves, dépassant à peine le croupion ; la queue moyenne, comme usée au sommet des pennes. Cet oiseau a le sommet de la tête recouvert d'une calotte d'un noir-luisant et intense, séparé de chaque côté par un large sourcil blanc qui part du front et s'étend sur les côtés du cou, bordé sur les joues par un trait noir ; la nuque présente un pallium triangulaire roux-vif et pur ; le reste du dessus du corps, les ailes et la queue, sont barriolés de roux, de flammèches gris-blanc perlé, et de barres d'un brun lustré ; les parties inférieures sont d'un blanc nuancé de roux peu sensible, et piquetées de points noirs sur les côtés ; les couvertures inférieures sont barrées de brun et

de blanc; les rémiges toutes brunes, sont émaillées à leur
bord externe de blanc, de manière à former des barres transversales sur les pennes non éployées.

96. LE GRIMPIC CANNELLE.

(*Picolaptes cinnamomeus*, Lesson) (1).

Cette jolie espèce de grimpic, facile à distinguer des autres espèces par la coloration de son plumage, provient de
cette partie de l'Amérique intertropicale que baigne l'Océan
Pacifique. C'est aux environs de Guayaquil qu'elle vit.

De même forme et de même taille que notre grimpic
zoné, cet oiseau a au plus dix-huit centimètres de longueur
totale ; sa coloration sur les parties supérieures du corps
est d'un rouge-cannelle assez vif, rouge-cannelle qui part de
la nuque et s'étend sur le dos, les ailes et la queue ; les
pennes primaires seules sont blondes dans leur première
moitié, et brunes dans leur portion apparente ; un rebord
blanc marque l'épaule.

Le menton et le devant du gosier sont blancs; le devant
du cou, le thorax, le ventre et les flancs sont d'une couleur
rouille pâle ; les couvertures inférieures de la queue sont
jaune brunâtre à la base, et blanches à leur sommet; le bec
est brunâtre en dessus, blanc en dessous ; les tarses sont
blanchâtres.

97. LA CINNYCERTHIE UNICOLORE.

(*Cinnycerthia unicolor*, Lesson.)

L'oiseau qui sert de type au genre cinnycerthie tient à la
fois des sucriers, des grimpereaux, des cœreba et des troglo-

_____

(1) P. capite rufo brunneo, corpore cinnamomeo, uropygio ferrugineo,
suprà lucido, infrà ochraceo ; rostro pedibusque albidis.

dytes américains. Par son bec c'est un sucrier ou un *cœreba*, par ses tarses c'est un grimpereau ; par sa coloration, son port, il est presque semblable au *certhia cinnamomea* de Cayenne, type de notre genre *certhiaxis*, mais il n'a pas le sommet des rectrices usé ou formant pointe. Enfin il a, des troglodytes, ces barres brunes transversales qui rayent les ailes et la queue. Il s'éloigne des cœreba par son plumage à teintes mates et par sa queue étagée. Plusieurs des synallaxes de la Bolivie, l'*unirufus* entre autres, pourraient appartenir à ce petit groupe.

Le bec est médiocre, légèrement dilaté à la base, atténué à la pointe qui est aiguë, un peu infléchi, à bords lisses, à narines largement ouvertes dans une fosse triangulaire ; ailes courtes, concaves, à première rémige rudimentaire, les deuxième, troisième étagées, et plus courtes que les quatrième, cinquième, sixième et septième, qui sont égales; queue assez longue, à pennes larges, arrondies au bout, étagées ; tarses moyens, assez longs, à pouce robuste, armé d'un ongle plus robuste que ceux des doigts de devant qui sont presque égaux, ou le doigt du milieu dépassant à peine les deux latéraux.

Le cinnycerthie unicolore ; mesure quatorze centimètres son bec et ses tarses sont noirs ; tout l'oiseau est coloré en roux-cannelle plus clair sur les parties antérieures, telles que la tête, le cou et le haut de la poitrine, plus foncé en tirant au tabac d'Espagne en arrière, sur les ailes et sur la queue ; les rémiges, brunes en dedans, sont rousses en dehors, mais rayées en travers de petites barres noires ; la queue elle-même, uniformément rouge-cannelle en dessus comme en dessous, présente une rayure régulière brune, mais très-peu marquée, et qu'il faut examiner avec soin.

Cet oiseau vit dans la Colombie. C'est le *limnornis unicolor*,

décrit en 1840 par M. de La Fresnaie, et notre *cinnycerthia
cianamomea* décrit dans *l'Écho*.

98. LE SYNALLAXE QUEUE GAZÉE.

(*Synallaxis stipitura*, Lesson (1).

Ce synallaxe appartient à la même tribu que le *s. albescens*
de Temminck (pl. 227, fig. 2), auquel il ressemble beaucoup, et par la forme, et par le plumage ; sa queue est
longue, composée de pennes très-étagées, mais dont les
barbules sont lâches et peu serrées.

Son bec est couleur de corne; les tarses sont brunâtres;
une plaque grise revêt le devant du front, en avant d'une
large calotte d'un roux très-vif qui recouvre la tête jusqu'à
l'occiput ; un gris roussâtre assez clair colore le cou, le dos
et le croupion ; un gris-roux enfumé ou sordide, plus clair
sur le milieu du ventre, règne sur toutes les parties inférieures depuis le gosier jusqu'aux couvertures inférieures
de la queue.

Une plaque noire variée de blanc occupe le devant du
gosier ; les plumes de cette sorte de cravatte sont d'un noir
intense à leur base, et bordées de blanc à leur sommet.

Les ailes ont leurs épaules d'un roux assez vif, et sont
d'un roussâtre clair dans le reste de leur étendue ; les
pennes de la queue sont de ce même roussâtre sale, mais
assez clair.

Ce synallaxe a la queue très-longue. Il mesure en totalité
dix-sept centimètres, et la queue seule entre pour neuf
dans ces proportions.

(1) S. pileo rufo, fronte griseo, dorso griseo rufescente ; gulâ albo ni-
groque variegato, thorace et abdomine griseo sordidè tinctis; caudâ elon-
gatâ; barbulis laxis.

La patrie de cette espèce est le Chili, mais on ignore de quel point de cette portion de l'Amérique méridionale sur l'Océan Pacifique il provient.

99. LE SYNALLAXE ÉLÉGANT.

(Synallaxis elegans, Lesson) (1).

Ce synallaxe fera tôt ou tard le type d'un sous-genre qui recevra en outre les *s. torquata* et *bitorquata* de d'Orbigny (pl. 15, fig. 1 et 2), avec lesquels il a les plus grands rapports.

Ce sous-genre sera caractérisé par une force plus grande des tarses, par une extrême brièveté des ailes, par une queue médiocre, à pennes peu étagées, par une coloration vive et tranchée.

Le synallaxe élégant est de petite taille, et mesure au plus douze centimètres; son bec est de couleur de corne, et ses tarses sont d'un jaune pâle.

Une calotte d'un noir mat et profond recouvre le dessus de la tête depuis le front jusqu'à la nuque; un large sourcil blanc, teinté de rouille dans le bas, forme un trait qui part des narines pour se terminer sur les côtés du cou; un trait noir traverse la région oculaire et règne depuis la commissure jusqu'à l'extrémité de la bande sourcillière blanche; enfin, tout le devant du cou, depuis le menton jusqu'au thorax, est blanc lavé de roussâtre par places, ce qui forme un large plastron de cette couleur, arrêté dans le bas, en travers du cou, par un cordon noir, bordé lui-même par une écharpe d'un roux-marron vif.

(1) S. sincipite genisque nigris; superciliis et gulà albo-lutescente tinctis; pectore circulis nigris et rufis ornato; abdomine badio; dorso cinereo.

Le ventre, le bas-ventre et les flancs, sont d'un jaune-rouille très-pâle et uniforme, le dos et le croupion d'un cendré clair.

Les ailes sont courtes, émaillées de blanc et de noir à l'épaule ; leurs couvertures sont d'un roux-cannelle fort vif, mais chaque plume a, au centre, une flammèche noire.

Les rémiges sont d'un gris clair et bordées de blanc pur sur leurs bords.

La queue mince et grêle, légèrement étagée, a ses pennes moyennes noires au centre et grises sur les bords, et les externes noires, avec du gris-de-perle au bout, et une bordure blanche sur les barbes étroites du côté externe.

Cet oiseau vit à Guayaquil, sur les bords de l'Océan Pacifique.

100. LE SYNALLAXE SORDIDE.

(*Synallaxis sordidus*, Lesson.)

Voisin du *s. ruficauda*. Plumage entièrement roux-brun sale sur le corps, à partir du front jusqu'au croupion; ailes rousses, tachetées de brunâtre ; queue roux vif, chaque penne largement flammée de brun d'un côté ; menton jaune-rouille ; joues et devant du cou striés de brun et de grisâtre ; dessous du corps brunâtre-fauve sale uniforme; bec corné; tarses blanchâtres. Longueur totale, six pouces.

Cet oiseau habite le Chili.

101. LE MOHUA HÉTÉROCLITE.

(*Mohua hua*, Lesson.)

L'individu que j'ai sous les yeux est complètement adulte. Il a la tête, le cou, le thorax et le haut du ventre d'un riche jaune d'or ; le dos olive, le bas-ventre gris blanchâtre sale ; le bec et les tarses brunâtres ; les pennes alaires sont brunes, les moyennes bordées d'olive, les externes d'un blond liseré blanc.

Cet oiseau de la Nouvelle-Zélande a reçu une foule de noms. C'est le *muscicapa chloris* de Forster (pl. 157), le *mohua ochorocephala* de Gmelin, le *certhia heteroclita* de Quoy et Gaimard, dont la figure (pl. 17, f. 1) laisse beaucoup à désirer et a été peinte sur un jeune individu. C'est l'*orthonyx icterocephalus* de La Fresnaye, le *mohua ochrocephala* de Gray. La figure de M. de La Fresnaye est exacte.

J'ai revu les caractères du genre *mohua*, et ils forment bien un genre distinct ; seulement on les rectifiera ainsi : bec médiocre, entier, comprimé, à mandibules aiguës, la supérieure carénée ; narines larges, basales ; soies raides, la première penne bâtarde, les cinquième et sixième les plus longues ; tarses armés d'ongles recourbés, forts, celui du pouce le plus robuste ; rectrices rigidules, usées au bout.

102. LE TROGLODYTE MURIN.

(*Troglodytes murinus*, Lesson.)

Le genre troglodyte se compose aujourd'hui de dix-huit espèces, ainsi réparties : en Europe, le *troglodytes Europæus* ; au Japon, le *t. fumigatus* ; en Abyssinie, le *t. micrurus* et les autres de l'Amérique. Ceux de cette dernière partie du globe, sont : *t. arada*, Guyane et Bolivie ; *œdon*, Brésil et Missouri ; *furva*, Surinam, Brésil et Guyane ; *Platensis*, Plata et Paraguay ; *leucogastra*, Mexique ; *Hornensis*, Terre-de-Feu ; *hyemalis*, Brésil, États-Unis, Corrientes et Plata ; *fulva*, Bolivie ; *Louisianæ* et *Brewickii*, la Louisiane ; *brevirostris*, les Massachussets, États-Unis ; *pallida*, la Patagonie et le Chili ; *Guarayana*, la Bolivie, et *tecellata*, le Pérou (Tacna).

Notre espèce sera la dix-neuvième et vit au Pérou, comme

le *troglodytes tecellata*, avec lequel elle a quelques rapports. Sa taille est celle du troglodyte d'Europe, et sa longueur de dix centimètres au plus ; son plumage n'est pas sans une certaine analogie de coloration avec celui du *troglodytes pallida* de d'Orbigny ; tout le dessus du corps est d'un gris-roux tendre, confusément rayé ou vermiculé de brun ; le gris est plus foncé sur la tête et plus roux sur le croupion ; les rayures brunes sont plus apparentes sur le milieu du dos ; les ailes sont gris-roux, rayées en travers de brun, de manière à ce que les rayures sont alternatives et de même largeur ; les pennes primaires sont brunes et seulement ocellées de gris-roux clair sur leurs bords ; la queue est médiocre, à pennes moyennes grises, rayées en travers de brun, et les latérales rayées de brun et de blanc ; tout le dessous du corps est gris roussâtre uniforme, mais le roussâtre plus foncé sur les flancs est remplacé par du blanchâtre sur le milieu du ventre ; les couvertures inférieures sont rousses avec des taches noires ; le bec, de couleur de corne en dessous, est brun en dessus ; les tarses sont jaunes.

103. LE PRINIA SOCIAL.

(*Prinia socialis*, Frankl. *Proc.* 1832, 89.)

Mâle. — Ce petit oiseau du Bengale est plutôt un *orthotome* qu'un *prinia*. Tout le dessous du corps est d'un cendré ardoisé, plus clair sur le croupion ; les ailes et la queue sont roussâtres ; les rectrices, qui sont fortement étagées, sont œillées de brun à leur sommet et bordées d'un léger rebord blanc ; une nuance blanche soyeuse et nankin colore tout le dessous du corps ; les flancs et le bas-ventre sont plus intenses ; le bec est noir et les tarses sont jaunes ; les formes de cet oiseau sont grêles et sveltes.

Femelle. — Tout en conservant les formes du sexe opposé, elle diffère par son plumage ; son bec est noir et les tarses sont jaunes ; tout le dessus du corps est gris brunâtre, le dessous blanchâtre ; la queue, légèrement rousse en dessus, très-claire en dessous, a des yeux bruns à l'extrémité des pennes ; un sourcil blanc contourne l'œil.

104. LE BRADYPTÈRE A CROUPION ROUGE.

(*Bradypterus ruficoccyx*, Lesson.)

L'Afrique nourrit trois bradyptères, le pavaneur, le coryphée et le grivelin de Levaillant. L'espèce que nous décrivons et dont nous ignorons la patrie est bien voisine de la dernière citée, mais elle s'en distingue suffisamment. Notre oiseau a tous les caractères du genre et ne paraît pas avoir été précédemment mentionné.

Le bradyptère à croupion rouge mesure seize centimètres. Son plumage sur le corps est grivelé de brunâtre et de gris roussâtre passant au roux vif et sans taches sur le croupion et les couvertures supérieures de la queue ; un sourcil blanchâtre et incomplet surmonte l'œil ; le gosier est blanchâtre ; le thorax est gris clair, il en est de même des flancs ; le gris du milieu du ventre tire au gris trèspâle ; les couvertures inférieures sont blondes ; les ailes sont brun clair, et chaque plume est bordée de gris pâle ; la queue alongée est fourchue et brun clair uniforme ; le bec est corné en dessus, blanc en dessous ; les tarses sont carnés et transparents.

105. LE MÉRION DE LAMBERT.

(*Malurus Lamberti*, Vig. et Horsf.)

Les auteurs anglais rapportent à cette espèce le *superb warbler* de White, figuré au bas de la planche placée à la page 256 du texte anglais. La figure de White est plus que médiocre et ne rend aucunement la beauté des couleurs de cette espèce.

La description de Vigors et Horsfield laisse elle-même à désirer, et c'est ce qui nous porte à donner une nouvelle diagnose de ce bel oiseau. Un masque bleu aigue-marine s'étend depuis le front jusqu'à l'occiput en prenant une nuance brunâtre sur cette dernière partie, et descendant sur les yeux, les joues et les oreilles, en formant une pointe d'un riche bleu d'aigue-marine, que relève le noir profond et velouté qui colore le menton, le devant du cou et le thorax. Ce noir-velours contourne, sous forme d'une large écharpe, le cou et le haut du dos, et se trouve bordé d'un liseré bleu céleste. Une plaque de ce même bleu suave occupe le milieu du dos, tandis que la moitié postérieure du corps est d'un beau noir-velours. Les couvertures supérieures de la queue sont grises; les épaules sont d'un riche marron, tandis que les pennes alaires sont d'un brun roussâtre très-clair; le ventre est blanchâtre; deux taches azur marquent les côtés du thorax; le bas-ventre et les flancs sont gris-roux; la queue est brune avec des reflets bleuâtres en dessus, à nuance plus claire en dessous.

Comme ses congénères, ce joli mérion est de la Nouvelle-Hollande.

106. LE SEISURE DE LA COLOMBIE.

(*Seiurus Colombianus*, Lesson.)

Les grivelettes, types du genre *seiurus* de Swainson, forment un petit groupe américain que l'on ne peut se dispenser de séparer des véritables grives de petite taille, bien qu'il y ait une sorte de passage entre oiseaux. Les seiures sont, en effet, le lien qui unit les motacillées aux turdusidées.

Nous connaissons aujourd'hui les *seiurus aurocapillus, sulfurasceus, L'Herminieri, Guadelupensis* et *tenuirostris*. Notre espèce sera la sixième de ce genre, et nous la nommerons *seiurus Columbianus.*

L'oiseau que nous avons sous les yeux mesure quinze centimètres ; sa taille est celle d'une alouette commune ; son bec, un peu plus épais que chez quelques autres espèces, est noir en dessus, jaune en dessous ; un olivâtre uniforme règne sur la tête, le cou, le dos, le croupion, les ailes et la queue ; un petit trait roux borde le front.

Le devant du cou, jusqu'à la poitrine, est roux-jaune émaillé de gouttelettes olivâtres ou brunes ; le thorax, le ventre et les couvertures inférieures sont d'un blanc pur ; seulement, les flancs et les côtés de la poitrine sont olivâtres ; les tarses sont jaunes.

Les ailes qui atteignent la moitié de la queue ont leurs rémiges brunes bordées de roux. Elles sont jaune-chamois en dedans et à l'épaule.

107. LE SEISURE DE L'HERMINIER.
(*Sciurus L'Herminieri*, Lesson.)

Cette espèce du Mexique a le bec brunâtre ; les tarses incarnats ; le plumage sur tout le corps, les ailes et la queue d'un brun foncé uniforme ; un trait roux passe au-dessus des yeux ; les joues sont brunes picotées de roux ; tout le dessous du corps est jaune pâle recouvert de mouchetures brunes ; l'angle du pouce petit et très-recourbé ; le bec droit et fort. Longueur totale, cinq pouces.

108. L'ACANTHIZA ARROGANT.

(*Acanthiza arrogans*, Sundeval; *Muscicapa bilineata*, Lesson.)

Cette espèce a le bec noir en dessus, blanc en dessous; plumage uniformément vert-olivâtre sur le corps, jaunâtre sur le croupion; deux larges bandelettes noires naissant au front, contournant la tête au-dessus des yeux jusqu'au cou; tour des yeux et dessous du corps jaune d'or; pennes alaires brunes frangées de jaune, rectrices brunes, les externes blanches sur leurs barbes internes; queue médiocre, égale; pieds incarnats. Longueur totale, trois pouces huit lignes.

Cet oiseau provient de la Nouvelle-Hollande.

109. LE TYRANNEAU A POITRINE ROUSSE.

(*Tyrannulus rufopectus*, Lesson.)

Ce petit genre, qu'il ne faut pas confondre avec le genre *tyrannula* de Swainson, a été créé par Vieillot pour recevoir ce qu'il appelait le roitelet-mésange (enl. 708, f. 2). Depuis, M. Vigors a fait connaître les *t. Vieillotii* et *albocristatus*, trois espèces du Brésil.

Notre espèce provient de la Colombie. Comme ses congénères, elle a la tête huppée, les tarses grêles, la queue fourchue, et le bec moins aplati que les vrais *tyrannula*.

Les plumes de la huppe sont redressées, retombantes, effilées; le dessus de la tête et cette huppe sont brun sale, mais un trait blanc occupe le devant de chaque œil et se prolonge sur les joues pour contourner l'occiput et encadrer le noir de la tête; le dessus du corps est brun olivâtre; les soies sont fines et longues; le gosier est gris brun sale; le bas du cou et le thorax ont une teinte marron clair; le ventre est blanc gris soyeux, de même que les couvertures inférieures de la queue ; les aîles sont brunes, mais une barre marron clair les traverse obliquement depuis le bord policial jusqu'en dedans ; les pennes secondaires sont frangées de blanchâtre et de marron clair ; la queue, assez longue, a ses pennes brunes, les deux externes exceptées qui sont bordées de blanc pur dans toute leur largeur et sur leurs barbes les plus externes.

110. LE TYRANNEAU DORÉ.

(*Tyrannulus aureus*, Lesson.)

Cette jolie espèce, dont la patrie est inconnue, a la taille et le facies d'un roitelet ; le bec est noir et les tarses sont brun très-clair ; les plumes de la tête sont alongées pour former une huppe analogue à celle du roitelet triple-bandeau ; cette huppe jaune clair, se compose d'abord, d'une large raie jaune bordée de deux raies noires et deux petits traits jaunes se trouvent bordés de deux autres petits traits noirs ; tout le dessus du corps est vert olive avec quelques flammèches brunes ; tout le dessous du corps est du jaune le plus vif.

Les aîles sont entièrement grises, mais leurs couvertures sont bordées de gris blanc ; il en est de même des rémiges ; la queue a ses pennes atténuées au bout, blondes au milieu et bordées de jaune très-clair.

111. LE GOBE-MOUCHERON VERTICAL.

(*Myiodioctes verticalis*, Lesson; *Setophaga verticalis*, d'Orbigny, pl. 38, fig. 1.)

Il vit à la Colombie. Sa queue est longue et légèrement étagée ; son bec et ses tarses sont noirs ; tout le plumage des parties supérieures est ardoisé ; une calotte marron recouvre la tête; seulement le front, le tour des yeux, les joues, le gosier et les côtés du cou sont brun ardoisé ; tout

le dessous du corps est, à partir du milieu du cou, jaune
d'or, les couvertures inférieures exceptées qui sont blanches; les aîles sont franchement brun-noir; il en est de
même de la queue, les trois pennes latérales exceptées qui
sont en grande partie d'un blanc pur; la plus externe a
son bord entièrement blanc, et des barbes noires à sa naissance seulement. Taille ne dépassant pas onze centimètres.

112. LE BEC-FIGUE VERT-JAUNET.

(*Sylvietta lutescens*, Lesson.)

L'espèce que nous avons sous les yeux est bien voisine
du *figuier tcheric* de Levaillant (pl. 132, f. 1 et 2), appartenant
au genre *sylvietta*. C'est un petit oiseau de la Gambie, vert-
jaune sur le corps, jaune en dessous; les pennes alaires et
caudales brunes frangées de jaune; le bec corné; les tarses
bruns, les ongles blancs.

113. LE CORYDALE DU CHILI.

(*Corydalla Chilensis*, Lesson.)

Cette espèce a le bec corné; tarses incarnats; plumage
sur toutes les parties supérieures du corps varié de noir et
de fauve blond; chaque plume noire au centre et bordée
de fauve blond; côtés du cou, joues, fauves ponctués de
noir; devant du cou blanchâtre, sans taches; thorax et
flancs jaunâtre très-clair moucheté de noir; ventre et couvertures inférieures blanchâtres sans taches; épaules et
couvertures alaires fauve blond sur les bords et brunes au
centre de chaque plume; rémiges brunes frangées de
blond, les primaires échancrées au bord externe; rectrices
moyennes brunes; les externes bordées ou terminées de
blanc et les deux plus externes entièrement blanches. Longueur totale, cinq pouces neuf lignes.

Cet oiseau habite le Chili.

114. LE MUSCIGRALLE A COURTE QUEUE.

(Muscigralla brevicauda, d'Orbigny.)

J'ai vu une peau de cet oiseau venant du Chili. M. d'Orbigny en a donné une figure parfaitement exacte ; seulement les tarses de la figure citée sont peut-être trop courts. Le muscigralle à courte queue a en effet les tarses très-longs, grêles et surtout dénudés dans une grande partie de la jambe. Ce sont presque en miniature des tarses d'échassiers. La huppe jaune ne paraît que lorsque les plumes sont ébouriffées.

115. LE BATARA DE BERNARD.

(Tamnophilus Bernardi, Abeillé.)

Ce batara, que M. Abeillé a dédié à un capitaine de la marine du commerce de Bordeaux, très-zélé collecteur, est remarquable par la coloration insolite de son plumage, coloration qui s'éloigne de celle des espèces qui vivent dans les contrées américaines baignées par l'océan Atlantique.

Le batara de Bernard vit à Guayaquil.

C'est un oiseau de la taille de notre *lanius collurio,* c'est-à-dire, mesurant seize centimètres.

Son bec est fort, robuste, assez crochu, brun en dessus, blanc corné en dessous ; le front est grisâtre ; une calotte d'un roux-cannelle assez intense recouvre tout le sommet de la tête jusqu'à la nuque ; sur cette dernière partie se dessine un demi-collier jaune ; le plumage sur le dos est gris roussâtre, tirant au blond sur le croupion ; le devant du cou, à partir du menton, est gris-roux clair ; un jaune ferrugineux colore le bas du cou, le thorax et toutes les parties inférieures jusqu'aux couvertures de la queue ; celle-ci est d'un roux-cannelle intense en dessus, moins vif en dessous ; les ailes sont d'un brunâtre roux peu foncé, mais chaque plume des couvertures grandes et petites est assez largement bordée de blanc ou de roussâtre ; les rémiges sont brun-clair frangées de roux.

Les tarses sont bleuâtres. C'est aux alentours de Guayaquil, sur les côtes baignées par l'Océan Pacifique, que vit ce batara.

116. LE FORMICIVORE D'ABEILLÉ.

(*Formicivora Abeillei*, Lesson.)

On connaît vingt et une espèces du genre formicivore, démembré du genre *tamnophilus*, toutes de l'Amérique méridionale. On ignore de quel pays de l'Amérique chaude provient cette nouvelle espèce qui mesure au plus treize centimètres. Son bec est corné et les tarses sont plombés ; une calotte noire revêt la tête, mais le front, les joues et les côtés du cou sont gris sale ; un gris ardoisé colore le dos et le croupion ; un gris sale, clair ou blanchâtre, teint la gorge et le milieu du ventre. Le thorax est rayé de bandelettes brunes sur un fond blanchâtre ; les ailes sont d'un roux-cannelle fort vif, mais les pennes sont brunes dans leur partie interne et cachée ; la queue, grêle et nullement étagée, a ses pennes d'un noir assez intense, toutes émaillées de larmes blanches sur leurs barbes internes.

117. LE MYRMOTHÈRE A VENTRE BLANC.

(*Myrmothera melanoleucos*, Vieillot.)

Ce petit oiseau de Cayenne a été assez incomplètement décrit par Vieillot. Son bec, noir en dessus, est blanc en dessous ; ses tarses sont bleuâtres ; le plumage des parties supérieures des ailes et de la queue est noir-bleu, couvert de flammèches d'un blanc pur ; le croupion est gris bleuâtre ; les joues et le thorax sont variés de flammèches noires sur un fond gris-blanc ; la gorge, le ventre et les couvertures inférieures sont blancs ; les deux rectrices latérales sont œillées de blanc. Taille du troglodyte de France.

118. LE MYRMOTHÈRE TROGLODYTE.

(*Myrmothera troglodytes*, Lesson.)

Ce petit fourmilier habite Cayenne et n'a pas été décrit par Vieillot parmi les quatorze espèces de son genre *myrmothera*. Son plumage est roux sur la tête, le cou, le dos et le croupion, mais ce roux est très-finement vermiculé de noir, par petites lignes étroites, ce qui est dû à ce que chaque plume rousse est frangée de noir ; tout le devant du corps est gris ardoisé, vermiculé de petites rayures brunes ; le bas-ventre, les flancs et les couvertures inférieures sont d'un roux assez vif, vermiculé de noir ; les ailes sont noires, et les pennes sont terminées de roux ; les couvertures supérieures sont noires, mais à leur sommet est une bandelette d'un blanc pur, formant une écharpe échelonnée et interrompue qui s'étend jusqu'au milieu du dos ; le bec est noirâtre en dessus, jaunâtre en dessous ; les tarses sont brun rougeâtre ; la queue de cette espèce est très-courte.

119. LE MYRMOTHÈRE INCERTAIN.

(*Myrmothera dubius*, Lesson, *Echo du Monde savant*, 1844, t. 2, n. XI, p. 251.)

M. Wied a décrit dix espèces de fourmiliers du Brésil, dont les descriptions en allemand ne me permettent pas de savoir si l'espèce placée sous mes yeux a été connue par cet auteur.

Ce fourmilier vit au Brésil ; sa taille est celle des deux

espèces précédentes et sa queue est rudimentaire; son bec
et ses tarses sont bleu-noir; un olive teinté de roux assez vif
colore toutes les parties supérieures du corps, une nuance ar-
doise foncée règne sur toutes les parties inférieures; le devant du cou et le gosier sont couverts par une plaque noire
émaillée de gouttelettes blanches; les ailes ont leurs épaules noires marquées d'une touffe blanche au coude, puis de
gouttelettes blanches sur le rebord; des points oblongs
jaunes terminent les moyennes couvertures; les rémiges,
rousses en dehors, sont brunes en dedans; la queue fort
courte est rouge vif.

120. LE COSSYPHA CRIARD.

(*Cossypha reclamator*, Vig.; *Turdus reclamator*, Vieill. Levaill. pl. 106.)

Cet oiseau du Cap de Bonne-Espérance présente dans
l'individu soumis à notre examen quelques variantes de plumage; tout le dessous du corps est jaune buffle, mais la
tête, les joues, le cou sont également jaune buffle : seulement
la calotte est mélangée de brunâtre, et du roux se trouve
épars sur le dos et les ailes; les deux pennes moyennes de
la queue sont noires, les autres sont d'un roux cannelle assez
vif; tout indique que l'individu n'est pas adulte.

121. LE PODOBÉ BRUN.

(*Podobeus fuscus*, Lesson.)

Le genre podobé, formé sur le *turdus erythropterus* de Gmelin, comprend une deuxième espèce nommée *argya luctuosa*,
par M. La Fresnaie. Ces deux espèces sont du Sénégal. La
troisième espèce que nous indiquons, provient du Cap de
Bonne-Espérance, et a tous les caractères des podobés,
soit du bec, soit des ailes, soit même de la coloration des
plumes.

Ce podobé brun a le bec noir, les tarses bruns, le plumage brun enfumé sur le corps, les ailes également brun fuligineux ; tout le dessous du corps gris enfumé, plus clair sur le ventre et sur les flancs ; sur le brun des joues se dessine un sourcil blanc ; le menton et un trait longitudinal sur le cou sont blanchâtres ; les couvertures inférieures sont gris-brun ; la queue à pennes larges et étoffées est d'un noir assez intense vers le sommet des rectrices externes, qui est largement terminé de blanc pur ; longueur totale, dix-sept centimètres.

122. LE PHYLLANTE A PENNES NOIRES.

(*Crateropus atripennis*, Sw. W. af., 1, 278.)

Cet oiseau a les formes de la *timalia thoracica* de Temminck, et semble placé sur les confins des genres *timalia* et *garrulax*. Mais sa queue égale l'éloigne des timalies dont on connaît quatorze espèces, des cinclosomes indiens, des sibia et des macronus, et nous l'avions nommé *phyllanthus capucinus*.

C'est une espèce du genre phyllanthe, tel que nous l'avons restreint, c'est-à-dire au *malacocircus striatus* de Swainson et à l'*oriolus squamiceps* de Kittlitz. Notre oiseau formera donc la troisième espèce de ce genre.

Le bec est comprimé en entier sur ses bords, à fosses nasales larges, à soies de l'angle du bec courtes ; les tarses sont proportionnellement robustes, à pouce très-robuste et armé d'un ongle fort ; les ailes sont concaves, à première penne bâtarde, les deuxième, troisième et quatrième plus courtes que les cinquième, sixième et septième, qui sont égales et les plus longues ; la queue est moyenne, arrondie au sommet.

Notre oiseau a le port et l'aspect de la *timalie thoracique* qui devra rentrer dans le genre *phyllanthe*. Sa commissure a aussi quelques courtes soies ; sa taille est celle d'un merle d'Europe, ou de longueur totale vingt et un centimètres.

Le bec est jaune clair, les tarses sont bleuâtres, les ongles cornés ; le corps en dessus comme en dessous, les ailes et la queue sont d'un brun ferrugineux velouté, plus noir sur le haut du dos et le thorax, tirant au tabac d'Espagne sur le ventre ; les ailes et la queue sont en dessous brun uniforme.

Les plumes de la tête, du cou, de la gorge sont grises ; celles de la tête sont comme squammeuses ; un rebord noir velouté règne en avant du front, sur les côtés et à la base de la mandibule inférieure.

Cet oiseau vient de la Gambie.

123. LE TURNAGRE A BEC ÉPAIS.

(*Turnagra crassirostris.*)

Cet oiseau de la Nouvelle-Zélande a été figuré par MM. Quoy et Gaimard, dans la *Zoologie de l'Astrolabe*, sous le nom impropre de tangara tacheté (*tanagra macularia*, pl. 7, fig. 1). Latham en avait fait une grive, et dans son livre il porte le nom de *turdus crassirostris*, et dans Sparmann celui de *turdus capensis*. Gray en a fait, en 1840, son genre *keropia*. La description de MM. Quoy et Gaimard est exacte, mais la figure qu'ils en ont donnée est trop enluminée de jaune sur le ventre ; ces parties sont brun-olive et blanches seulement.

L'aile des turnagra est arrondie, à pennes étagées de façon que les cinquième et sixième sont les plus longues. Les Nouveaux-Zélandais nomment cet oiseau *koropio* et *kokocou*.

124. LE PICNONOTE HUMÉRAL.

(Picnonotus humeralis, Lesson. *Ceblepyris humeralis,* Sund, *Proc.* p. 143.)

Cet oiseau de la Nouvelle-Galles du Sud est bien voisin de notre *picnonotus karu* de la Nouvelle-Irlande. D'un bleu-noir à reflets verts très-brillants sur le corps, sur les ailes et sur la queue, il a le bas du dos et les couvertures supérieures d'un gris tendre, tout le dessous du corps blanc; les ailes ont une large écharpe blanche, et les rectrices externes sont œillées de blanc au sommet; le bec est noirâtre et les tarses sont plombés; cette espèce mesure seize centimètres.

125. LE PICNONOTE FAUX HUMÉRAL.

(Picnonotus humeraloïdes, Lesson.)

Cette espèce n'a pas été décrite par Horsfield dans ses *ceblepyris* de Java, ni par Eyton, ni par Swainson dans leurs *micropus* et *brachypus.*

Le picnonote, objet de cette notice, ressemble par le facies à l'*humeralis,* de manière à faire illusion. Il en diffère par l'habitat, puisqu'il vit à Java, mais surtout par son bec notablement plus fort, plus élevé. Comme le précédent, il a le dessus du corps noir-bleu à reflets verts très-brillants, le croupion et le bas du dos gris tendre; mais il a le front blanc et des sourcils blancs, de plus le blanc des joues avance sur les côtés du cou; tout le dessous du corps est blanc sur le gosier et sur le bas-ventre, gris de perle sur le thorax et sur les flancs; le haut de l'aile est blanc; les rémiges secondaires sont largement bordées de blanc pur et les primaires marquées de blanc à leur sommet seulement; la queue, aussi étagée, a les pennes moyennes bleu-noir lustré, œillées de blanc, tandis que les latérales sont à moitié blanches et largement liserées de blanc au bord externe ; le bec et les tarses sont bleuâtres.

Cet oiseau, de même taille que le précédent et qui n'en diffère que peu, vit à Java. M. Hartlaub croit que c'est le *lalage orientalis* de Boié, le *saxicola orientalis* de Vieillot, ou enfin le *turdus orientalis* de Gmelin. Nous le croyons distinct.

126. LE SEISURE VOLETANT.

(*Seïsura volitans*, Vig. et Horsf. *Turdus volitans*, Lath.)

Cet oiseau de la Nouvelle-Hollande a été décrit avec beaucoup d'exactitude par MM. Vigors et Horsfield. Le dessous du corps de notre espèce est plutôt blanchâtre que blanc ; le dessus du corps est brun, mais un brun lavé d'olivâtre ; le dessus de la tête et du cou est d'un bleu-noir métallisé. Cet oiseau a le facies du *kittacincla melanoleuca*, mais son bec déprimé l'en sépare d'une manière complète.

127. LE KITTACINCLE NOIR ET BLANC.

(*Kittacincla melanoleuca*, Lesson, 1837.)

Bec noir ; tarses bleuâtres ; plumage noir-bleu à reflets métallisés et brillants sur la tête, le cou, le thorax, le dos et le croupion ; dessous du corps, à partir du thorax, blanc de neige ; ailes noir mat, avec les couvertures moyennes et les rémiges médianes d'un blanc pur ; queue à rectrices moyennes noir bronzé, les latérales d'un blanc pur. Longueur totale, dix-neuf centimètres. Cet oiseau habite le Bengale.

128. LE MERLE BRUN.

(*Turdus (Merula) fuscater*, d'Orbigny, Am. pl. 9, f. 1.)

Ce merle de la Colombie ressemble assez exactement à notre merle de France dont il a la coloration et les formes, mais qu'il surpasse de près d'un tiers dans la taille; toutefois son plumage est loin d'avoir ce noir luisant de l'espèce d'Europe. Il est teint d'un noir olivâtre sur le corps qui passe au brun-olivâtre clair sur les parties inférieures; le bec et les tarses sont du plus beau jaune doré.

129. LE STOURNE MORIO.

(*Lamprotornis morio*, Vig. et Horsf. *Tr. Linn.* XV, 260.)

La courte phrase des auteurs anglais est celle-ci : *l. corpore toto nigro, metallicè subnitenté. Rostrum pedesque nigri. Longitudo corporis 9' 1/4''.*

Notre stourne ressemble beaucoup à celui nommé *obscurus* par M. Dubus, bien voisin du *zélandais* de Quoy et Gaimard (*Astr.* pl. 9), et nous le regardons comme le *morio*, avec le plus grand doute. Mais la phrase de MM. Vigors et Horsfield est si brève, que ce rapprochement ne peut être fait qu'avec incertitude.

L'oiseau placé sous nos yeux a le bec assez recourbé et légèrement crochu à la pointe; il est noir, tandis que les tarses sont brun rougeâtre; la queue est parfaitement égale et les ailes en atteignent la portion moyenne.

Tout le plumage de cet oiseau est un brun-gris glacé ou séricéeux; or, le plumage du *morio* est totalement noir, au dire de MM. Vigors et Horsfield, et il reste à savoir si, par cette épithète, ils entendent ce brun-gris uniforme.

Toutefois les parties supérieures, telles que la tête, le

cou, et le thorax, sont d'un brun plus foncé, glacé de vert
doré ; des nuances plus affaiblies de ce même vert doré apparaissent sur le dos et sur le croupion ; les plumes de l'occiput sont légèrement lancéolées ; les ailes et la queue sont
d'un brun clair ou légèrement lavées de roux peu sensible,
et d'une teinte matte.

Si, comme nous le pensons, cet oiseau différait du morio
qui est si incomplètement caractérisé, nous le désignerions
par l'épithète spécifique de *lamprotornis nigreviridis*. Cet oiseau provient de l'Australie.

130. LE CRÉATOPHORE A CARONCULES.

(*Creatophora carunculata*, Lesson, 1837.)

Le porte-lambeaux est l'espèce de martin la plus remarquable par les crêtes noirâtres qui entourent la gorge et la
tête. C'est un oiseau qui vit sur les bords de la rivière du
Gamtous, jusque dans le pays des Caffres, et qui se réunit
par volées nombreuses et bruyantes, à la suite des troupeaux de buffles ; il se nourrit de baies, d'insectes et de
vers qu'il ramasse sur la terre dans les lieux humides ; le
naturel de ces volatiles est sauvage et les rend très-défiants ;
le mâle est un peu plus fort que l'étourneau d'Europe, et
la femelle est plus petite, mais celle-ci n'a que des traces de
crêtes nues qui ornent son époux, et de la manière qui
suit : « le lambeau double du dessous du bec embrasse
toute la gorge, et pend ensuite de la longueur d'un pouce
en se séparant à son extrémité, où il se termine en deux
pointes ; sur le front s'élève en travers une espèce de crête
de quatre lignes de haut, et dont la forme est ovoïde ; sur
le milieu du dessus de la tête, se dresse encore une autre
crête plus haute, arrondie et échancrée sur le haut comme
la partie supérieure d'un cœur ; celle-ci est posée perpen-

diculairement sur celle du front, par conséquent dans un sens contraire. » (Levaillant.)

Cet oiseau a le bec et les tarses jaunes, le plumage gris roussâtre, les ailes et la queue noires ; les femelles ont les teintes plus claires, et les jeunes ont la tête emplumée et nuls vestiges de parties nues ; on en connaît une variété albine. Il habite l'intérieur du Cap de Bonne-Espérance, le pays des Caffres. Il porte une foule de noms dans les auteurs.

131. LES PARADIGALLES.

(*Paradigalla*, Lesson, *Parad.* p. 242, 1835, et *Rev. zool.*, 1835, p. 1.)

Ont le bec médiocre, plus court que la tête, peu convexe, atténué, un peu crochu et fortement denté à la pointe de la mandibule supérieure, comprimé sur les côtés, à bords entiers ; les narines basales recouvertes par un faisceau de plumes poilues couchées en avant ; deux caroncules charnues à la commissure du bec ; la mandibule inférieure échancrée à la pointe ; les tarses médiocres, scutellés, à pouce robuste, armé d'un ongle prononcé ; les ailes assez longues, dépassant le croupion, sub-aiguës, à rémiges rigides, la première médiocre, la deuxième plus longue, mais les troisième et quatrième les plus longues ; la queue deltoïdale, formée de douze rectrices étagées, rigides, terminées par une pointe mucronée.

LE PARADIGALLE A CARONCULES.

(*Paradigalla carunculata*, Lesson, *Parad.* p. 242, 1835.)

Sa taille est moindre que celle du sifilet ; le bec et les tarses sont noirs ; les caroncules de la commissure jaune-orangé ; plumage généralement doux, soyeux, d'un noir à reflets violets sur les parties supérieures, d'un noir plus foncé et moins violâtre sur les parties inférieures ; ailes et queue noir-luisant sur les pennes secondaires, et d'un noir mat sur les primaires ; plumes du front et des narines vélutineuses ; le dessus de la tête, chez le mâle, a une plaque vert-émeraude, ainsi que cela a lieu sur l'exemplaire que possède M. Florent Prévost, à Paris ; les plumes des flancs sont lâches, décomposées comme celles du promefil. Cet oiseau a de grands rapports avec le paradisier sifilet, et vit à la Nouvelle-Guinée. C'est l'astrapie à caroncules du *Voyage de la Bonite*, décrite et figurée longtemps après notre diagnose publiée.

132. LE TYRAN ROUX.
(*Tyrannus rutilus*, Lesson.)

Les espèces de tyrans sont loin d'être toutes bien caractérisées, et l'Amérique possède de nombreuses espèces nouvelles.

Celui que nous décrivons est fort remarquable par l'uniformité de son plumage ; tout le dessus du corps est roux-cannelle intense, à nuance plus vive sur le croupion et sur la queue ; tout le dessous du corps est roux franc et clair, à nuance moins foncée que celle du dessus ; les ailes seules ont du brun ; les épaules, les tectrices moyennes et les rémiges sont brun noirâtre, mais toutes les plumes sont plus ou moins bordées de roux ; les pennes moyennes sont rousses et seulement marquées de brun au centre.

Le bec de cette espèce est fortement crochu, il est aussi haut que large, et complètement noir ; les tarses peu robustes sont bleuâtres. Ce tyran mesure dix-neuf centimètres ; il vit à la Guyane française, à Cayenne.

133. LE TYRAN A CROUPION BLANC.

(Tyrannus leucococcyx, Lesson.)

Cette espèce est bien distincte des vingt-six espèces de vrais tyrans connues, et elle se rapproche beaucoup du *tamnophilus bicolor* de Swainson, figuré pl. 60 des *Brazil-birds*, qui est bien un véritable tyrannus. L'oiseau qui nous occupe mesure dix-huit centimètres de longueur totale ; son bec et ses tarses sont noirs ; les plumes de la tête sont lâches, étroites, et forment une sorte de crinière divariquée ; elles sont d'un noir profond depuis les narines jusqu'à la nuque et même sur les joues ; la paupière inférieure est dénudée et blanchâtre ; un gris fuligineux tendre règne sur la gorge, le devant du cou et les côtés, un gris enfumé strié domine sur le cou et le haut du dos ; le dos, le croupion, la poitrine et le ventre sont d'un blanc pur ; les ailes et la queue sont d'un brun foncé ; cette dernière partie est égale ; les rémiges secondaires sont frangées sur leurs bords de gris clair. Cette espèce de tyran vit aux environs de Cayenne.

134. LE FLUVICOLE A TÊTE BLANCHE.

(Fluvicola leucocephala, Lesson.)

Je n'ai point trouvé cette espèce parmi les neuf espèces de ce genre américain décrites dans les auteurs. M. Hartlaub lui donne pour synonymes l'*acanthiza albifrons* de Vigors et Horsfield et le *cinura torquata* de Brehm.

Cet oiseau a le bec et les tarses noirs ; le front, les joues, les côtés et le milieu du cou revêtus d'une plaque noire en chaperon ; une écharpe noire assez large en travers sur le thorax ; toutes les parties inférieures, depuis la ceinture, noires jusqu'aux couvertures inférieures de la queue, d'un blanc soyeux, ondé de brun sous les ailes ; le dessous du cou, le dos, le croupion, les couvertures moyennes des ailes gris de cendre ; les ailes terre-d'ombre, les rémiges moyennes brunes et les plus externes blondes ; queue très-courte, échancrée, à pennes moyennes noires, les latérales brunes terminées de blanc ou œillées de blanc en dedans; longueur, onze centimètres.

135. LES PETITS TYRANS.

(*Tyrannula*, auct.)

Nous allons décrire cinq espèces de ce petit genre américain, que nous nommerons :

1º (*Tyrannula ruficauda*, Lesson). — Cet oiseau de Cayenne a la tête, le dessus du cou, le manteau et le bas du dos vert - olive ; le menton est grisâtre ; tout le dessous du corps est varié d'olive, de jaune et de flammèches brunes.

Les plumes tibiales sont rousses ; les couvertures de la queue en dessus comme en dessous sont d'un rouge-cannelle fort vif; la queue est entièrement de ce même rouge-cannelle ; les ailes sont entièrement rouge - cannelle, mais comme chaque plume a du noir au centre, il en résulte que les ailes laissent apparaître sur leurs couvertures des maculatures brunes ; les rémiges sont brunes, mais frangées de cannelle à leur bord externe; les baguettes sont d'un noir lustré ; le bec est noir, excepté en dessous et à la base où il est corné ; les tarses faibles et grêles sont brun-rougeâtre ; longueur, treize centimètres.

2º (*Tyrannula viridi-flavus*, Lesson). — Ce tyranneau vit au Brésil. Il mesure quatorze centimètres. Son plumage est vert sur le corps, le dessus de la tête excepté qui est brunâtre ; le gosier est gris-blanc ; le devant du cou et le thorax sont jaune-olive ; le milieu du ventre est jaune d'or ; les flancs et les couvertures inférieures de la queue sont olive clair ; les ailes dépassent à peine le croupion ; elles ont les épaules vertes, et leurs couvertures et les pennes brunes, mais les unes et les autres frangées de vert-jaune ; la queue est alongée, égale, composée de pennes brun clair, mais les moyennes frangées de vert clair ; les tarses grêles et faibles sont bruns ; le bec, assez déprimé, a la mandibule supérieure noire et l'inférieure blanc corné.

3° (*Tyrannula brunneo-olivaceus,* Lesson). — Ce petit tyranneau provient de la Colombie. Il mesure onze centimètres. Son plumage, vert olivâtre sur le corps, tire au brun cendré sur la tête et surtout sur le front ; le cou en devant et sur les côtés est brun olivâtre strié de petites lignes jaunes placées au centre de chaque plume ; le milieu du thorax, du ventre et les couvertures inférieures de la queue sont jaunes ; les flancs et les côtés du thorax sont olive avec flammèches courtes plus claires, variées de jaune pâle ; le dedans des ailes est jaune ; en dehors, les ailes sont vert-olive, mais toutes les pennes sont brunes sur leurs barbes internes ; les rémiges externes sont totalement brunes avec un liseré vertolive en dehors et jaune ocreux en dedans ; la queue égale est brun clair avec les rectrices moyennes bordées de vert ; le bec est brun en dessus, corné à la base et en dessous; les tarses fort grêles sont brunâtres.

Nous avons sous les yeux deux oiseaux, dont l'un est de la Colombie, ayant absolument le même plumage, le même facies, et qui ne diffèrent que par de très-légères différences de coloration des ailes, mais qu'on peut distinguer de primeabord par les proportions du bec qui forment un bon caractère diagnostique. Tous les deux sont de petite taille et ne sont pas plus gros qu'un pouillot.

4° La première espèce de la Colombie (*tyrannula albolim-bata*, Lesson) a le bec élargi à la base, déprimé, noir en dessus, blanc à la base en dessous ; les tarses courts et grêles sont noirs ; le corps est en dessus vert-olive, excepté la tête qui est brune depuis le front jusqu'à la nuque ; le devant du cou est grisâtre clair ; le thorax est olive ; le ventre et les couvertures inférieures jaune-citron ; les ailes sont brunes, avec de larges bordures blanchâtres et jaunes sur les plumes tectrices et les pennes moyennes ; toutes les rémiges sont uniformément noires et sans aucune bordure ; la queue, mince et étroite, a ses pennes brunes bordées de liserés blanchâtres. Cet oiseau mesure neuf centimètres.

5° La deuxième espèce, sans indication de patrie, est un peu plus petite de taille et n'a que huit centimètres. Son bec est presque aussi haut que large, il est légèrement arqué en dessus, bien qu'un peu déprimé à la base ; il est noir en dessus, blanc à la base en dessous : ce sera le *ty-rannula luteolimbata*. Son plumage est vert-olive en dessus, tirant au brun olivâtre sur le sinciput et sur la nuque ; joues brunâtres ; gosier et gorge blanchâtres ; thorax gris olivâtre ; ventre, flancs et couvertures inférieures d'un jaune-paille ; ailes brunes ; les tectrices des épaules, les pennes secondaires et les rémiges finement bordées de jaune d'or ; queue étroite, légèrement échancrée, à pennes brun clair en dessous ; les moyennes frangées de vert ; tarses alongés, très-grêles ; doigts courts et faibles ; le bec et les tarses noirs ; la mandibule inférieure blanche à la base.

136. LA BÉCARDE INQUISITEUR.

(*Psaris inquisitor*, d'Orb.; *Lanius inquisitor*, Lichst., p. 530.)

L'oiseau que nous avons sous les yeux se rapporte parfaitement à la courte description de Lichsteinstein. C'est un oiseau qui a la taille et la coloration générale de la bécarde de la Guyane, mais le gris-de-perle du dessus du corps est plus frais, le dessous tire plus au blanc ; le pourtour de l'œil est emplumé, le bec est entièrement noir ; le noir de la tête est profond et lustré ; la première rémige est fort longue, et toutes les pennes rémigiales ont un large rebord blanc sur leurs barbes internes ; ce blanc ne paraît que quand l'aile est ouverte ; une deuxième tache blanche occupe le milieu du rebord interne de la penne à son milieu ; les tarses grêles des bécardes et leur bec large semblent annoncer des mœurs spéciales, c'est-à-dire, que leur vol peu puissant doit les fixer sur les branches des arbres où elles guettent les papillons qui doivent faire la base de leur nourriture. Elles y joignent les larves et les chenilles, et, comme leur bec est dur, sans doute des coléoptères et des petits lézards.

137. LA BÉCARDE A COIFFE NOIRE.

(*Psaris pileata*, Lesson.)

Longueur totale, six pouces et demi ; bec noir, blanc en dessous et à la pointe ; tarses bleu-noir ; sommet de la tête en dessus du cou gris-brun ; bas du cou, dos, croupion, ailes, queue rouge, ferrugineux franc ; rémiges brunes, frangées à leur bord externe de roux ferrugineux ; menton, devant du cou, thorax, ventre, flancs et couvertures inférieures de la queue, d'une couleur isabelle clair ; soies rares, courtes et fines.

Cette bécarde vit dans l'Amérique méridionale ; c'est la *tityra pileata* de Jardine et Selby, pl. 17.

138. LA BÉCARDE PETITE.

(*Psaris exilis*, Lesson.)

Longueur, cinq pouces; bec noir luisant, blanc en dessous; soies nulles; dessus de la tête jusqu'à l'occiput roux brunâtre; dos, croupion, ailes moyennes et queue roux blond tendre et vif; côtés du cou, flancs et milieu du thorax blond roux; menton, devant du cou, ventre et couvertures inférieures de la queue blancs; tarses noirs; ailes à pennes noires, les primaires très-finement frangées de roux vif. Cet oiseau habite l'Amérique méridionale.

139. LES PACHYRHYNQUES.

(*Pachyrhynchus*, Auct.)

Nous avons sous les yeux trois espèces de ce genre de Swainson qui ne se rapportent à aucune des espèces nombreuses des genres *psaris* et *pachyrhynchus*, et qui semblent ne former que deux variétés, tant leurs ressemblances sont frappantes et les distinctions spécifiques peu marquées. Ces petites bécardes du Brésil et de la Guyane ont pour caractères communs les suivants :

Une taille assez semblable, c'est-à-dire treize centimètres de longueur totale; les ailes ne dépassent pas le croupion; la queue étagée; le bec plombé bordé de plus clair; les tarses bleuâtres; une calotte s'étendant du front à l'occiput est d'un bleu-noir luisant et métallisé; le plumage gris; les ailes noires variées de blanc; le dessous du corps gris cendré clair; les rectrices noires, terminées et bordées de blanc; le front bordé de blanc.

L'espèce typique porte le nom de *pachyrhynchus albifrons*, Sw., et de *lanius mitratus*, Lichst., cat. n° 51.

Les distinctions spécifiques sont :

1º *Pachyrhynchus variegatus.* Un collier cendré sur le haut du dos ; le manteau bleu-noir ; les ailes à couvertures supérieures moyennes et rémiges medianes bordées de blanc. De Cayenne.

2º *Pachyrhynchus variegatus,* variété. Cou et dos gris ; peut-être la femelle du Brésil.

3º *Pachyrhynchus simplex.* Calotte noir mat ; front bordé de blanc ; plumage cendré en dessus, gris blanchâtre en dessous ; ailes grises, ayant quelques légers rebords blancs sur les couvertures et aux rémiges secondaires ; queue égale, à pennes grises ; bec et tarses bleuâtres. Du Brésil.

140. LE DRYMOPHILE NOIR.

(*Monarcha nigra,* Lesson.)

Nous avons deux individus de cette espèce sous les yeux ; l'un est mâle adulte et l'autre un jeune mâle. Les deux sexes ont été décrits par Forster et Latham comme formant deux espèces distinctes, sous les noms de *muscicapa nigra* et *lutea.* Nous avons figuré le mâle, la femelle et le jeune dans la *Zoologie de la Coquille,* sous les noms de *muscicapa pomarca* (pl. 17, fig. 1 à 3). M. Garnot lui avait donné le nom de *muscicapa maupitiensis.* Le nom de Pomaré est celui d'un roi de l'île d'O-Taïti, où cette espèce est commune, de même que dans toutes les autres îles de la Société.

141. LE MOUCHEROLLE ROUX.

(*Muscipeta badia,* Lesson.)

Cayenne nourrit les *muscicapa rufescens, spadicea, cinnamomea,* qui ont les plus grands rapports avec l'espèce qui nous occupe et qui provient également de la Guyane française.

Notre *muscipeta badia* a donc la taille d'un moineau d'Europe et le plumage d'un roux-cannelle brunâtre sur le dos, les ailes, le croupion et la queue, sans aucunes taches ; sous le corps, depuis le menton jusqu'au sommet des rectrices, cette teinte cannelle devient vive et claire et tire au jaune-rouille ; une calotte brun-roux recouvre la tête et se trouve cerclée par un rebord gris qui naît derrière l'œil et contourne la tête ; le bec est court, garni de peu de soies et bleuâtre ; les tarses sont grêles et de couleur noire ; les ongles assez robustes m'ont présenté la particularité d'être creusés en gouttière sur le côté.

142. LE MOUCHEROLLE OLIVE.

(*Muscicapa olivacea*, Lichst., *Cat.* N° 565. *Tyrannula oleagina*, Lesson.)

Lichsteinstein a le premier décrit cet oiseau qu'il avait reçu de Bahia. Notre individu provient de Cayenne.

Ce petit tyran est remarquable par l'alongement de ses ailes, qui sont aiguës et atteignent les deux tiers de la queue. Celle-ci est alongée et légèrement échancrée.

Tout le plumage sur le corps est vert olivâtre foncé ; le devant du cou et de la gorge est verdâtre, mais avec une nuance de rouille qui s'étend sur les côtés du cou ; une teinte d'un jaune d'ocre roux commence au-dessus de la poitrine et prend plus d'intensité sur le ventre, les flancs et les couvertures inférieures ; le dedans des ailes et des rémiges secondaires est de ce même jaune ocreux.

Les ailes sur les épaules et leur partie moyenne sont vertes, et les pennes primaires brunes sont légèrement liserées de jaune-olive, et leur partie cachée est jaune-ocreuse ; les rectrices sont brunes, teintées de vert sur leurs bords.

Les tarses de cet oiseau sont rougeâtres ; le bec, terminé

par un crochet mince et aigu, est noir en dessus, rouge à la base.

Ce petit tyran a un facies particulier, et dans ce groupe américain des tyrans, pepoazas, tyrannula, etc., où tout est à faire, il deviendra un type de petite tribu bien distincte.

143. LE MYADESTES ARDOISÉ.

(*Myadestes ardesiacus*, Lesson.)

Swainson a établi le genre myadestes pour des gobe-mouches à plumage lâche et abondant, dont il ne connaissait qu'une espèce, le *muscicapa armilata* de Vieillot, qui vit à la Martinique. M. de la Fresnaye ajoute une deuxième espèce, le *muscicapa obscurus* du Mexique, et celle-ci du Brésil sera la troisième du genre.

Les caractères de ce petit genre consistent surtout en la première penne de l'aile qui est rudimentaire; la deuxième est plus courte que la troisième, celle-ci que la quatrième; les quatrième, cinquième et sixième sont égales et les plus longues; les tarses sont alongés, très-robustes, couverts de larges écailles; le pouce a un ongle très-recourbé et très-acéré; le bec est médiocre, comprimé sur les côtés, légèrement crochu, peu denté; les narines sont basales, percées dans la membrane frontale; les ailes atteignent le milieu de la queue; celle-ci est élargie, presqu'égale; le plumage est abondant, mollet, et imite celui de quelques barbacous d'Amérique.

Le *myadestes ardoisé* a le bec noir, les tarses brunâtres, tout le corps en dessus brun ardoisé; les joues, le cou en avant et sur les côtés, les flancs, les côtés du thorax, sont aussi brun fuligineux; les soies du front ont deux petits points blancs à toucher les narines.

A partir du thorax, le milieu du corps jusqu'aux couvertures inférieures est d'un blanc lavé de jaune-paille très-pâle ; les plumes tibiales sont brunes avec une jarretière blanchâtre ; les ailes sont brun mat ; la queue aussi est brune, mais les rectrices sont taillées à leur sommet de manière à avoir une pointe saillante. Cet oiseau, à plumage mollet et très-doux au toucher, mesure seize centimètres et vit au Brésil.

144. LE MYIADESTES ORNÉ.

(Myiadestes ornatus, Lesson. *Setophaga ornata,* Boiss.)

Cette espèce à dessus de la tête jonquille, à cou noir, à dos olivâtre, a les joues et le menton blancs, tout le dessous du corps jaune, les couvertures inférieures blanches, les ailes brunes avec un rebord blanc au fouet ; la queue brune à pennes externes blanches. De la Colombie.

145. LE MIRO A FRONT BLANC.

(Miro albifrons, Gray, *Rev. zool.* 1844. p. 175, n° 24. *Turdus ochrotarsus,*
Forster, *Ic.* pl.)

Cette espèce de la Nouvelle-Zélande a été décrite par Gmelin sous le nom de *turdus albifrons,* et par Latham sous celui de *white-fronted-thrush.*

Ce miro à dessus du corps noir soyeux et velouté, porte une plaque blanche et ronde sur le front ; le devant du cou est d'un beau noir ; le thorax est jaune-paille ; les flancs et les couvertures inférieures de la queue sont mélangés de brun et de gris ; un miroir blanc occupe le milieu de l'aile ; les rectrices également noires sont bordées largement de blanc au bord interne des plus extérieures et même liserées de blanc sur ce bord ; le bec est noir, mais les tarses qui sont noirs ont les doigts jaunes et les ongles bruns.

146. LE RHIPIDURE A QUEUE EN ÉVENTAIL.

(*Rhipidura flabellifera; Muscicapa ventilabrum*, Forster, pl. 155. *Muscicapa flabellifera*, Gm. *Sp.* p. 743, *n°* 67, *Lath.* pl. 49.)

Cet oiseau de la Nouvelle-Zélande diffère suivant les sexes. Le mâle a le dessous du corps roux assez vif; la femelle a cette partie gris roussâtre. Mais, comme les descriptions des auteurs sont assez incomplètes, nous en donnons une diagnose nouvelle.

Dans le *Voyage de la Coquille,* le rhipidure à queue en éventail est mentionné (tom. I, p. 416) sous le nom indigène de *pi-oua-ka-oua-ka* que porte l'espèce à la Baie des Iles.

Le bec de ce rhipidure est court et encadré de soies qui sont aussi longues que lui. Il est noir, excepté à la base qui est jaune en dessous.

Le dessus du corps est gris brunâtre sur la tête et le cou, gris teinté d'olivâtre sur le dos; un sourcil blanc surmonte l'œil, une plaque blanche triangulaire recouvre le menton et la gorge; un assez large collier noir, mal déterminé, part des joues, encadre le blanc du gosier et s'étend sur le thorax en se dégradant.

Les ailes sont brunes avec quelques traces de blanc sur les couvertures moyennes; la queue longue et flabelliforme a le rachis de chaque penne d'un blanc pur; les deux moyennes sont noires et les latérales sont blanches, bordées de noir seulement.

Ce rhipidure est remarquable par la forme tronquée des rémiges secondaires, ce qui donne à l'aile une coupe particulière.

Le mâle, un peu plus grand de taille, a tout le dessous du corps jaune ferrugineux; la femelle, plus petite et à queue moins longue, a le dessus du corps blanchâtre avec une nuance de roux ; les deux pennes moyennes de la queue noires, le rachis compris, et toutes les autres à rachis blanc, avec les barbes brunes, les bords exceptés, qui sont blanc pur.

147. LE TCHITREC SÉNÉGALIEN.

(*Tchitrea Senegalensis*, Lesson. *Ann. sc. nat. IX*, 173. 1838.)

Cet oiseau est long de huit pouces, et la queue n'entre dans ces dimensions que pour quatre pouces ; son bec est assez large, long de huit lignes, et garni de soies qui vont jusqu'aux deux extrémités de sa longueur.

Voisin du tchitrec de Bourbon (enl. 573, f. 1), dont il rappelle les formes, il n'a pas non plus de huppe sur l'occiput ; la tête est donc uniformément, ainsi que le cou en dessus jusqu'au manteau, et sur toutes les parties inférieures à partir du menton jusqu'au ventre, d'un riche bleu-noir d'acier luisant, à reflets comme verts ; le bas-ventre est brun-bleu mat, et les couvertures inférieures de la queue sont, ainsi que tout le dessus du corps, la moitié des ailes et toutes les rectrices, d'un riche marron pourpré ; les rémiges primaires sont noires, les secondaires d'un noir profond que relève sur le bord de chacune d'elles, une large bordure gris-de-perle ; les petites couvertures sont mélangées de blanc et de noir ; la queue est médiocre et formée de rectrices légèrement étagées, dilatées à leur sommet qui est ovalaire, à taches luisantes marron comme les barbes ; le bec et les tarses sont noirs.

Cette espèce est assez commune sur les rives du fleuve Sénégal, et aussi sur les bords des autres rivières de la côte occidentale d'Afrique.

Il diffère suffisamment du gobe-mouche huppé du Sénégal ou *muscicapa cristata* de Gmelin, qui a la tête huppée, le marron du dos s'étendant jusqu'à l'occiput, et le noir bleu bronzé du cou s'arrêtant au thorax.

148. LE TCHITREC DE LA CASAMANSE.

(*Tchitrea Casamansæ*, Lesson, 1838. *Musc. rufiventer*, Sw. West. t. I, p.53, pl. 4.)

Ce gracieux gobe-mouche, dont le corps est assez mince et délié, mesure treize pouces dix lignes de longueur totale, et la queue entre pour dix pouces dans ces dimensions.

La tête est lisse ou sans huppe ; son bec assez large, garni de fortes soies à la base, n'a que sept lignes de longueur. Il est blanc nacré sur un fond noir ; les tarses sont bruns.

La tête et le haut du cou en arrière, les joues et le devant du cou en avant sont d'un bleu chatoyant, et les plumes de forme semi-écailleuse sont disposées en demi-cercle sur le cou et en pointe en avant. Le dessus et le dessous du corps sont uniformément d'un riche marron pourpré.

Les ailes ont toutes les rémiges primaires d'un noir profond ; les rémiges secondaires sont noires frangées d'un fin liseré blanc ; les autres rémiges secondaires sont bordées de marron ; un large espace blanc de neige fait miroir sur le milieu de l'aile, ce qui est dû à la coloration blanche des petites couvertures ; les grandes couvertures, au contraire, sont du même marron que le corps.

La queue est fort longue, formée de quatre très-longues rectrices moyennes, rubannées assez larges, et de six courtes et étagées entre elles ; toutes les rectrices sont d'une belle nuance cannelle, ainsi que leur rachis qui est luisant.

Cet oiseau se tient dans les mangliers, sur les bords de la rivière de Casamanse, sur la côte d'Afrique, dans la Séné-

gambie : les créoles lui donnent le nom de Veuve des Man-
gles. Il diffère suffisamment du tchitrec-bé roux, *muscicapa
castanea* de Kuhl.

149. LE TCHITREC PRÉCIEUX.

(*Tchitrea pretiosa*, Lesson.)

Cet oiseau habite l'île de Mayotte et se trouve à Nossi-
bé. Sa tête n'a pas de huppe, mais elle est bleu-noir, ainsi
que le cou ; le plumage est blanc, varié de gris et de noir
par lignes ; les pennes alaires sont noires, bordées finement
de blanc ; la queue a ses rectrices latérales noires, œillées
de blanc, et les plus internes sont bordées de blanc ; les deux
longues pennes moyennes sont blanc pur avec deux liserés
d'un beau noir, l'un sur le bord, l'autre au milieu ; le bec
et les tarses sont noirs ; le blanc du ventre et du thorax est
lavé de gris soyeux ; de longues soies noires occupent la
commissure du bec.

150. LE TURDAMPELIS FAUVE PIE-GRIÈCHE.

(*Turdampelis lanioides*, Lesson.)

L'oiseau qui sert de type à notre nouveau genre est remarquable en ce qu'il a des caractères qui le rapprochent
des merles, des piauhaus et des pies-grièches. Notre description repose sur deux individus bien complets, provenant l'un et l'autre du Brésil. Nous le croyons distinct de
notre genre *laniocera*, que M. Hartlaub regarde comme identique avec les *lathria* (Sw.), ou *lipangus* (Boié).

Le cotingatourde a presque tous les caractères de notre
genre tijuca (*chrysopteryx* de Swainson), près duquel on
devra le placer. Il devra recevoir l'espèce nommée *cotinga
cendré* par Levaillant, et l'oiseau que nous décrivons ressemble même beaucoup au cotinga cendré, tel qu'il est

figuré à la planche 44 des oiseaux d'Amérique de Levaillant. Toutefois, notre espèce est distincte et ne permet pas qu'on la réunisse aux cotingas. C'est un oiseau de transition, qui joint au bec d'une pie-grièche et d'un cotinga le plumage de certains merles, et les tarses faibles et grèles des piauhaus.

Placé près du genre tijuca, le genre *turdampelis* a pour caractères : bec plus court que la tête, large à sa base, à arête vive en dessus, à pointe dentée et crochue ; mandibule inférieure très-aiguë au sommet ; narines basales, creusées dans une fosse profonde, revêtues de plumes, mélangées de soies noires et raides, allant jusqu'à la commissure ; ailes courtes, ne dépassant pas le croupion, à première penne, moins longue que les deuxième, troisième, quatrième et cinquième qui sont égales et les plus longues ; queue alongée, égale, formée de rectrices larges ; tarses courts, grèles, faibles, emplumés jusqu'au dessous de l'articulation. Le reste comme chez les passereaux de la même famille.

Ce genre, exclusivement américain, comprend le cotinga cendré, qui sera le *turdampelis cinereus*, et l'espèce nouvelle que nous nommons *turdampelis rufococcyx*, Lesson ; la première espèce de la Guyane, la seconde du Brésil.

L'oiseau qui nous occupe, le turdampelis à coccix roux, mesure vingt-neuf centimètres de longueur totale. Tout le plumage sur le corps est brunâtre, ardoisé sur la tête, brunàtre roux sur le dos, les ailes, le croupion, tirant au roussâtre sur la queue ; une sorte d'écharpe rousse traverse l'aile ; les rémiges sont noires, mais un léger liseré roux les borde.

Le gosier est bleuâtre, ou de nuance ardoisée, puis un brunâtre roux règne sans partage sur le bas du cou, la poi-

trine et le ventre ; le bas-ventre et les couvertures inférieures sont d'un roux assez vif.

Le dedans des ailes tire au gris glacé très-luisant, c'est
aussi la nuance du dessous de la queue ; les rachis de celle-
ci, noir velouté en dessus, sont gris satiné en dessous ; les
tarses sont bleuâtres et le bec est noir, excepté à la base de
la mandibule inférieure qui est jaune.

J'ignore le district du Brésil où vit plus particulièrement
cet oiseau, dont les analogies avec le cotinga gris sont des
plus grandes. Serait-ce l'individu femelle d'une espèce riche
en couleurs et encore inconnue ?

151. LES IODOPLEURES.

(*Iodopleura*, Lesson. *Euphone*, Sund.)

Ils ont le bec court, bombé, triangulaire, fortement échancré, et à pointe mousse ; les mandibules arrondies en dessus et en dessous ; le bec peu ou point comprimé vers son
extrémité ; les narines recouvertes par une membrane et
en partie cachées par les plumes du front ; les ailes à première rémige plus courte que la deuxième ; celle-ci, les
troisième, quatrième et cinquième égales et les plus longues ; la queue presque rectiligne, courte, composée de
douze rectrices égales ; les tarses grêles, alongés, scutellés,
et terminés par des doigts courts et faibles, à ongles longs ;
les plumes sont décomposées et à facettes comme celles des
oiseaux-mouches et des colibris dont elles n'ont point les
teintes métallisées. Ces oiseaux ont deux touffes de plumes
violettes métallisées sur les flancs. Ils habitent exclusivement l'Amérique chaude.

1º L'IODOPLEURE MANAKIN (*Iodopleura pipra*, Less.).

Mâle. Bec et tarses noirs, le premier seulement blanchâtre en dessous de la mandibule inférieure ; tête, dessus

du cou et dos jusqu'au croupion, d'un gris brunâtre cendré ; ailes et queue brunes avec une teinte roussâtre ; gorge et devant du cou de couleur de rouille, et plumes du thorax, des flancs et de l'abdomen brunes rayées de blanchâtre ; plumes de la région anale et couvertures inférieures de la queue rousses. Sundeval a nommé cet oiseau *euphone aurora.*

Femelle. Tête noire en dessus, plumage brun fuligineux sur le dos, les ailes et la queue ; passant au gris sur le cou et le croupion ; gorge et devant du cou, région anale et couvertures inférieures de la queue gris vineux ; côtés du cou gris ardoisé ; thorax, ventre et flancs maillés de brun et de blanc pur ; pas de faisceaux des flancs violet ; bec et tarses bruns. Cet oiseau habite le Brésil.

2º L'Iodopleure brun (*Iodopleura fusca*, Less.).

Plumage brun foncé, nuancé de roux sur les parties supérieures ; croupion blanc ; ailes, queue brunes ; ventre brun clair mélangé de blanc ; une touffe de plumes violettes sur chaque flanc ; bec et pieds noirâtres. Longueur, quatre pouces deux lignes. Cet oiseau habite la Guyane. C'est l'*ampelis fusca* de Vieillot, et le *pipra Laplacei* de MM. Eydoux et Gervais (*Fav.*, pl. 68).

3º L'Iodopleure a gouttelettes (*Iodopleura guttata*, Less.).

Sinciput brun ardoisé ; dos et ailes brunâtres ; croupion blanc ; tour de l'œil taché en avant du front ; une tache oblongue derrière les oreilles, un trait à la base de la mandibule inférieure et devant du cou blancs ; thorax, flancs et ventre grisâtres avec des croissants bruns ; une large touffe oblongue violette sur chaque flanc ; bec, tarses et queue bruns.

152. LES ANAIS.

(*Anaïs*, Lesson. *Rev. zool.* 1840, p. 210.)

Les oiseaux de ce genre sont caractérisés par un bec court, déprimé, élargi, arrondi et sans arête marquée sur la mandibule supérieure, entamant les plumes du front qui sont soyeuses, finissant en pointe recourbée, légèrement dentelée ; mandibule inférieure arrondie en dessous, déprimée ; commissure de la bouche garnie de soies longues et molles ; narines petites, percées en avant des plumes du front et recouvertes de soies fines et nombreuses bordant le front ; menton garni de soies ; ailes atteignant le milieu de la queue sub-aiguës, à première, deuxième et troisième rémiges étagées légèrement ; les quatrième et cinquième égales et les plus longues ; queue moyenne, carrée, à rectrices égales, rigides ; tarses médiocres, à doigt interne court, soudé au médian, à ongle du pouce le plus fort, tous recourbés et crochus ; plumage très-épais, très-fourni et excessivement soyeux.

L'ANAïs DE CLÉMENCE a le bec blanc nacré en dessus, noir à la pointe ; tarses noirs ; plumage généralement d'un noir profond lustré et soyeux ; ailes et queue noires, mais les rémiges traversées à leur bord interne par une large bande neigeuse qui au repos ne paraît pas.

La femelle se distingue du mâle, seulement par une plaque ferrugineuse occupant le devant du cou et traversée par quatre à cinq raies noires longitudinales. Longueur totale (6 pouces et demi), 0, m. dix-sept centimètres.

Cet oiseau provient de la grande île de Bornéo.

153. LA PIE-GRIÈCHE DES ILES GAMBIER.

(Lanius Gambieranus, Lesson.)

Cette pie-grièche est fort voisine du *lanius tabuensis* de Latham. Comme elle, on la trouve dans la Mer du Sud, et c'est aux îles Gambier qu'elle vit.

Cette espèce a les formes courtes et trapues. Elle mesure quatorze centimètres ; ses ailes sont presqu'aussi longues que la queue ; son bec est peu crochu, bien que denté ; il est noirâtre ainsi que les tarses ; tout le plumage en dessus, les ailes et la queue sont d'un brun olivâtre uniforme ; le devant du cou, à partir du menton jusqu'au haut de la poitrine, est olivâtre foncé; tout le dessous du corps, depuis le haut du thorax jusqu'aux couvertures inférieures, est du jaune le plus vif et le plus égal ; les plumes tibiales sont brunes, mais cerclées d'une sorte de jarretière jaune à l'articulation ; le dedans des ailes est varié de jaune et de blanc, ce qui forme un rebord étroit blanc au-dessous du fouet de l'aile ; la queue est légèrement échancrée, et le sommet des rectrices présente un point jaune.

154. LA PIE-GRIÈCHE PERLÉE.

(Lanius margaritaccus, Lesson.)

Cette pie-grièche ressemble singulièrement aux *collurio Hardwickii* et *erythronotus* de Vigors, Proceed., 1839-42. Peut-être même devra-t-elle être confondue avec la première, dont elle a la taille (sept pouces anglais) ; le front, jusqu'au milieu de la tête, recouvert par une plaque noire veloutée qui descend sur les yeux et sur les côtés du cou par deux prolongements; le sinciput est blanc gris de perle, et le derrière du cou, et le bas du dos sont d'un gris de cendres de nuance douce ; le croupion et les couvertures de la queue sont du même gris-de-perle que le sinciput ; le milieu du dos est marron luisant ; la gorge et le devant du cou sont d'un blanc satiné ; les côtés du cou, le thorax, le ventre et les flancs sont rouille, passant au marron sur les flancs ; les ailes sont noires, mais, comme les pennes sont blanches en dedans et à leur base, il en résulte un petit miroir blanc, plus apparent quand l'aile est ouverte ; la queue a ses quatre pennes moyennes noires ; mais les latérales sont blanches et largement barrées de noir vers leur extrémité ; les deux plus externes sont complètement blanches ; le bec est noir et les tarses sont bruns.

Cet oiseau provient des Indes-Orientales.

155. LE MALACONOTE SEMBLABLE.

(*Malaconotus similis*, Smith, *Ill.* pl. 46.)

Nous avions nommé *malaconotus affinis* cet oiseau que Smith avait précédemment figuré et qui a les plus grands rapports avec le *malaconotus aurantiopectus* de notre *Traité d'Ornithologie* (1829), décrit et figuré en 1837 par Swainson, sous le nom de *malaconotus chrysogaster* (W. A, Birds, t. 1, pl. 25).

Mais, cependant, il y a des différences assez grandes pour les séparer comme espèces. Bien que de même taille, ayant le même aspect et la même coloration générale, ce sont deux espèces représentant en miniature le *blanchot* à corps jaune et le *blanchot* à poitrine orangée. Or, notre malaconote à poitrine orangée est de la Sénégambie et le *similis* est du Cap de Bonne-Espérance. Ces deux oiseaux sont un nouvel exemple de l'analogie des espèces qui vivent sur ces deux points de l'Afrique, tout en conservant une spécialité de création.

Le similis a donc la taille de l'*aurantiopectus*, c'est-à-dire, dix-huit centimètres de longueur totale. Son bec et ses tarses sont noirs ; un gris tendre colore la tête, les joues, les côtés et le dessous du cou, et le haut du dos ; les ailes, le dos, le croupion sont vert-olive franc ; deux petits traits blanc sale marquent les côtés du front et le gosier ; un riche jaune d'or teint toutes les parties inférieures, ce jaune est nuancé d'orangé sur le bas du cou et le devant du thorax ; les rectrices, olive en dessus et terminées par un rebord jaune, sont franchement jaunes en dessous ; les ailes olives ont quelques franges jaunes sur leurs rectrices ; les rémiges sont brunes, mais frangées de jaune sur leur bord externe.

Dans l'espèce du Sénégal, le front est jaune et la queue est barrée de noir. Dans le similis, le front est blanchâtre et la queue est unicolore.

156. LE CAROUGE COIFFÉ.

(*Xanthornus cucullatus*, Sw., n° 64.)

Cet oiseau ressemble à s'y méprendre à l'*icterus mentalis* de la pl. 41 de notre *Centurie zoologique* ; seulement son bec est un peu infléchi, la plaque noire de la gorge a plus d'étendue, la queue est légèrement étagée, et les épaules son noires, tandis que l'*icterus mentalis* les a jaunes ; enfin les bordures blanches des rémiges n'existent pas, et sont remplacées par des liserés jaune-blanc.

Ce carouge vit au Mexique. Il mesure vingt centimètres. Son bec est noir, ses tarses sont plombés, un noir profond et velouté traverse le front et le devant des yeux, et descend sur le devant du cou jusqu'au thorax ; le milieu du dos, les ailes et la queue sont de ce même noir ; la tête, le dessus du cou, le croupion et tout le dessous du corps sont d'un riche jaune d'or, nuancé d'orangé fort vif, sur la tête, le thorax et les couvertures supérieures de la queue.

Les ailes sont noires, mais une bande blanche assez large occupe la partie supérieure au-dessous de l'épaule qui est noire; un trait blanc transversal, assez étroit, sert de bordure aux couvertures moyennes; les rémiges sont finement liserées d'un trait jaune qui passe au blanc vers l'extrêmité de la penne.

157. LE CAROUGE JAUNE ET NOIR.

(*Xanthornus chrysater*, Lesson.)

Ce carouge ressemble singulièrement à celui que nous avons figuré à la pl. **22** de notre *Centurie zoologique*. Les différences spécifiques tiennent surtout à des nuances de détails.

Comme l'atrogulaire, notre espèce vit au Mexique, et appartient à la même tribu que le *gularis* de Wagler.

Son bec est conique, très-aigu, noir, mais à lamelles nacrées à la base de la mandibule inférieure; deux seules couleurs teignent son plumage, du noir intense et du jaune d'or; tout le dessus du corps et le dessous est jaune; ce jaune prend sur le cou, à la nuque, sur le thorax, une nuance mordorée; le dessus de la tête est jaune assez clair.

Un masque noir encadre la face, surmonte les sourcils et le front, et descend sur le devant et les côtés du cou jusqu'au haut du thorax; les ailes ont leurs épaules jaunes, mais elles sont d'un noir mat dans tout le reste de leur étendue sans exception; les petites couvertures, qui sont noires, avancent parfois sur le dos en demi-ceinture; les ailes sont jaunes en dedans; la queue, légèrement étagée, est complètement noire.

Cette espèce diffère donc du *xanthornus atrogularis* par l'u-

niformité de la couleur noire des ailes, tandis qu'il y a du
jaune sur ces parties dans l'*atrogularis* ; de plus, le dos est
noir chez ce dernier, et jaune dans notre espèce ; le masque
noir est enfin plus développé sur notre espèce, que sur
l'ancienne. Cet oiseau a vingt-deux centimètres de longueur.

158. LE CAROUGE DE LA CALIFORNIE.

(*Pendulinus Californicus*, Lesson; *Rev. zool.*, 1844, p. 436) (1.)

Le genre *Pendulinus* de Vieillot mérite d'être conservé.
Les oiseaux de ce groupe ont leur bec très-pointu et courbé
en arc ; la queue est longue, disposée en éventail et à pennes étagées ; les ailes ont leur première penne plus courte
que les deuxième, troisième, quatrième et cinquième qui
sont presqu'égales.

Le carouge penduline de la Californie est un oiseau fort
remarquable par sa vive coloration ; il mesure dix-neuf cent.
de longueur totale ; la masse de son plumage, sur le corps,
est un jaune intense et tirant au sordide, tant la nuance
est foncée, sans passer à l'orangé ; un rebord noir part des
narines et se recourbe sur le gosier en formant une plaque
d'un noir profond : le milieu du dos est traversé par une
large écharpe noire ; mais, comme chaque plume est bordée
d'une frange grise jaunâtre, il en résulte que cette partie
est émaillée ; la queue étagée est d'un noir luisant en dessus, mais les rectrices sont brunes en dessous et terminées
à leur rebord par un triangle blanchâtre ; les ailes, couvertures, tectrices moyennes et rémiges, sont noires, mais
toutes les plumes de ces parties sont plus ou moins frangées

(1) P. Corpore luteo; fronte et jugulo aterrimis, dorso brunneo; plumis
olivaceo limbatis ; caudâ nigrâ, lineâ albâ infrà terminatâ ; alarum plumis
nigris, niveo marginatis. Rostro lamellâ nacreâ tecto.

de blanc de neige; le dedans des ailes est jaune serin; une plaque large et blanc pur traverse le moignon de l'épaule; le bec est fortement recourbé, très-acéré, et recouvert d'une lamelle nacrée; les tarses sont bruns.

Cet oiseau habite la Californie; il est bien distinct de plusieurs des espèces décrites dans ces derniers temps et provenant du Mexique.

Il est dans la collection du docteur Abeillé.

159. LE MALIMBE A OREILLES NOIRES.

(Sycobius melanotis, Lesson. *Ploceus melanotis,* Lafresn. *Mag. de zool.* 1839, pl. 7.)

On ne peut se dispenser de séparer des *ploceus* des oiseaux africains ayant un bec de moineau longicône, une coloration vive et brillante, ayant le plus souvent du rouge, et dont la queue est plus alongée que celle des tisserins ordinaires, en même temps que le corps est plus svelte; souvent enfin la tête est huppée : les *sycobius* de Vieillot ont aussi été nommés *malimbus* par lui, *eupodes* par Jardine et Selby, et *simplectes* par Swainson. Les espèces types sont : le malimbe huppé (*ois. chant.,* pl. 42 et 43), l'orangé (pl. 44), et le m. à gorge noire (pl. 45). Certainement l'olivarez de Vieillot (pl. 30), et le fringile huppé (pl. 29), pourraient appartenir à ce petit groupe.

Mais le *sycobius melanotis* a été décrit il y a peu d'années et figuré par M. de La Fresnaye. C'est un oiseau à bec et tarses jaunes; à tête, nuque, haut du cou rouge de feu; un masque marron noir, formant rebord sur le front et sur le gosier, s'élargit sur les joues et sur les oreilles; tout le devant du cou et du thorax est rouge sanguinolent, teinte qui s'affaiblit et se mêle au blanchâtre du ventre; le bas-ventre et les flancs sont blanchâtres; le dos, les ailes, la queue sont gris-roux pourpré et brunâtre ; les rémiges sont bordées finement au rebord de rouge de feu ; la queue a aussi quelques pennes bordées de rouge. Cet oiseau provient de la Gambie. M. de La Fresnaye l'indique comme étant du Sénégal.

160. LA PASSERINE ORNÉE.

(*Passerina ornata*, Lesson.)

Ce gracieux moineau du Brésil appartient à la tribu des vraies passerines de Vieillot, que caractérisent un bec longicône assez effilé, légèrement arqué en dessus, comprimé sur les côtés ; des ailes courtes et concaves, dépassant à peine le croupion ; à queue alongée, légèrement échancrée ; des formes un peu sveltes, taille du friquet.

La passerine ornée du Brésil a le sommet de la tête couvert de plumes rouge de feu, formant une sorte de huppe par leur alongement sur l'occiput ; cette plaque rouge est encadrée d'un rebord noir intense qui traverse le front et s'étend sur les tempes ; tout le plumage sur le corps est cendré-gris, plus foncé sur les ailes et sur la queue ; tout le dessous du corps est cendré très-clair, passant au blanc sur le ventre et sur les couvertures inférieures ; le bec est noir en dessus, corne en dessous ; les tarses sont brunâtres.

Cet oiseau porte divers noms dans les auteurs : c'est le *Fringilla pileata* de Wied ; le *Tachyphonus fringilloides* de Swainson et le *Tanagra cristatella* de Spix. Or, si le nom de Spix est le plus ancien, il devra avoir la priorité.

161. LE VENTURON DU CAP.

(*Citrinella Capensis*, Lesson.)

L'espèce que nous décrivons appartient au petit genre *citrinella*, qui n'avait eu jusqu'à présent que le venturon, et elle tient autant des *citrinella* que des *serinus*, et surtout du *serinus citrinelloides* de Ruppell (pl. 34).

Cet oiseau a le bec et les tarses rougeâtres; le plumage vert olivâtre sur la tête, brun-roux sur le dos et les couvertures des ailes, jaune-vert sur le croupion, et jaune verdâtre sur le gosier, le cou, le thorax et le ventre; les couvertures inférieures sont grises; les ailes sont brun-roux, les rémiges exceptées qui sont noires; toutes les pennes sont terminées par une tache oblongue blanche; la queue est égale, composée de rectrices noires, terminées par un rebord blanc, pur au sommet, rebord plus grand sur les pennes latérales; la queue est claire en dessous.

Cet oiseau provient du Cap de Bonne-Espérance.

162. LE TIARIS ENSANGLANTÉ.

(*Tiaris cruentus*, Lesson, *Rev. zool.*, 1844, p. 435.)

Les tiaris sont des petits passereaux fort voisins des chardonnerets et qui jusqu'à ce jour n'avaient que deux espèces : le *fringilla ornata* de Wied, et le *tiaris pusillus* de Swainson. Celle-ci sera la troisième, et provient également de l'Amérique méridionale (1).

Le tiaris mâle a le dessus du corps d'un noir assez intense; mais ce noir, très-luisant sur la tête et sur le dos, s'affaiblit sur le croupion où chaque plume est cerclée de gris. Une tache triangulaire d'un rouge de feu recouvre le sinciput.

Tout le dessous du corps est rouge; mais la nuance varie

---

(1) *Mas :* Corpore suprà aterrimo; cristâ occipitali fulgidâ; collo antici, thorace, igneis; abdomine, lateribusque aurantiacis. Rostro et pedibus plumbeis caudâ; et alis nigris.

Fœmina : Corpore olivaceo suprà, luteo ochraceo infrà : caudâ, alisque brunneis.

en intensité suivant les parties : ainsi c'est un rouge de sang sur le devant du cou et le thorax, et un rouge pâle tirant à l'orangé sur le ventre et sur les flancs ; les couvertures inférieures sont de ce même rouge ; la queue légèrement arrondie est noir-bleu ; les ailes sont aussi de cette dernière nuance, mais toutes les pennes sont en dedans et à leur base d'un blanc pur ; les tarses sont plombés. La taille de cet oiseau est celle du chardonneret d'Europe.

La femelle est complètement gris olivâtre sur le corps, d'un jaune rouille sur les parties inférieures, jaune tirant un peu à l'orangé sur le gosier et sur le thorax. Les flancs sont grisâtres ; les couvertures inférieures jaune-rouille ; les pennes des ailes sont brunes, finement frangées d'olive ; il en est de même de celles de la queue : un trait jaune coupe l'aile au sommet des couvertures moyennes.

Ce tiaris a le bec alongé, pointu, conique : il se rapproche des conirostres sous ce rapport. Il est brun en dessus, nacré en dessous ; les ailes dépassent peu le croupion ; elles ont les troisième et quatrième pennes égales et les plus longues.

Cette espèce d'oiseau habite les provinces baignées par l'Océan Pacifique et notamment celle de Guayaquil.

163. LE CALLYRHYNQUE PÉRUVIEN.

(*Callyrhynchus*, Lesson. *Rev. zool.*, 1842, p. 209.)

Bec gros, très-haut, convexe, recourbé, très-comprimé sur les côtés ; mandibule supérieure fortement recourbée, étroite, pointue, à bord taillé en demi-cercle ; arête du bec convexe, entamant les plumes du front, bordé de chaque côté d'un sillon d'où la lame cornée latérale s'élève pour se renfler ; narines rondes, nues, percées sur le rebord des plumes frontales, couvertes de quelques soies ; mandibule inférieure très-comprimée sur les côtés, renflée au milieu et en dessous, taillée en demi-segments et aiguë à la pointe ; ailes médiocres à première, deuxième, troisième et quatrième pennes égales et les plus longues ; queue moyenne, subégale ; tarses courts, faibles, armés d'ongles peu robustes ; doigt du milieu de la longueur du tarse.

CALLYRHYNCHUS PERUVIANUS, Lesson. *Rev. zool.*, 1842, p. 209, et *Écho du Monde savant*, mai 1843, p. 850 (1).

Aucun auteur, que je sache, n'a mentionné ce curieux oiseau, qui a le port et la forme d'un bouvreuil, la livrée sale et grisâtre d'un moineau femelle et le bec sillonné sur les côtés de la mandibule supérieure comme le présente le *Crotophaga sulcirostris* de Swainson, ou notre ani de Las-Casas. Le callyrhynque péruvien a au plus sept centimètres soixante millimètres ; les ailes dépassent peu le croupion, elles ont leurs pennes primaires presque égales, et la deuxième un peu plus longue que les première et troisième ; la queue est médiocre, légèrement échancrée ; les tarses sont moyens et analogues à ceux des bouvreuils ; le bec seul est remarquable par le renflement de son arête qui entame légèrement les plumes du front ; il est très-comprimé sur les côtés et fort élevé ; des sillons occupent les parois latérales de la mandibule supérieure au-dessous des narines.

Le corps de cet oiseau singulier est d'un brun olivâtre uniforme ; les ailes et la queue sont d'un gris brunâtre, affaibli par les franges olivâtres des bords de chaque plume ; les joues sont nuancées de roux ferrugineux ; un collier roussâtre marque le devant du cou et sépare le grisâtre

(1) Rostro et pedibus brunneis; capite, dorso brunneo-rufis; alis rectricibusque brunneis genis; rufulis; gulá rufo-albidá; collo antici rufo; thorace, abdomine albidis, lateralibus griseis; caudá rufo-brunneá. Remigibus brunneis griseo marginatis. *Long.* 0,11 *cent.*

clair du gosier et de la gorge ; le ventre, les flancs et le bas-ventre sont blanchâtres avec une nuance légèrement jau-nâtre ; les tarses sont gris bleuâtre clair et le bec est de couleur de corne.

Cet oiseau a été tué sur des petits buissons aux alentours de Callao et non loin de Lima, par M. Adolphe Lesson, médecin en chef des îles Marquises.

Le seul individu connu de ce genre a été donné par moi à M. Selys de Longchamp, célèbre naturaliste belge.

164. LE BOUVREUIL BLANC ET NOIR.

(Pyrrhula leucomelas, Lesson.)

Ce bouvreuil a quelques rapports avec le *pyrrhula mysia* de Vieillot (*Ois. ch.*, pl. 46). Il ne paraît pas figurer parmi les vingt-deux espèces connues qui vivent dans l'Amérique. Mais il a été décrit récemment par M. de La Fresnaie sous le nom de *spermophila luctuosa*. Il a aussi quelques rapports avec le *Pyrrhula minuta* du Paraguay et de la Bolivie, mais surtout avec le *p. bicolor* de d'Orbigny.

Ce bouvreuil est de petite taille, long au plus de dix centimètres ; deux seules couleurs se partagent sa livrée : un noir soyeux et intense qui colore toute les parties supé-rieures, les ailes et la queue, mais aussi le cou, le thorax et les flancs ; un blanc pur forme une large écharpe longitu-dinale sur la poitrine, le ventre et les couvertures infé-rieures de la queue : les plumes tibiales sont noires cerclées de blanc.

Un miroir blanc pur occupe le milieu de l'aile sur la base des rémiges, et tranché sur le noir profond de l'aile.

Le bec est de couleur cornée ; les tarses sont noirs.

165. LE PSITTACIN ICTEROCÉPHALE.

(Psittacirostra psittacea, Auct.)

Ayant à examiner deux individus, mâle et femelle, de la seule espèce du genre *psittacin*, tués aux îles Sandwich, par mon frère, M. Adolphe Lesson, chirurgien en chef des îles Marquises, j'ai voulu me rendre compte de la vraie place que doit occuper le *psittacin icterocéphale* dans la série naturelle des genres.

Cook le premier a mentionné cet oiseau sous le nom de perroquet (3e *voy.*), et Latham l'a décrit sous celui de *loxia psittacea.* Voici sa phrase diagnostique : *olivacea fusca, capite colloque flavis ; mandibula superior adunca, inferior subtruncata. 7 poll. longa. Fœm. caput et collum corpori concolor, pauco griseo varium. Hab. insulæ sandwicenses.* Latham en a aussi donné une figure, pl. 42 de son *Synopsis.*

Or, pour Latham, le *psittacin* est un *loxia* voisin des becs-croisés, et pour Vieillot un dur-bec ou *strobiliphaga.* On trouve, en effet, dans l'*Encyclopédie* (p. 1021), le psittacin décrit sous le nom de *strobiliphaga psittacea,* et à la pl. 144, f. 3, une médiocre figure sous le nom de *bec-de-perroquet.*

En 1830, Temminck proposa le genre *psittacirostra* qu'il décrivit dans son analyse d'un système général d'ornithologie, en le classant dans son ordre iv des granivores, entre les genres *loxia* et *pyrrhula.* Il admettait deux espèces, et la seconde était créée aux dépens de l'individu femelle, dont la coloration s'éloigne assez de celle du mâle.

Dans le texte de la planche coloriée n° 457, M. Temminck donne une bonne figure de l'individu mâle, et décrit dans le texte *les deux sexes.*

Dans mon *Traité d'Ornithologie,* le genre *psittacirostra* est placé après le genre *corythus* de Cuvier, ou *strobiliphaga* de Vieillot, et avant les *colious*.

Gray maintient, dans son livre *The list of the genera*, ce même genre dans la sous-famille des *oryx*, entre les *loxia* ou becs-croisés et les *paradoxornis* de Gould.

Nitzsch paraît avoir donné à ce genre le nom de *psittacopis*, avant 1830.

De tout ceci, il résulte que les auteurs cités ont tous été frappés de la ressemblance de forme du bec des psittacirostres avec celle de certaines petites tribus de perroquets.

Par son bec, en effet, le psittacin est plutôt en apparence un perroquet qu'un oiseau de la grande famille des moineaux ; par ses ailes, sa queue et ses tarses, il se rapproche des durs-becs ; par sa nourriture, qui consiste en fruits butyreux et en baies succulentes, il s'éloigne de ces derniers. Par la coloration de son plumage avec des différences de livrée dans les deux sexes, il tient des *corythus* et des *pyrrhula*.

Son bec a la forme de celui des *corythus;* mais, il a, comme le bec des perroquets du groupe des *vinis* (Lesson, 1830) ou *coryphilus* (Gould, 1837), les narines nues et percées dans une membrane, la voûte du demi-bec supérieur convexe, le bord entier, la pointe crochue, la mandibule inférieure voûtée et bombée, et l'écartement des branches nu sur le pourtour. La substance cornée est peu résistante et s'éloigne de celle des durs-becs.

Les ailes dépassent le croupion ; leurs rémiges sont espacées de manière que la troisième dépasse la deuxième et la première ; cette forme est celle de l'aile des petits perroquets, mais, chez ceux-ci, c'est la deuxième rémige qui est la plus longue. Le psittacin a donc l'aile d'un dur-bec. Dans les phytotomes et quelques autres genres, la première rémige est brève ; la queue fort courte, échancrée, a douze pennes très-molles ; c'est la queue d'un bouvreuil et des genres cocothraustes, pitylus et corythus, mais avec moins de longueur.

Les tarses à scutelles minces et larges, plus longs que le doigt du milieu, ont le pouce robuste et les trois doigts antérieurs grèles. Ces tarses sont absolument ceux des durs-becs, des loxies et des bouvreuils. Les ongles recourbés, comprimés et creusés en dessous, sont ceux des pityles et autres fringillacées.

Les plumes, par la nature de leur coloration, se rapprochent plus du système de plumage des *corythus*, que de toute autre tribu. Les deux sexes dans les durs-becs ont, en effet, une coloration différente, et la femelle a le plumage vert quand celui du mâle est rouge.

De cet examen comparatif, il résulte que le genre *psittacirostra* est un bon genre et qu'il doit être conservé : que la place qu'on lui assigne est bien celle qu'il doit occuper, et que, malgré quelques anomalies, c'est près des durs-becs ou *strobiliphaga* qu'on doit le classer, car il en a tous les caractères généraux, bien qu'il ait aussi beaucoup d'analogie avec certains bouvreuils. On doit donc le distraire des *loxiidæ* de Gray, et le reporter dans la tribu des *pyrrhulæ*, entre les genres *corythus* (Cuvier), et *callyrhynchus* (Lesson), ou plutôt à en faire le type d'une petite famille à part, qui comprendrait les durs-becs et les callyrhynques.

166. LE DONACOLE A THORAX MARRON.

(*Donacola castaneo-thorax*, Gould, pl. 12. *Webongia albiventer*, Lesson.)

La Nouvelle-Hollande nourrit plusieurs espèces de ce genre de moineaux (treize espèces), toutes remarquables par l'élégante coloration de leur plumage. Cette espèce

curieuse a le bec blanc, les tarses bruns ; la tête et le
dessus du cou sont d'un gris strié de gris plus foncé ; un
plastron noir naît aux narines, descend sur les joues, jusqu'au milieu du cou ; toute la poitrine est garnie par une
très-large bande de couleur de buffle qu'encadre une
écharpe noire; le ventre est d'un blanc pur, et sur les flancs
sont des stries ou rayures alternativement brunes et blanches ; les tectrices inférieures de la queue sont d'un noir
très-intense ; le manteau, le dos est d'un roux-cannelle
qui s'étend sur les couvertures des ailes et sur les rémiges
qui sont d'un brun clair lavé de roux ; un jaune soyeux
colore les plumes du croupion et les tectrices supérieures ;
les rectrices sont brun très-clair, mais les deux moyennes
légèrement pointues sont lavées de jaune. Cet oiseau provient de la Nouvelle-Hollande. Sa taille est celle de ses
congénères.

167. LE MOINEAU AUX AILES ROUGES.

(*Pytelia phœnicoptera*, Sw. W. Af. pl. 16. *Estrelda erypthropteron*, Lesson.)

Ce sénégali ressemble beaucoup au bengali gris-bleu
figuré pl. 8 des *oiseaux-chanteurs* de Vieillot. Il a le bec
brun, les tarses jaunes ; tout le dessus du corps et le cou
sont d'un gris de souris uniforme ; le ventre, les flancs et
les couvertures inférieures de la queue sont régulièrement
rayés de bandelettes grises et blanchâtres ; les ailes sont
grises, mais du rouge de sang colore les tectrices et les
barbes externes des pennes moyennes ; les rectrices sont
noires, mais le rouge de feu du bas du dos, du croupion
et des tectrices supérieures, descend sur les barbes externes
des pennes latérales qu'il colore. Cet oiseau, de même
taille que le bengali gris, provient de la Gambie.

168. LE SALTATOR ATRICOL.

(*Saltator atricollis*, Vieill. *Tanagra jugularis*, Lichst.)

Chaque région de l'Amérique chaude nourrit des salta-
tors voisins les uns des autres, et qui ne diffèrent que par
des nuances des *tanagra magna* et *virescens,* les espèces le
plus anciennement connues.

Cet oiseau, long de vingt centimètres, a le plumage entier
du dessus du corps d'un brun de suie uniforme, passant
au gris-brun sale sur les joues et sur les côtés du cou ; une
cravate noire règne depuis le menton et descend devant le
cou.

Une nuance tannée colore le thorax, mais cette nuance
passe au ferrugineux clair sur le ventre et sur les flancs ;
les couvertures inférieures de la queue sont d'une teinte
rouille ; les ailes et la queue sont brunâtres ; un rebord
blanc marque le fouet de l'aile ; le bec, noirâtre en dessus,
est orangé sur les deux mandibules ; les tarses eux-mêmes
sont jaune-orange ; la queue de cette espèce est assez longue. Le saltator atricol vit au Brésil.

169. LE PITYLE A MASQUE.

(*Pitylus personatus*, Lesson.)

Ce pityle a beaucoup d'analogie avec le flavert de l'enluminure 162, fig. 2. mais il est bien distinct par les modifi-
fications de son masque noir ; celui-ci prend naissance aux
narines, descend en entourant la base du bec sur le gosier
au-devant duquel il forme un hausse-col d'un noir intense ;
le sommet de la tête, depuis le front jusqu'au sinciput, est
d'un jaune d'or éclatant, qui se dégrade et devient olive
sur le cou jusqu'au dos ; toutes les parties inférieures sont

de ce même jaune d'or qui passe à l'olivâtre sur les flancs et sur le bas-ventre ; un vert-jaune ou olive franc colore le dos, les ailes et le dessus de la queue ; les rémiges, olive en dehors, sont brunes sur leurs barbes internes ; leur dedans est d'un jaune brillant ; le bec gros et noir a des lamelles nacrées à la base ; les tarses sont plombés. Cet oiseau vit à Cayenne et au Brésil.

170. LE PHŒNISOME OLIVATRE.

(Phœnisoma olivacca, Lesson.)

Mâle adulte. Il diffère de la femelle par la pointe orangée de son bec qui est noir, puis jaune en dessous sur les parties renflées ; un trait blanc-jaunâtre surmonte chaque œil ; le devant des joues est gris de plomb ; le devant du gosier est blanc encadré de deux traits noirs ; le thorax est lavé de jaune olivâtre avec des mouchetures brunes ; le dessus de la tête et du dos est franchement olivâtre ; le croupion est gris de plomb ; le milieu du ventre est blanchâtre ; les flancs sont gris avec flammèches brun clair ; les pennes caudales sont brun clair ; les rémiges brunes sont frangées de jaune.

Femelle. Elle est commune aux environs du port de Callao, sur la côte du Pérou. Sa longueur totale est de près de huit pouces ; son bec est large, bombé, légèrement dilaté sur les côtés, sans avoir de dent marginale bien apparente ; il est noir luisant, la pointe et le rebord de chaque mandibule exceptée qui sont blancs ; les tarses bruns ; la queue est moyenne, légèrement échancrée ; toute la coloration des parties supérieures du corps est uniformément d'un brun verdâtre, tirant à l'olivâtre sur le dos et les ailes ; celles-ci ont leurs pennes brunes, mais fortement frangées de jaune verdâtre ; les rectrices sont uniformément brunes en dessus, brun très-clair en dessous ; la gorge et le devant du cou sont blancs; une sorte de collier verdâtre se dessine sur le haut de la poitrine ; cette dernière partie, le ventre et les flancs sont blanchâtres, salis par des sortes de flammèches brunâtres peu distinctes. C'est en juin qu'on rencontre plus communément cet oiseau.

171. LE PHŒNISOME JAUNE.

(*Phœnisoma lutea*, Lesson.)

Cet oiseau habite les alentours de Callao au Pérou. Son œil est noir; sa queue moyenne est légèrement échancrée ; son bec est robuste, muni d'une forte dent au milieu de la mandibule supérieure ; il est brun couleur de corne; les ailes et la queue sont d'un brun olivâtre uniforme, frangé sur les bords des pennes de jaune ; un jaune-olive foncé colore toutes les parties supérieures, et un jaune-brun foncé et vif toutes les parties inférieures; les rectrices en dessous sont d'un jaune transparent ; les tarses sont noirs.

172. LE TANGARA A COU BLEU.

(*Tanagra (aglaia) cyanicollis*, d'Orb., pl. 25, f. 1.)

Cette jolie espèce de petite taille a été très-bien figurée par M. d'Orbigny. Elle est remarquable par la suavité des teintes qui colorent sa livrée, variée de bleu céleste, d'aigue-marine, de vert glauque et de noir velours; le bec et les tarses sont noirs.

173. LE TANGARA SOMPTUEUX.

(*Tanagra (saltator) eximia*, Boiss., Rev. zool., 1840, p. 66.)

Ce beau tangara de la Colombie nous paraît appartenir à la tribu des *saltator*. Il est remarquable par les riches couleurs qui teignent son plumage à reflets lustrés et métallisés sur la teinte azur de la tête et du cou, du bas du dos et des épaules; le dos est vert-pré; le devant du cou et le thorax noir velouté, le corps jaune d'or; la queue est noire, mais les ailes sont barrées de vert dans le haut, et les deuxièmes rémiges également bordées de vert; les autres sont noir lustré; sa taille est celle d'une petite grive et ses formes sont robustes.

174. LE TANGARA LABRADOR.

(*Tanagra (aglaïa) Labradorides*, Boiss.)

Jolie petite espèce parfaitement décrite par M. Boisson-neau, et qui vit à la Colombie. Nous ajouterons seulement à sa description la particularité omise par M. Boissonneau, c'est-à-dire que le bas du dos, le croupion et les couver-tures supérieures de la queue sont d'une nuance aigue-marine des plus vives.

175. LE TANGARA DIVIN.

(*Tanagra (aglaïa) diva*, Lesson.)

Nous avons relu les descriptions des nombreuses espè-ces décrites dans ces derniers temps, sans rencontrer d'in-dication qu'on puisse rapporter au joli oiseau que nous nommons *diva*, à moins que ce ne soit l'*aglaïa Vassori* de M. Lafresnaie (*Rev. zool.*, 1840, 4.)

Cet aglaïa n'a que deux couleurs, un bleu d'azur glacé et comme métallisé et du noir velours; tout le corps, une seule partie exceptée, le front, est de ce bleu lustré; un petit ban-deau noir velouté, très-étroit, sépare les plumes du front et va jusqu'aux yeux; les ailes et la queue sont d'un beau noir velouté; seulement les ailes ont une barre bleue due à ce que les pennes moyennes sont frangées d'azur, et les rectrices externes ont elles-mêmes une bordure bleue; le bec et les tarses sont noirs. Cet oiseau mesure au plus douze centimètres. Il provient de la Colombie.

176. LE TANGARA VERT-NOIR.
(*Tanagra (aglaïa) nigroviridis*, Lafresn.)

Ce joli oiseau, d'un genre riche en brillantes espèces, habite la Colombie. M. de La Fresnaye en a donné une bonne figure, bien que l'enluminure ne puisse rendre le soyeux de son plumage et l'éclat doré des gouttelettes vertes, émeraudines et lapis, qui l'émaillent.

177. LE TANGARA DE MONTAGNE.
(*Tanagra montana*, d'Orb.)

Cette riche et belle espèce de tangara se trouve bien figurée dans le *Voyage* de M. d'Orbigny. Toutefois, l'individu placé sous nos yeux diffère de l'espèce type par quelques particularités de coloration dans le manteau, qui est uniformément gros bleu à partir de la calotte noire, par son bec entièrement noir. Ce tangara a le bec fortement denté, la tête d'un noir profond, le dos gros bleu glacé et métallisé, les parties inférieures d'un jaune brillant et les plumes tibiales noires et soyeuses. Le tangara de montagne a la taille d'un merle commun.

178. L'EUPHONE BRILLANT.
(*Euphone œnea*, Sund.)

L'individu décrit sous ce nom m'a fort embarrassé ; par son plumage, son facies, c'est un *euphonia*; par son bec denté, robuste et conique, c'est un *pardalotus* : il est le lien le plus intime qui unisse ces deux genres, il est une nouvelle preuve de certaines analogies qu'il est difficile de préciser. Toutefois es formes, sa coloration et son aspect général en font un *uphonia* du groupe des *t. violacea* et autres espèces voisines, t, comme les premiers, il est de l'Amérique chaude.

Le genre *euphonia* comprend aujourd'hui vingt-deux es-èces, celle-ci sera la vingt-troisième.

L'euphone acier mesure onze centimètres de longueur otale. Son bec et ses tarses sont noirâtres; tout le dessus du corps est bleu-vert métallisé très-luisant, et les plumes sont très-soyeuses au toucher; un bandeau jaune couvre le front; une cravate du même bleu-vert lustré du dos occupe le devant du gosier et du haut du cou, et s'é-tend sur les côtés de la tête et les joues; tout le dessous du corps, y compris les couvertures inférieures de la queue, sont d'un jaune très-foncé et très-vif; les pennes alaires et caudales sont d'un brun mat, mais leur bord externe a des franges jaunes très-fines, et les deux rectrices moyennes sont vertes; les autres pennes sont brunes; l'aile en de-dans est blanche dans le haut.

La queue est courte et les ailes dépassent un peu le crou-pion; le bec est un peu plus robuste que celui des autres euphones; le bandeau jaune du front est finement bordé de noir en dessous, à toucher les narines. Nous avons dé-crit cet euphone, qui provient du Brésil, sous le nom d'*eu-phone pardalotes*. Il est figuré dans le grand ouvrage de Mikan, sous le nom de *tanagra chalybœa*.

179. LE TACHYPHONE ÉLÉGANT.

(*Tachyphonus elegans*, Lesson.)

Au premier aspect on prendrait cet oiseau pour le *tachy-phonus flavinucha* de d'Orbigny (pl. 21, fig. 1); mais, après un examen plus soigneux, on reconnaît évidemment des différences. C'est le *tanagra Victorini* de Lafresnaie, publié en 1842.

Ce tachypone, long de dix-huit centimètres, a le bec noir, les tarses bruns, tout le dessous du corps d'un riche jaune d'or ; la tête, le cou, le haut du manteau sont d'un riche noir velours ; une large plaque jaune d'or naît sur l'occiput, descend sur la ligne médiane du cou et s'épate en demi-cercle sur le bas du cou ; les ailes ont leurs épaules bleu-azur, les pennes noir velours, mais les primaires sont frangées du plus riche azur ; la queue elle-même est noire avec des bordures bleues sur leurs bords externes.

Jusque-là toutes ces nuances sont celles du *t. flavinucha.* Ce qui est propre à notre espèce est le vert-pré du manteau et du dos, passant au vert clair sur le croupion et sur les tectrices supérieures.

Cette coloration des parties supérieures ne peut appartenir à une femelle, et encore moins à un jeune mâle non adulte.

Ce tachyphone vit également dans la Colombie.

180. IRIDOSORNIS A VERTEX ROUX.

(*Iridosornis rufivertex*, Lesson.)

Le type de ce genre bien distinct dans la tribu des tangaras a été décrit par M. Florent Prévost sous le nom d'*arremon rufivertex* (*Zool. de la Vénus* et *Revue zool.*, 1842, p. 335).

Cet oiseau n'a rien des arrémons, ni la coloration du plumage, ni les caractères du bec, des ailes et de la queue. C'est un type net et tranché, voisin des aglaïa et conduisant des tangaras aux pies-grièches. Son bec est même exclusivement celui d'une pie-grièche.

Les caractères de ce petit genre seront : un bec comprimé

sur les côtés, convexe, à mandibule supérieure recourbée, très-crochue à la pointe, marquée d'une dent forte, à bords lisses; la mandibule inférieure très-aiguë au sommet et échancrée sur les côtés, des soies à la commissure; narines entièrement cachées par des plumes frontales retombantes; ailes atteignant le milieu de la queue, à première penne courte, les troisième, quatrième, cinquième et sixième égales et les plus longues; queue médiocre, arrondie, à pennes légèrement acuminées au bout; tarses médiocres, à scutelles peu apparentes; ongles recourbés très-comprimés. Nidification, œufs, mœurs inconnus. Plumage à vive coloration et à reflets métallisés.

L'iridosorne à vertex roux mesure quatorze centimètres. Il a la taille d'un tangara septicolore; son bec est noirâtre et ses tarses brun corné; un noir velours teint le front, les joues et le cou dans son entier; ce noir est coupé par une large plaque mordorée, à éclat vif et lustré, qui règne depuis le rebord noir du front jusqu'au haut du cou; une large ceinture bleue à reflets d'indigo traverse le thorax, et ce bleu s'étend sur les côtés du corps en se mêlant au noir du ventre; les couvertures inférieures de la queue sont d'un rouge ferrugineux intense; le manteau et les épaules sont de ce même bleu luisant du thorax; le bas du dos est noir glacé de bleu; les ailes et la queue sont noires, avec du bleu sur les couvertures moyennes et du bleu sur le bord externe des rémiges et des rectrices externes.

Cet oiseau est de la Bolivie.

181. L'ARRÉMON A NUQUE CLAIRE.

(*Arremon pallidinucha*, Boiss.)

L'individu que nous avons sous les yeux provient de la Colombie, et comme, la description de M. Boissonneau laisse à désirer, nous décrirons l'espèce de nouveau.

Cet arrémon mesure quinze centimètres de longueur totale. Son bec est brun-noir, et les tarses sont de nuance cornée; le plumage, brun ardoisé et olivâtre sur le corps, est relevé par le brun noir du dessus du cou et des côtés de la tête, sur lequel tranche une plaque d'abord jaune à la naissance du bec, puis mordorée sur le sinciput; cette plaque se rétrécit sur l'occiput en une ligne blanche qui descend sur la ligne médiane du cou; tout le dessous du corps à partir du menton est jaune, nuancé de couleur olive sur les côtés du thorax et le bas-ventre; les ailes et la queue sont brun-olivâtre.

Cet oiseau fait le passage des arrémons aux *nemosia*, et peut-être ferait-on bien de réunir ces deux genres assez difficiles à ne pas confondre.

182. LE GALLIREX A TÊTE DE FEU.

(*Gallirex porphyreocephala*, Lesson.)

Cet oiseau est parmi les touracos une des belles espèces, et a été décrit sous les noms de *corythaix porphyreocephala* par Vigors, et sous celui de *corythaix Burchellii* par Smith.

La famille des musophagées comprend : 1° le genre *turacus* de Cuvier ou *corythaix* d'Illiger, ayant cinq espèces, les *corythaix persa*, Vieillot; *Buffonii*, Vieill.; *erythrolophus*, Vieill.; *macrorhynchus*, Fraser ; et *leucotis*, Ruppell. 2° Le genre *musophaga* d'Isert, qui n'a que le *m. violacea*. 3° Le genre *gallirex* de moi, ayant deux espèces : le *musophaga gigantea* de Vieillot, et l'espèce que nous décrivons ici. 4° Le genre *chizærhis* de Wagler, ayant cinq espèces divisées en trois sections : les *c. variegata*, Wagl.; *zonurus*, Ruppell; *concolor*, Smith; *leucogaster*, Ruppell, et *personata* Rupp. Le genre *gallirex* s'éloigne peu de celui appelé *corythaix*. Cependant il en diffère en ce que le bec a sa mandibule supérieure plus haute, plus convexe, ayant les narines nues et percées plus près de sa pointe que de sa base ; le cou est plus alongé, les ailes dépassent à peine le croupion ; la queue est longue, deltoïdale, large au sommet ; une huppe recouvre la tête ; les bords des mandibules sont lisses ou dentelés ; le pourtour de l'œil est nu.

Le *corythaix* que j'avais appelé à tort *gallirex Anaïs*, est un magnifique oiseau. Une huppe comprimée, élevée, forme sur le sommet de la tête une sorte de cimier tronqué en avant. Cette huppe est à la naissance, ainsi que les plumes du front, des joues, des oreilles, du plus riche vert doré ; mais, presque dès sa base, cette même huppe, qui descend jusqu'au milieu du cou, est du plus somptueux bleu-violet métallisé.

Le devant et les côtés du cou sont vert clair ; ce même vert colore le dos, les épaules, le thorax et le haut du ventre ; mais il prend une forte nuance rousse sur le milieu du dos et une teinte rouge sur la poitrine ; le milieu du dos, le croupion et les couvertures supérieures de la queue sont bleu noirâtre à reflets métallisés ; les flancs, le ventre, les plumes tibiales et les couvertures inférieures de la queue sont brunâtres, parfois lustrées sur certaines parties de la plume, surtout au bord et au sommet.

Les ailes courtes et concaves, aux quatre premières pennes étagées et plus courtes que les cinquième, sixième et septième qui sont égales, sont du plus riche bleu-violet métallisé dans le haut : seulement les pennes secondaires sont d'un bleu-vert, et les rémiges noires ; mais ces mêmes rémiges, à partir de la deuxième, ont leurs bords externe et interne d'un rouge-violet des plus fulgides, et à mesure qu'on s'éloigne du bord de l'aile, le rouge s'augmente de manière que les dernières pennes rémigiales, bleu-noir dans leur première moitié, sont totalement rouges, le rachis et leur pointe exceptés, qui restent bruns.

La queue ample est formée de larges rectrices du plus riche bleu métallisé, prenant sur les pennes latérales des reflets verts brillants; en dessous elle est d'un noir ondé de noir plus intense.

Cet oiseau a quarante-deux centimètres de longueur totale. Le bec est robuste, bordé de fortes dents à la mandibule supérieure, ce qui annonce qu'il se nourrit principalement de fruits à noyaux; il est noir ainsi que les tarses.

Il vit à Algoa-Bay.

183. LE CHIZŒRHIS CONCOLORE.

(*Chizœrhis concolor*, Smith, pl. 21.)

Ce curieux touraco habite le pays des Macilikats.

Il a le bec et les pieds noirs; une huppe sur l'occiput formée de plumes décomposées, à barbes longues, distantes, soyeuses; le plumage en entier d'un gris de cendres, plus foncé et luisant sur les rémiges et sur la queue; le rachis des pennes est roux luisant; la queue longue, rectiligne; les scutelles des tarses sont raboteuses; le dessous de la queue est luisant. Il a de longueur du corps neuf pouces, de la queue huit pouces et demi.

Cet oiseau a été nommé par moi *chizœrhis Feliciæ*, mais la dénomination de M. Smith doit avoir la priorité. C'est aussi le *colyphimus concolor* du même auteur.

184. LE SERICOSSYPHA SOMPTUEUX.

(*Sericossypha somptuosa*, Lesson, *Écho du monde savant*, n. 13, p. 302, 1844.)

Le magnifique oiseau qui sert de type à notre nouveau genre, est lui-même une précieuse acquisition pour l'ornithologie.

Cette espèce vit sur les hauts plateaux du Pérou, et a été décrite par M. de la Fresnaie, sous le nom de *lamprotes albocristatus* (*Rev.*, 1843, 132); et il en a donné une bonne figure dans le *Magasin de Zoologie*, pl. 50.

Le genre *sericossypha* a des caractères qui se rapprochent des piauhaus, des coracines, des choquards et des merles. Par son plumage soyeux, ses narines couvertes de plumes veloutées, c'est presque un paradisier; par son bec fendu à la base, c'est une coracine; par ce même bec comprimé sur les côtés et arqué, c'est un merle ou un astrapie; par ses ailes aiguës, à rémiges raides, c'est un piauhau.

Les caractères de ce nouveau genre sont les suivants :

Bec médiocre, comprimé sur les côtés, dilaté à sa base, convexe, à arête voutée, terminée en pointe recourbée, denté sur le côté; mandibule inférieure aiguë, lisse sur les côtés. Commissure ample, n'ayant que deux ou trois soies petites; narines basales ouvertes dans une fosse profonde et triangulaire, cachées par les plumes veloutées du front.

Ailes longues, pointues, atteignant la moitié de la queue, à pennes raides, amincies à l'extrémité, à première, deuxième et troisième rémiges les plus longues, mais la première plus courte que la deuxième, et celle-ci que la troisième, qui est la plus longue.

Queue moyenne, égale, formée de pennes rigides.

Tarses courts, robustes, garnis de scutelles. Doigts?

Plumage séricéeux, velouté, coloré par nuances crues et vives.

Hab. les plateaux refroidis de l'Amérique du Sud, le Pérou à Quito.

Le sericossypha somptueux est de la taille d'un merle, c'est-à-dire qu'il mesure vingt-quatre centimètres. Son plumage est généralement, sur le corps, les ailes et la queue, d'un noir-bleu velouté sur le cou et le manteau, glacé de bleu luisant sur les rémiges et sur les rectrices. Mais ce noir général, noir qu'on retrouve sur le bec et sur les tarses, est relevé par le blanc de la tête et le rouge de feu du devant du cou.

Une calotte d'un blanc satiné et soyeux recouvre la tête en s'avançant sur les narines, passant sur les yeux, et se rendant à l'occiput.

Un rouge cramoisi fulgide, dont le cinabre seul reproduit l'effet, naît au menton, descend sur le devant du cou, et vient finir sur le haut de la poitrine en s'élargissant. Ce rouge a un éclat métallisé et intense.

On ne connaît rien des mœurs de ce bel oiseau.

FIN DU COMPLÉMENT AUX ŒUVRES DE BUFFON.

TABLE DES MATIÈRES.

FIN DE LA TABLE DES MATIÈRES ET DU DERNIER VOLUME.

OEUVRES DE BUFFON.

L'ouvrage complet 30 francs.

Paris. — Imprimerie de BEAULÉ et MAIGNAND, rue Jacques de Brosse, 8.

www.ingramcontent.com/pod-product-compliance
Lightning Source LLC
Chambersburg PA
CBHW060121200326
41518CB00008B/891